…蘭威士忌
…迷宮

…彥 共著

三悅文化

INTRODUCTION
引 言

怎樣才稱得上是真正美味的威士忌？
心想著蘇格蘭的100所酒廠，
從喜愛的酒瓶中倒出威士忌，邊默念著今天也是美好的一天，邊拉高酒杯的傾斜角度。
已經陷入深奧威士忌奇幻迷宮的我們很清楚知道，除了品嚐，別無他法。
名單中的酒款種類不僅僅只有單一麥芽，我們更是暢飲了調和威士忌
及調和麥芽威士忌、穀類調和威士忌、單一穀物威士忌，甚至陳年威士忌也入列其中。
這若不是「男人的愚蠢行為」，又是什麼呢？
即便被如此嘲笑著，威士忌還是讓我們覺得世界無限美好
一飲而下時，希望及勇氣便油然而生。

為何要出版前一本「愛酒家的蘇格蘭威士忌講座」？

非常喜愛、尊敬、畏懼女性的我，不僅使用了「男人的」此般藐視男女平等主義的字彙，更以一個愛酒的入門生之姿，將書名訂為「講座」，現在還要對威士忌高談闊論？

會將書籍命為「男人的…」，是因為在蘇格蘭酒廠參觀行程中，最後於試飲室開心品嚐著威士忌的幾乎都是男性。參加行程的遊客中，有1～1.5成的女性一看就像是被男方帶來一同參加的樣子。此外，在英國、蘇格蘭及愛爾蘭的酒吧中，女性大多都喝紅酒、甜甜的雞尾酒或低酒精度數的啤酒。前一本書雖然命名為蘇格蘭威士忌，但主要介紹人氣較高的單一麥芽威士忌與負責生產威士忌的酒廠。我們在與蘇格蘭單一麥芽威士忌相遇後，對於它的美味感到驚艷，對於它的深度著迷，因為實在太過喜愛，決定前往造訪蘇格蘭為數眾多的酒廠，親眼參觀，並在現場喝下在當地製造而成的美味威士忌。更同時觀察在地的自然、文化與人們，駕車行遍蘇格蘭，這似乎是有些愚蠢的修行之旅，但卻也是只有我們男人才擁有的特質。這一切不是想跟讀者炫耀我們有人贊助、賣弄知識，或是喝了很多稀有或昂貴的威士忌，而是一心只有「想要品嚐美味之酒」的念頭，讓我們跨出行動。

事實上，喜愛威士忌的女性確實比男性少，不過，一旦被那風味深深吸引後，女性對威士忌的痴狂可是會陷得比男性還深。英國前首相柴契爾夫人一週當中有4天會暢飲格蘭花格，姑且不論維多利亞女王那特殊的飲用方法，她也是深愛著蘇格蘭威士忌。再怎麼樣也比不上在格拉斯格大學期間的暑假於艾雷島打工後，便將大半輩子奉獻給拉弗格酒廠的廠長Bessie Williamson，她提出了以田納西威士忌酒桶進行熟成的點子，奠定了拉弗格在近代威士忌產業中的不敗地位。其後更從酒廠經營者Ian Hunter手中接下酒廠，最終孤獨一生，落土於艾雷島——這塊拉弗格的誕生之地。目前，拉加維林酒廠負責人同樣是女性，而這次旅程期間入住的克萊格拉奇飯店（The Craigellachie Hotel）對面，Highlander Inn酒吧的酒保則是深受威士忌著迷的日籍女性。

若真要說可惜的話，那麼就是前一著作「愛酒家的蘇格蘭威士忌講座」的書名應該要改成「未知的單一麥芽威士忌」。因為，蘇格蘭威士忌是個更加深不見底的世界。

何謂更加的深不見底？

為何我們如此堅持這次的「蘇格蘭威士忌的奇幻迷宮」必須延續「愛酒家的蘇格蘭威士忌講座」出版問世呢？上一本書中只有介紹酒廠推出的原廠單一麥芽威士忌產品，但其實除了原廠酒款之外，還有獨立裝瓶廠推出的威士忌。在造訪由關夫婦伉儷經營的酒吧．盛岡蘇格蘭屋後，發現了許多稀有珍貴的陳年威士忌，更意識到其中原來都藏有深奧的歷史背景。此外，我們也深刻反省了在上一本書中，對於熟悉的「調和威士忌」完全略過解說的行為，決定在這次的書中著墨介紹。就在轉換心情、溫故知新的想法中，我們買下了日本國內有在銷售（包含年輕時喜歡喝的品牌），共計40支×2人份（和智英樹與我）＝80支的蘇格蘭調和威士忌，並重新與原酒的單一麥芽威士忌品嚐比較。這對徜徉在單一麥芽威士忌世界已久的我而言，也是洗滌身心，再次與威士忌面對面接觸的機會。每支酒都可以嚐出酒廠及調酒師的功力（嗅覺）水準，感受不同酒款有著迥異個性及特徵時的愉悅情緒（詳細說明請參照第54頁起的「調和威士忌」）。這段期間，我們2人的家中就像是在經營酒吧或販賣酒類的商店。

接著，在書中還會提到「獨立裝瓶廠威士忌」，但由於數量稀少，因此要有心理準備，這些酒款的價格可是蘇格蘭原廠單一麥芽威士忌的好幾倍。與調和威士忌相比，獨立裝瓶廠威士忌的價格還是較為昂貴，因此無論是平常在酒吧或是在家享用，都必須要有覺悟，因為看到的金額可是會讓人情緒緊繃。這次除了買了數十支獨立裝瓶廠威士忌外，還有幸於酒吧試飲，此外，由於整瓶容量的價格較為昂貴，因此店家還以1,000日圓以下的價格，提供200ml左右的試飲用威士忌。另外在幾間酒鋪更以單一價格提供我們試飲的威士忌。原桶熟成、陳年或單一年份酒由於相當珍貴，因此價格也非常昂貴，對此，我們經常前往作客的酒吧更將限定容量的威士忌以市價一半或4分之1的價格提供我們試飲。

然而，我們是以買來整瓶威士忌進行試飲為宗旨，而不單只是為了增加書籍的內容，因此對於品嚐份量過少的威士忌，我們並未將心得感想放入書中。不過，也非常慶幸自己能在「飲酒」這條路上累積許許多多的經驗。可遇不可求。對於所有的威士忌，我們都是全心全意地投入其中品嚐享受。

CONTENTS
目錄

奧克尼群島
ORKNEY ISLELANDS

斯佩賽
SPEY SIDE

高地區西部&北部
NORTHERN & WESTERN HIGHLAND

高地區南部 & 伯斯郡
SOUTHERN HIGHLAND & PERTHSHIRE

低地區
LOWLAND

蘇格蘭威士忌的

奇幻迷宮

就我們的經驗而言，首次接觸的威士忌是加了冰塊的三得利Red及Hi Nikka國產品牌。和啤酒或日本酒相比，威士忌的酒精度數高了許多，當時並不認為威士忌好喝。擺放於老爸書房中的紅牌或黑牌約翰走路在我眼裡看來，是裝飾品，而不是可以拿來喝的東西。20歲的歲月中，甲．乙類燒酎、日本酒、琴酒、波本酒、萊姆酒、伏特加、葡萄酒、利口酒以及白蘭地……無關乎濃烈與否，只要是含有酒精的液體，幾乎都被我嚐遍。當時也喝了格蘭菲迪的單一麥芽威士忌，但口感太過滑順，完全沒有為我帶來震撼。30多歲前往蘇格蘭進行摩托車之旅時，買了拉弗格10年與格蘭傑12年兩支威士忌，此刻才驚覺，單一麥芽威士忌竟擁有如此豐富的個性、如此美味。

其後，我在日本便以研究蘇格蘭單一麥芽威士忌為名，喝盡了一支又一支的酒款，完全沉浸在試飲的樂趣中。

不僅如此，更多次造訪蘇格蘭酒廠，深深體認到，以艾雷島為首的島嶼威士忌個性表現強烈、聖地斯佩賽地區的威士忌表現多元、坎培爾鎮上2間風華不再的威士忌風味，以及高地區與低地區的威士忌就是有那一絲絲的不同。

就在此時此刻，我們重新品嚐了基本款到頂級款的40支調和威士忌。從結論來看，調和威士忌絕對不是加水就完成的便宜威士忌。實際上真的存在有搭配絕妙，無懈可擊的威士忌酒款。

除此之外，我們也喝了許多獨立酒廠威士忌、調和麥芽威士忌、調和穀物威士忌、單一穀物威士忌。有美味的威士忌，當然也有味道不怎麼樣的威士忌。有昂貴的威士忌，當然也有便宜的威士忌。總之，這半年就是處在一直喝的狀態。

在調和威士忌身後，有著單一麥芽威士忌猶如深深庭院般的世界，但再走進去，更存在著我們無法輕易出手，「單一年份威士忌」、「陳年威士忌」等非常珍貴稀有的威士忌。在威士忌這個奇幻迷宮中，仍看不到出口。

目前全球的威士忌消費市場中，9成商品都是調和威士忌，但其實對喜愛單一麥芽威士忌的酒迷而言，這似乎無傷大雅。對這些人來說，只有單一麥芽威士忌才稱得上是威士忌。然而，日本的酒吧或酒鋪等處其實能夠看到起瓦士、順風、百齡罈、紅牌．黑牌約翰走路、白馬、老伯、懷特瑪凱、貝爾、格蘭等銷量排名前十，廣為消費者所熟知的大眾品牌。

另一方面，單一麥芽威士忌銷量前十名為格蘭菲迪、格蘭冠、格蘭利威、格蘭傑、麥卡倫、卡杜、亞伯樂、拉加維林、拉弗格、納康都，這些同時也是在威士忌酒吧的牆面上出現機率極高的品牌。看了這麼多琳瑯滿目的酒款後，或許某些仁兄會認為世界只有存在調和與單一麥芽2種威士忌，但其實並非如此，除了酒廠推出的原廠威士忌外，另還有獨立裝瓶業者（非原廠）會推出為數稀少的威士忌商品。

順帶一提，在蘇格蘭的酒廠中，除了格蘭菲迪、雲頂及布萊迪，其餘的酒廠都沒有自己的裝瓶廠。那麼，這些業者又是以怎樣的流程銷售威士忌呢？一般而言，集團母公司會接收這些酒廠的新酒（New Pot），並進行後續貯藏、熟成、調和、銷售的所有作業，就連在推出原廠的單一麥芽威士忌時，也是由母公司做出是否銷售、如何行銷的決策。實際上，蘇格蘭存在著許多未推出，也無法推出原廠單一麥芽威士忌的酒廠。此時，尋覓著特殊酒款的威士忌酒迷們就只能轉身將目光放在獨立裝瓶業者們所推出的商品。這些獨立裝瓶業者會在貯藏、熟成階段品嚐原酒後，向酒廠買下中意的酒桶，並將原廠不曾推出的單一熟成年份威士忌裝瓶後，賣給威士忌酒迷們。這類型威士忌的銷售瓶數一般而言不會太多，因此售價昂貴也無可厚非。在英國，除了高登麥克菲爾（Gordon & MacPhail）公司（位於斯佩賽埃爾金）外，還有威廉．凱登漢德（William Cadenhead's）公司（亞伯丁、愛丁堡等）、Kingsbury公司（倫敦）、Ian Macleod公司、Angus Dundee公司（格拉斯哥）、Berry Bro & Rudd公司（倫敦）、道格拉斯．萊恩（Douglas Laing）公司（格拉斯哥）、Signatory Vintage公司、Blackadder公司、Dewar Rattray公司、Compass Box公司、Speciality Drinks公司、Wemyss Malts公司等獨立裝瓶廠。除了蘇格蘭的業者外，還有義大利的Samaroli公司、Wilson & Morgan公司，以及美國的Duncan Taylor公司等，皆推出有熟成年份相當具吸引力的酒款。

英國境外的裝瓶業者若想在瓶身標示「於蘇格蘭裝瓶」的話，在選好喜愛的酒桶後，多半會委託蘇格蘭當地業者進行熟成與裝瓶作業。

獨立裝瓶廠所推出的酒款能夠如此受到歡迎，不外乎是數量少、熟成年份高、來自原桶強度的高酒精度數以及非冷凝過濾、無染色製法所呈現的自然風味等因素所致。即便價格昂貴，但原廠所沒有的特質仍深深地吸引著消費者。每間獨立裝瓶廠那充滿個性的標籤設計同是賣點之一。比起市面上隨處可見的商品，威士忌愛好者們追求的是珍貴稀少、一般人所不知的酒款。

話說回來，那麼「已關閉酒廠」的威士忌呢？

像是波特艾倫、布朗拉、達拉斯杜（Dallas Dhu）、康法摩爾（Convalmore）、卡波多拿克（Caperdonich）、格蘭摩爾（Glen Mhor）等，因過去受到經濟不景氣影響，不得不面臨關閉命運的酒廠。市面上偶爾會看到推出有當年這些酒廠蒸餾、裝桶，為數稀少且相當珍貴的高年份熟成原酒。當然，物以稀為貴的道理讓這些威士忌的價格水漲船高。若想要以較便宜的價格取得這些威士忌，只能耐心地前往酒鋪尋找有無賣剩的酒款。

接下來聊聊「單一年份威士忌」。

葡萄酒中所說的單一年份酒是指在特定區域釀造，並記錄有年份，年代久遠的高級酒款，而蘇格蘭威士忌中所說的單一年份酒多半也是指紀錄有蒸餾日期、熟成地點與日期、裝瓶地點、熟成年份等資訊的高年份熟成酒。像是高登麥克菲爾公司就擁有30～50年，熟成年份相當驚人的威士忌，這除了歸功Urquhart家族的洞燭機先外，還要擁有環境良好的酒窖、調酒師的能力，以及能讓優質酒桶沉睡數十年的財力。我們雖然與如此珍稀的酒款沒什麼緣份，但還是能夠理解年份高低是與價格呈現正比。此外，全球富豪、威士忌愛好者以及部分投資客的炒作，使得這些威士忌的拍賣價格不斷飆升，這樣的趨勢讓近年許多酒廠也開始推出少量的高熟成年份原廠威士忌。

那麼，在這之後的「陳年威士忌」深淵又為何物呢？

在酒稅法尚未修改前，日本的威士忌瓶頸上會貼有「特級」的標籤，多半是指容量為750ml（目前大多為700ml）時代的酒款。為何這些酒會如此有價值呢？在過去，每間酒廠都是獨立個體，酒廠間無法得知彼此的生產資訊，僅能堅守自私釀時代傳承下來的傳統，透過自己特有的工法，努力生產出美味的威士忌。但其後為了滿足市場需求，供給量也開始大幅增加，目前大多數的酒廠更被大集團所網羅，追求生產效率。

相對地，酒廠也將過去雖然生產量少、但味道優良的大麥品種改成使用能夠大量收成的品種。另還停止既花錢又費力的地板式發芽（Floor Malting），改為向波特艾倫的製麥廠提出酚含量的需求並委外生產。此外，酒廠更改成使用能縮短糖化及發酵時間，能高度適應溫度變化的酵母，追求作業效率化及精簡化，進行以利益為優先的改革。當酒廠為了提高生產效率，進行這般巨幅的改變時，隨著新興國家需求大增、消費者口味出現變化等因素影響，讓明明是同一間酒廠釀造的威士忌，卻會因年代差異而呈現不同的風味表現。這次我們非常幸運，能將喝到的陳年威士忌進行試飲紀錄。這次品嚐到的全是1950～1970年代蒸餾的威士忌，但熟成年份長短不一，為10～40年不等。總之，這些酒款的味道濃厚，充滿熟成風味以及難以言喻的醇厚。

以下是簡單的印象紀錄。

波摩21年 ＝ 只能用「美味！」形容。

波摩40年 ＝ 令人讚嘆的香氣。
高貴、熟成的極致表現。
完全沒有刺辣感。

拉弗格10年 ＝ 熟成風味表現的同時，
還保有刺激感。令人感慨！
麥卡倫15年 ＝ 複雜的極致表現。美味！
還殘留有些許的藥味。
麥卡倫12年 ＝ 和今日的12年威士忌完全不同。
深邃、濃郁、美味！
高原騎士21年 ＝ 味道濃厚！讓人誤以為是
25年威士忌，驚艷不已。
格蘭利威20年 ＝ 仍保留由低年份特質的熟成表現。
濃郁！美味！
英國皇室 30年．1985年蒸餾 ＝ 熟成感濃厚…。
無法以言語形容。

即便是10～12年的酒款，那充滿熟成感的豐穰表現幾乎能夠與今日的25年威士忌相匹敵，我完全沒有預期這些陳年威士忌會如此美味，不過，或許是因為昔日的作法與今日完全不同的關係吧…。順帶一提，曾有某位蘇格蘭知名的酒廠人員在喝了這些1950～1970年代的威士忌後，惆悵地表示「已經沒辦法重現當年的風味了…」。

在試飲後，返家喝著一直都在喝的現代威士忌，發現完全找不到陳年威士忌才有的濃厚及熟成風味。即便如此，現代威士忌還是有著提振精神的低年份表現，因此也不是如此不堪入喉之物。在喝到第2～3杯後，便恢復到應有的精神狀態，在來到第10杯，順利地畫下句點後，心滿意足地進入夢鄉。

在品嚐過如夢般的陳年威士忌後，雖然沒有改變我的喝酒習慣，但卻仍是相當棒的經驗。不論如何，無知有其可惡之處，因此在理解後該抱持怎樣的態度更顯重要。陳年威士忌那驚人的濃郁熟成風味就是它本身的特徵，更可說是個性表現。這就好像與電影「北非諜影（Casablanca）」中的英格麗．褒曼（Ingrid Bergman）在銳克（Rick's）美式咖啡酒吧約會的感覺。（←哪有人會知道年代那麼久遠的電影啊！）

認為只有這些陳年威士忌才能稱得上是美味威士忌的饕客們可是需要有非常強壯的胃臟、肝臟以及夠深的口袋。

最後，就來針對「你平常究竟都喝哪些酒？」的問題為各位解惑。

「調和威士忌」的話，我喜歡紅牌約翰走路、黑樽、帝王12年、優勢魁霸Reserve、起瓦士12年、豬鼻（Pig's Nose）威士忌，每天都會從中挑選喝個數杯。

「單一麥芽威士忌」的話，會從格蘭利威12年、格蘭傑Original、克里尼利基14年、格蘭蓋瑞12年、提安尼涅克10年、拉加維林16年、卡爾里拉12年、斯卡帕16年、泰斯卡10年等酒款中，每天挑選一支，品嚐個一杯，享受那其中的幸福。

「調和麥芽威士忌」的話，我則是非常喜愛三隻猴子、六海鳥威士忌。話雖如此，我偶爾還是會喝喝波本酒、葡萄酒、啤酒等其他酒精飲料…。總之，沒有一天是清醒著入睡。

調和威士忌的深淵

和智英樹（攝影師）

單一麥芽威士忌的屏障

這幾年，市場上悄悄地燃起了一股威士忌風潮。威士忌酒迷們對於當中的單一麥芽威士忌更是抱以熱切關注，單一麥芽威士忌更可說是這股浪潮的唯一主角。然而，事實還是需要證據佐證。在酒鋪的威士忌商品區以及大型超市的酒類商品銷售區中，除了有『格蘭菲迪』、『麥卡倫』等知名品牌，竟然也可以很稀鬆平常地看到『波摩』、艾雷的個性威士忌『拉弗格』與國產的Nikka及三得利威士忌商品陳列於酒櫃中。這樣的發展態勢雖然在幾年前根本是始料未及，但對一名飲酒之人而言，除了感激，還是感激。

我同樣從這幾年開始，一整個栽進單一麥芽威士忌的世界裡，為的是不斷觸發自己的鼻子與味蕾對威士忌的感受潛力，專心致力於將這些風味記憶烙印在腦海中，我所做的一切，無關乎威士忌風潮！即便如此仍信誓旦旦地強調自己的立場，對於現在能夠輕易地買下過去很少在市面上出現，極具個性表現的單一麥芽威士忌，我還是心存感恩，但這份感恩背後的代價卻也隨之找上門來。

簡單陳述的話，也不知是流於形式，或是感到厭膩。總之就是打開瓶蓋，將威士忌倒入杯中。在送入口中的瞬間，整體味道表現與印象早已浮現於腦中，心中的期待與感動往往一個不留神就突然消失。發生這些情況的，並不是未曾接觸的品牌或酒款，對象全是排列於自家的威士忌酒櫃，照理說應該都是自己非常喜愛的威士忌。

注入杯中的單一麥芽威士忌雖然是由一間的酒廠，僅使用發芽大麥，製成發酵酒醪，並以蒸餾器進行2次的蒸餾，接著裝桶、熟成，再加水調整酒精度數後裝瓶銷售，看似生產過程非常簡單的飲品，但實際品嚐後，卻又對於這一口威士忌中所蘊含，既複雜、層次又多元的凝聚風味感到不可思議。品嚐之人享受著香氣、味道，沉浸在從口中穿越鼻腔留下的那一絲餘韻氣息。換句話說，品嚐之人在享受的，就是威士忌中那一股股的層疊風味與品嚐之人五感間的對話。即便是同一品牌，不同熟成年份的酒款就會表現出該年份應有的風味特質。此外，不同的酒廠所呈現的個性表現更是存有差異，這也是為什麼光一個單一麥芽威士忌就能帶給人如此豐富的樂趣。對於這樣的想法，我從以前到現在深感認同，但如今卻出現了一絲絲的動搖。

以自己的方式分析單一麥芽威士忌的風味、個性不僅是件讓人開心的事，我現在對於不曾接觸（品嚐）過的酒款也非常感興趣。將這些味道以自己的價值觀去做評判，並將其印象烙印在心中與腦海的行為同時也是樂趣之一。然而，最近的我卻一點也提不起勁，只能努力地思考整理被酒精鈍化的腦袋。

絞盡腦汁後所得到的結論可分為微觀的構思與宏觀的解讀兩個截然不同的方向。所謂微觀的行為，就是放大事物，且不斷地向下挖掘，這同樣也是我過去與單一麥芽威士忌的接觸方式。再換個方式陳述，就是我在單一麥芽威士忌這個極為狹窄的空間中，描繪出一個規模迷你的小宇宙。喝了一杯威士忌，發現口感與預期相異時，就會想要追根究柢，一再地確認、咀嚼細微的風味表現，為的都是希望自己能以更強大的功力了解威士忌想表達的意境。以一言以蔽之的話，就是對「為了喝酒所找來的手段、藉口、課題」所必須的修行操課。

靜下心來思考的話，被稱為「充滿個性」的單一麥芽威士忌換個角度來敘述，也就是「帶有癖性」，每一支威士忌的個性（癖性）並不會非常制式化地在既定的框架中呈現。結果卻演變成我自己在狹隘無比的範圍中享受著威士忌，當我想要以更宏觀的角度品味威士忌的整體表現時，心中小宇宙的那堵牆便立刻阻擋在眼前。這也讓我有時會不自覺地遠離單一麥芽威士忌（蘇格蘭產），投入調和威士忌或威士忌除外的酒精飲料懷抱。總之，這就是我在獨醉之際，自己歸納出的理論。對於道理如此簡單的事情，我為自己無法理解透徹感到不可思議，只能說是腦筋鈍化讓自己在這段時間難以豁然開朗吧。

於是乎，我內心不斷出現：是該重新站回調和威士忌了，這個對我而言的蘇格蘭威士忌原點！的聲音，既然如此，就付諸實行吧！像這種時候，我的行動速度總是令人意想不到的敏捷。

重新聚焦調和威士忌，偶爾回頭品嚐單一麥芽威士忌。

如今再次將目光轉向所謂的蘇格蘭調和威士忌後，發現為數眾多的種類（品牌）、多元性（年份）及類型（口感特徵）讓人實在眼花撩亂。從40多年前我自己買了第一支威士忌（雖然當初自掏腰包買下的第一支威士忌是『Black Nikka』…）直至今日，對於目前市面上竟然流通有如此多種類的調和威士忌，除了我疏忽沒有察覺到外，也很難想像會有如此發展。但話說回來，我也不是每天都在關注著威士忌的動向，因此會出現如此疏忽似乎也無可厚非。不過，對於日本的威士忌發展，我可是突然深感興趣。目前日本國內威士忌商品種類之豐富，無論是我在英國或蘇格蘭旅程中所光顧的酒鋪、超市、酒吧或Pub（機場免稅店就另當別論）都無法相提並論。或許是因為酒稅的調整，讓日本消費者能夠以低於生產國蘇格蘭或最大消費國英格蘭的價格大量地買到威士忌，令人不禁想敬稱日本為威士忌天堂。

畢竟在我開始愛上酒精飲料，甫出社會的月薪頂多3萬日圓上下的那個年代，蘇格蘭威士忌直接就是「高檔酒」的代名詞。當年家喻戶曉的『約翰走路黑牌』等威士忌要價萬圓日幣以上，這些酒更是理所當然地被陳列在百貨公司「特選品」賣場（現在已經是沒人會用的死語）的貨架上。也因此，名為蘇格蘭威士忌的高檔酒可不是不懂品酒的毛頭小子碰的起。當年一瓶1萬日圓的威士忌以今天的幣值計算究竟值多少呢？現在的薪水約莫是當時的7倍，但當時要價萬圓的威士忌，在今天日本的價格反而掉到3分之1以下。愛酒之人能夠喝遍符合自己喜好的威士忌，對味道高談闊論的威士忌盛世中，卻也著實地增加了我們的罪惡感。

不只是威士忌，當想要以自己的方式理解、接受酒類，要訣就是不斷地累積經驗，一杯接著一杯。沒錯！必須以每日鑽研之名，不間斷地品嚐。雖然我確實做到這樣的程度，但在鑽研完單一麥芽威士忌，接著探索調和威士忌，這般持續不停研究的同時，也對我的肝臟帶來非常大的負擔。

其中一個原因在於能用便宜的價格買到各種酒款進行品嚐比較。很豪邁地將4～5支的威士忌同時開封，再準備4～5個杯子倒入威士忌，從第一杯開始品嚐。一口接著一口、一杯喝過一杯，徹底嘗試所有酒款。當時還不懂得何謂真正的品嚐及分析探究風味（當然也是用自己特有的模式），只是很單純地想要抓住喝威士忌時的那股氛圍。在品嚐調和威士忌時，由於沒辦法像單一麥芽威士忌一樣地根據產地（酒廠所在地）大概區分出口感表現，因此我會先以上述方法，約略掌握整體表現，以作為分組依據。以適當、隨機方式選出大約10支酒款，並品嚐每支威士忌約5分之1的份量後，便可區分出3～4個群組。最初是判斷是否帶刺激感及泥煤味、香甜或辛辣、香氣是否突出，以及熟成表現如何。雖然說是用這樣的方式來做出評判，但在這之前，我也會先將這些威士忌分組排列，好好地用雙眼欣賞。讀者們或許會覺得用眼睛享受威士忌的行徑非常古怪，但其實調和威士忌在包含標籤的設計可是充滿了要將這項商品推銷給普羅大眾的行銷意念，和猶如記述著化學實驗室藥品名稱的單一麥芽威士忌酒瓶相比，後者的乏味無奇可說是與前者天差地遠。從商業主義的觀點來看，調和威士忌所展現的超高商品力表現可不是單一麥芽威士忌能夠同桌而論。

好了，接著終於要開始品嚐了。不過，其實在分組

的同時，也不自覺地以「喜惡」區分開威士忌，因此當開始品嚐後，便可以發現一些「份量不會減少」的酒款。找了些理由解釋這樣的現象，再以不太甘願的心情繼續比較品嚐，但其實在某個瞬間（大約喝了3分之2瓶的時候），自己會發覺對於味道表現的看法竟已完全地（自然而然地）根深蒂固，然而，有時還是會出現這些想法突然動搖的情況。其實我也不是很清楚為何會發生這樣的情況，雖然知道這應該是以深度、風味及多元性為特色的調和威士忌才擁有的不可思議特質，但卻是猶如大逆轉般地突然現身，更讓我迷失其中，想要一杯接著一杯地釐清箇中道理。然而，這時就該輪到單一麥芽威士忌登場。依照不同產地，各準備1支個性迥異的威士忌，便可找出讓自己迷惘的原因，用直覺決定應該要挑選哪一產地的威士忌，因此完全不用擔心自己會猶豫不決。這就是威士忌酒迷的本能。接著去探究那沉沉的煙味究竟是來自泥煤，還是單純的煙燻表現？濃濃的酒精味又是從何而來？甜味、水果風味、木質感、熟成感、刺激感、香味呈現方式、餘韻收放表現、對味蕾的觸感及風味，藉由徜徉其中，享受威士忌帶來樂趣的同時，為鼻子、口腔及喉嚨按下重新啟動開關，這就是充滿感性的復原方式。完成了這項作業後，明天又可以重新面對調和威士忌。

而在我自己的威士忌酒櫃中，可供大家參考的酒款為『雅柏』、『泰斯卡』、『高原騎士』、『艾倫』、『亞伯樂』及『史翠艾拉』6個品牌。如果是全心全意地想要品嚐單一麥芽威士忌的美味時，酒櫃中就不只有這6支酒，不過…對於現在正一頭栽進重新探索調和威士忌的我而言，這6支酒款已經相當足夠（甚至太多）。

調和威士忌的時代

其實最剛開始的時候只有單一麥芽威士忌，調和威士忌（混有穀物威士忌）以現在大家所看到的形式出現於市面上，當然是要等到開始生產穀物威士忌之後。原本用來蒸餾穀物威士忌的連續式蒸餾器發明於1826年，而真正被實際廣泛運用的柯菲（Coffey）連續式蒸餾器則是到1831年才問世，調和威士忌被當作商品販售，更是要等到那之後30年的1860年過後。

即便蘇格蘭開始喝起穀物威士忌，但其實當時法律有明文規定禁止不同種類，也就是將混合有麥芽與穀物的威士忌於商店販售，除了個人在家中混合自用外，市面上並不存在名為調和威士忌的商品。其後，官方單位終於修正這條法律，放寬為只要是在保稅倉庫內，便可混合生產不同種類的威士忌，這也讓名為『調和威士忌』的商品首度出現於市面上。然而，玻璃瓶裝威士忌像現在一樣真正流通於市場，則要等到1760年代工業革命過後一個世紀，玻璃瓶真正進入量產的19世紀後半。

調和威士忌老字號之一的『起瓦士』酒瓶瓶肩上刻有「創立於1801年」的字句，但其實這是起瓦士食品行開業的年份，並非指酒鋪的創始年。酒類商品為起瓦士食品行的營業項目之一，接著起瓦士逐漸將經營

重心轉移到酒品銷售上，甚至跨足生產威士忌，更讓威士忌成了集團的核心事業。這些標榜著歷史悠久的蘇格蘭（調和）威士忌老字號品牌幾乎都會清楚記載「企業沿革」並將這些歷史對外公開，建議有興趣的讀者可以深入了解。

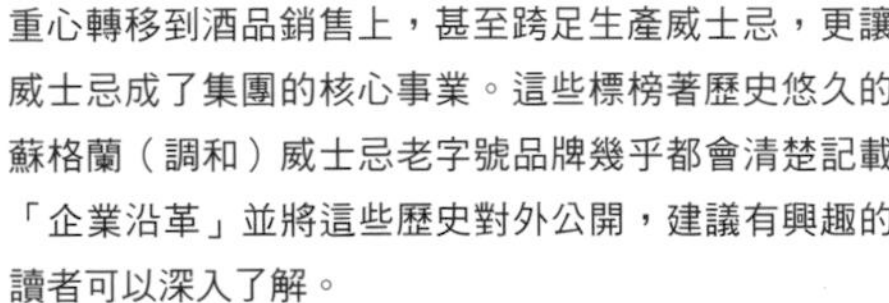

根據這些資料的記載，最剛開始就以「酒鋪」起家的酒廠（業者）其實為數稀少，就連調和威士忌另一霸主『約翰走路』的John Walker & Sons公司也是在起瓦士兄弟（前身企業）成立19年後的1820年，才以銷售紅茶及辛香料的食品行名義開業，接著在製造推出原創的調和威士忌後才聲名大噪。不斷地成長茁壯讓『約翰走路』坐擁全球銷量冠軍，更是蘇格蘭威士忌業界的象徵。

在這樣的歷史進程下，19世紀後半於蘇格蘭誕生，新時代的「調和威士忌」一詞中的「調和」逐漸被省略，以「蘇格蘭威士忌」之名受到來自全球廣大愛酒人士的支持、愛戴及熟識。但其實在開賣之初，調和威士忌不過是在蘇格蘭才看得到的在地酒類。不只如此，就連調和威士忌開始出現於市面上後40年的20世紀出頭，仍尚未將調和威士忌歸類於威士忌酒類中，直至1909年才明確訂出法規，正式認可調和威士忌為蘇格蘭威士忌的種類之一。

此外，調和威士忌能從英格蘭傳遍全球除了部分需要歸功連接蘇格蘭與英格蘭的鐵路啟用外，最主要的原因是當時（1870～80年代）法國拿來做為葡萄酒、白蘭地原料的葡萄遭逢多年蟲害，讓收成趨近於零，也使得相關酒類從市場中消失。也就是說，在葡萄酒→白蘭地的順序下，業者因無法提供這2種酒款在市場所需的流通量，因而銷聲匿跡。既然在產地法國都找

不到了，就更不可能出口至英國，這也使得喜愛消費葡萄酒或白蘭地的英國中上流階級市民出現「無酒可喝」的窘境。

不過，若要探討當時難道沒有其他歐洲國家生產的蒸餾酒能夠取代白蘭地？其實是有的，像是來自荷蘭的琴酒（dry gin）。連續蒸餾器的普及速度雖然多少影響了穀物威士忌的生產，卻讓琴酒發祥地的荷蘭在生產琴酒的質量表現上出現顯著進步。將琴酒獨特香氣來源的「杜松」果實和以連續蒸餾器蒸餾完成的烈酒混合，再以一般罐式蒸餾器（Pot Still）進行蒸餾後所得到的，就是「荷蘭琴酒」。與有如「藥酒」濃郁強烈表現的（一般）琴酒（顏色帶黃，未將杜松蒸餾，而是直接將生杜松混入其中）相比，荷蘭琴酒的癖性表現薄弱，讓荷蘭琴酒被單純地認定成是一般的烈酒（蒸餾酒）。這荷蘭琴酒受到英國，尤其是倫敦低所得、下層階級群眾的廣大迴響，甚至有著「倫敦琴酒（London Gin）」之名，獲得市井小民的青睞。

然而，對於傳統階級觀念強烈的倫敦人（還有整個英國），尤其是中上流的市民當然不可能去接觸琴酒，只好轉身聚焦被稱為新時代威士忌的蘇格蘭調和威士忌。換言之，倫敦市民那「顧及身分」的階級觀念竟成了將蘇格蘭調和威士忌推向蒸餾酒主流地位的關鍵。

獲得倫敦市民肯定的調和威士忌很自然而然地傳遍全世界。能有這樣的光景，也是因為那時的英國＝大英帝國所統治的領土、殖民地及國家猶如馬賽克磁磚遍布世界各個角落。在此同時，調和威士忌出口至美國市場也維持著穩定佳績，當時正值美國頒布禁酒令前的20年左右，更是將調和威士忌推上顛峰的時代。

然而，看好調和威士忌市場的潛力，同一時期蘇格蘭國內也燃起興建酒廠的熱潮，形成了威士忌的泡沫經濟，卻也終需面臨供過於求的命運。不僅大型調和威士忌生產企業倒閉，酒廠更是不斷關閉，讓原本活絡的市況開始轉為保守發展，猶如表演舞台的燈光突然熄滅。但換個角度思考，卻也可解讀成熱潮退去後，威士忌進入了穩定收斂的階段。如今回首那個時代，當時的發展或許也可稱為絕妙的「止跌」。會這麼形容，是因為蘇格蘭威士忌就這樣地進入了調和威士忌的時代，直至今日…。

調和技術猶如魔幻般地展開

若要簡單解釋什麼是調和威士忌，那就是將多款麥芽威士忌連同多款穀物威士忌混合為一的威士忌，其中會使用多達數十種的原酒。透過挑選原酒、設定調和比例來呈現威士忌的風味口感。也就是說，將個性不同的原酒加以組合搭配並設定份量比例後，便可讓威士忌千變萬化，進而創造出，或者說有機會創造出風味萬千、類型多樣的威士忌酒款。

在調和威士忌普及後，單一麥芽威士忌有很長一段時間被定位成「不過是用來製造調和威士忌用的原料」。接著在1963年，William Grant & Sons公司所成功推出了『格蘭菲迪』，讓全球的飲酒之人重新認識單一麥芽威士忌，不然在這之前，無論是一般消費者或威士忌業者，都沒有人認為單一麥芽威士忌能夠作為商品販售。這也讓我們見識到，蘇格蘭威士忌是多麼根深蒂固地與調和威士忌畫上等號。

這幾年，單一麥芽威士忌在市場上嶄露頭角甚至引發浪潮，但基本上每間酒廠所具備的特色表現只有一種，即便不同的熟成年份及熟成桶在味道上帶來差異，但大體而言，仍需歸屬於同一類群。

於是，單一麥芽威士忌商品逐漸地出現在市面上。各酒廠在確保調和威士忌用原酒出貨量的同時，不僅致力呈現代表著自家核心價值的原創酒桶，更投注大量心力於試作、開發要用來作為單一麥芽威士忌商品的各類酒款。舉例來說，主打不含泥煤味的酒廠改生產泥煤表現強烈的威士忌、或是在波本桶熟成一段時間後，過桶至雪莉桶以添加風味等，結合許多類似的小技巧。這種名為過桶的熟成技術更是全面性地普及於所有酒廠，除了有酒廠會從辛辣的Oloroso桶過桶至高甜度的Pedro Ximinez桶，堅持百分之百使用雪莉桶外，更有酒廠深入研究白葡萄酒、貴腐酒、萊姆酒，這幾年甚至開始評估使用日本梅酒酒桶，不斷地嘗試，全力讓自家的單一麥芽威士忌風味表現更加多元。

然而，即便是業者再怎麼花費巧思進行熟成，基本上還是一間酒廠，一個風味表現。酒廠會在有限的範圍內，提供消費者在口味、氣味的份量及深度表現彷彿沒有極限，給人帶來錯覺的單一麥芽威士忌。但其實這些威士忌的表現早在酒桶中，仍是原酒狀態時便已定型，無法透過人為手段來操控口感的完美程度。威士忌另還深受酒窖內的溫度、濕度、室外氣候影響，因此到頭來還是只能交給時間決定最終的呈現形式。總之也必須這樣，才能讓威士忌充滿浪漫情懷。

這個環節更是單一麥芽威士忌能與透過人為、刻意手段製成的調和威士忌做出區隔的關鍵性差異。舉例來說，酒廠遵循既定的比例進行調和，即便預計使用的某一原酒口味表現與過去有所差異，只要調酒師知道該款調和威士忌的「基本口感」，以身為一名調酒師的本能去分辨，看是要改用其他更接近基本口感的原酒，或是微調調和比例，便可將問題迎刃而解，不會出現明顯的差異。我相信，調和威士忌業者一定能從有著龐大庫存的酒窖中，找到合適的替代原酒。

若把完成的調和威士忌比喻成音樂，那麼一定就是交響曲了。當然，負責指揮的就是調酒師，原酒根據麥芽威士忌的特性，可分為弦樂器、金屬樂器、木管樂器，在演奏過程中負責帶出抑揚頓挫的打擊樂器就是穀物威士忌。每個樂器（麥芽威士忌）無論是在高音、低音、音量強弱、音色等個性表現上差異鮮明，樂隊要如何相互搭配，完全取決於調酒師的感性巧手。當這些樂器所發出的聲響合而為一，鳴奏出旋律時，就表示交響曲完成。

調和威士忌完成後，整體結構中的纖細程度與比例。香氣類型、氛圍及質地。苦味、辛辣表現背後所隱藏的提味要素。整合整體風味，表現酒精勁道的穀物威士忌種類、數量及分別的份量等等。當用來調和的原酒種類超過30種時，那調配方式所蘊藏的複雜度讓調和威士忌能夠呈現出多如天文數字般的不同表現模式。很難想像，調酒師的一點微調、巧思就能輕易扭轉口感平衡及風味表現，猶如行走於鋼索上，極度危險的平衡遊戲。這精準拿捏的終極平衡口感，正是調和威士忌自古即可媲美藝術品的當仁不讓之處。

陳年威士忌是否美味？

許多老字號業者自19世紀以來便承繼傳統既有的調和比例，持續銷售威士忌商品直至今日，但我們卻可以聽到身旁有不少人感嘆著「以前的○×△實在美味！但說到最近的○×△的話……」，讓我從打從心底懷疑是否真是如此。說著「以前的…」，但真要拿到19世紀那個年代的威士忌實在不太可能，頂多就是4～50年前的酒款。那麼只需要將某一品牌的同等級威士忌以每10年為一個區間，列出個5支不同年份的酒款來試飲比較，便可輕鬆解惑。

然而，對於我們這種一般市井小民身分的酒鬼而言，要蒐集齊這些威士忌怎麼想也是天方夜譚，我更有預感，在找齊這些酒之前，就會先忍不住一飲而盡。再者，若真有機會拿到這些威士忌，過去心中的既定印象將有可能輕易地隨之瓦解，這同樣令我感到頗為恐懼。

舉個有點庸俗的例子，就像是當年心儀的女性突然現身眼前。儘管遙想著數十年前的回憶仍感到無比懷念，內心對該名女性的印象更是自然隨著時光的累積不斷美化，然而，我們卻偶爾會發現，實際上該名女性的形象已與心中的想像差了十萬八千里，而為此感到失望無比…，或許，將這遙遠的記憶塵封在過去是比較幸福的。

我在這方面其實也早已看開，不過…，前陣子前往岩手縣進行採訪之際，去到了編輯部T先生的妹妹家作客，也受到對方的熱情款待，就在那時，更有機會品嚐到少於一杯（分量其實還蠻多的）的40年前的『紅牌約翰走路』，美味到讓我瞠目結舌。當時正值我剛好寫完對現行『紅牌約翰走路』的印象筆記，但完全不同的層次表現，讓我除了震驚還是震驚。回家後，更陷入一再確認自己寫的原稿及重新試飲的窘境。

不斷品嚐後，確認自己寫的感想並沒有錯誤，讓我也不得不承認，「以前的威士忌真的比較好喝」。但我也很清楚知道，這威士忌並不是任誰都會喜歡的輕盈&順喉口感。裝瓶後的威士忌並沒有繼續在瓶中熟成，若真要找出個合理解釋，我唯一可以想到的，就是那時飲酒者對蘇格蘭威士忌的認知與常識就是像這支紅牌約翰走路一樣。

去年秋天，在我常去的一間酒吧裡，某位熟面孔的客人說道：「我手上有這樣一支酒…」，接著拿出了『格蘭利威12年』的陳年威士忌。據酒吧老闆表示，這是1968年的酒款。明明還沒開封，怎麼看都已少了10～15%的份量，整支酒看起來既破舊又骯髒。當時在酒吧的人（也不過就4人）決定要一同試飲，準備開封時，瓶口的軟木竟然整個碎掉，於是我就提出「這時只能將軟木塞壓進瓶中，然後喝完整瓶威士忌了」。大夥兒對於這樣的提議也表示贊同，接著就在每人的杯中倒入相當份量的威士忌，齊聲乾杯。在小心翼翼地品嚐後，與其說美味，倒不如說跟現在的『格蘭利威12年』猶如不同的威士忌。類似雪莉酒的氣味強勁，與其用竄出來形容，倒比較像是香氣一直

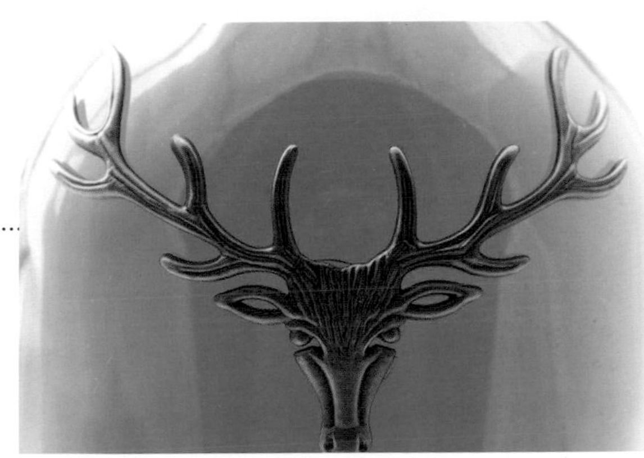

漂浮沉澱於酒杯杯底，除了擁有現行格蘭利威12年沒有的泥煤味外，風味本身也相當濃郁。我和酒吧老闆雖然喝得津津有味，但提供這支酒的當事人及另一位客人似乎不甚滿意。這樣的結果更讓我深深體會到，今天酒好不好喝完全取決於個人認知，當一個人認定「不好喝」的時候，再怎麼厲害的酒也會使其食不知味。

我們再把話題拉回到調和威士忌上。1960年代時，酒廠間興起一股「風味及香氣都要濃郁才是美味！」的風氣，因此選擇上等原料，小心製造、充分熟成，然後全心全力地調和，讓當時可謂是充滿職人堅持的時代。反觀，喝酒之人想必也是追求著「投入心力製造而成的威士忌」…。當然，過去不像現在一樣，雪莉桶數量稀少難以取得，只能湊合地使用著（經過整修的）首次填充桶，當年可是無需苦思各種小技巧，以「正面迎戰」時代，這樣的風氣更成了戰後10多年期間的市場趨勢，不管環境因素如何，酒廠都推崇著最貨真價實的威士忌，不像現在的業者只會追求輕盈&順喉，讓威士忌的表現輕佻浮躁。當唱盤從市場逐漸消失，進而由CD取代的1980年代期間，這樣的趨勢可說最為明顯。

也因為這樣，要迎合大眾口味的調和威士忌業者也察覺到了市場需求，在1960年代後半至1970年代前半的巔峰期間，幾乎無視強烈（正統）口感的酒款，改而推出輕盈＆順喉的威士忌商品。酒廠並沒有精簡生產製程，也沒有讓質量水準下滑，而是調整為消費者所喜愛的口味。換言之，酒廠不過就是轉為迎合大眾需求，改生產口感輕盈、較好銷售的威士忌。從另一個角度來看，這似乎也可解讀為普羅大眾在潛意識中，想要逃離現代生活沉重壓力的表現。

若從這樣的邏輯來思考，我們也較能接受目前威士忌口感或多或少偏向「無癖性、易品嚐、帶甜順口」的風格了。話雖如此，我對於調酒師藉由自己的鼻子與味蕾，讓威士忌口感在無形中從強烈轉變輕盈，甚至可以看出調酒師的感性，猶如魔術般的調和技巧感到驚艷無比。

輕盈＆順喉。說實在的，這真不是我愛的口感。

我還是打算繼續當那個坐在酒吧一角，感嘆著「最近的蘇格蘭威士忌實在是…」的頑固醉老頭兒。

價廉威士忌手帖

和智英樹（攝影師）

越貴的酒越好喝？

最近幾年來，我真的幾乎是毫無節制地將手伸向單一麥芽威士忌，在擔心著酒錢不斷增加的同時，對於生活開銷中，花在買酒費用的攀升幅度似乎遠高於餐費一事即便感到些許驚呆，但卻也沒打算要採取什麼對策。但事到如今，我在追尋蒸餾酒之路上逐漸地將目光擺在調和威士忌的同時，也變得必須開始考量性價比表現。這或許也可視為幾分的長進，但酒不可能默默地就憑空冒出或現身眼前，因此也只能說不得不向現實低頭吧…。

性價比。開門見山地說，就是指花費的金額是否符合心中期待。用自己的方式去推算是否符合期待後，卻發現並非想像中地容易。

會這麼說，是因為很單純的就是喜歡、或不喜歡那口味罷了。當我們在評判威士忌美味與否時，即便這是支5,000日圓的酒、或是要價10,000日圓的「珍稀酒」，這心中許許多多的判斷要素（或許在判斷上很輕率…）都帶有自己的各種理由，也就是滿意度再加上、或扣除掉藉口，喝完了一整瓶酒後，就會知道心中最後的想法是什麼。

在接觸了多款單一麥芽威士忌，重新整理了自己的心境後，我更清楚地意識到，價格越高就是好酒、或是熟成年份越高（呈現正比增加）就是越美味的公式是完全站不住腳（其實之前心中隱約有這樣的想法…）。雖然日本自平安時代就有句「山高故不貴～」的深奧諺語，但對於下一句銜接的「以有樹為貴」，事到如今我還是不太能徹悟出其中的道理。

但多虧自己有什麼就喝什麼的習慣，讓我真正了解到「威士忌的個性說穿了不過就是癖性，癖性即是個性」的道理。也因此，當喜歡那個性時，就會覺得好喝，但若不喜歡的話，好酒之人卻又不敢直言「難喝！」，這說起來還可真是我們這群人的可悲之處…。不過，即便是和自己喜好有所出入的威士忌，在灌了不少黃湯進肚，也就是酩酊大醉之後，就會開始不斷說著再來一杯。但如果覺得「喂…似乎少了點什麼耶！」的時候，就會放下手中的酒杯，順勢讓自己陷入「反正只要醉了，什麼酒都一樣！」的情緒中。正所謂酒就是酒，絕對不會有浪費可惜的情況發生。

在集中心力嘗試了許多調和威士忌，其中更接觸了不少價位更高一階的單一麥芽威士忌後，如今我卻對口味與價格差異的幅度感到瞠目結舌。對於無關口味表現如何，價差最大可達10倍（還有差異更大的酒呢…）的事實更是難以置信。

而目前在我心目中，可以每天、每晚享受，並讓我不自覺、很輕鬆地（這很重要）想要品嚐的最愛威士忌冠軍，這雖然是我個人的選擇，但近2～3年一直都是『白馬』、『教師Highland Cream』坐擁寶座，短時間內應該也不會有改變。這2款都是口感既傳統、又強烈，表現紮實的威士忌。當想要換換口味，品嚐近年無論是歐美日本都受到高度歡迎的輕盈＆順喉口感的便宜威士忌（這其實不單只意味著酒的味道…）時，或是每天想著黃昏的夜幕低垂之際時，我就會毫不猶豫地拿起『登堡』。

這所有的品牌除了都是能在超市或量販店的售酒專區以1,000日圓買到的酒款外，更全都是「蘇格蘭」威士忌，同時還突顯出日本產威士忌的價位偏高。此外，這些蘇格蘭威士忌在日本的價格無論是與蘇格蘭當地、英國，甚至美國相比都相對便宜，上述提到的3支威士忌在日本的售價更低於當地的半價。會出現這樣的情況雖說受惠於酒稅等政策，但卻也讓日本市場出現啤酒及日本國內蒸餾酒「燒酎」價格較貴的局面。

再次體認到威士忌就是蒸餾酒

前陣子，我拜訪參觀了位於宮崎縣的國產貯藏桶（洋酒桶）生產工廠。酒桶使用北美產的白橡木，容量為450公升，怎麼端看都覺得這根本就是在蘇格蘭酒廠會看到的完美威士忌酒桶。當時更有幸能夠親眼看到製程中，以猛烈火焰炙燒酒桶內部的「燒烤」過程。根據不同用途，燒焦的厚度也差異極大，除了有厚達1公分的「重度燒烤」外，還有只讓酒桶出現些微焦色的「烘烤」，在參觀完各種不同燒烤的手法並請益使用用途後，突然對燒桶的種種感到高度興趣。

這邊所生產的洋酒桶幾乎都是要出貨給位在九州各地，為數眾多的燒酎酒廠，打破我過去一直以為燒酎是以甕桶熟成的認識而感到驚奇不已。

這邊說的燒酎幾乎都是以「麥」製成，有時添加了傳統的「芋頭」或「蕎麥」，部分採酒桶熟成而成。不過仔細想想，以麥為原料（和威士忌一樣使用大麥）的燒酎多半以能夠蒸餾出高酒精度數的連續蒸餾器生產，稅則上歸類於「甲類」。以單式蒸餾器生產，酒精含量較低的蒸餾酒則屬於「乙類」，兩者充其量不過就是在酒稅上有差異罷了。從熟成之前的狀態來看，其實只有在原料內容物及發酵醪的製造方法與威士忌有所不同，若將其理解成完成蒸餾，尚未進入熟成的威士忌新酒，那麼以酒桶熟成似乎也說得通。

然而，我們這些普桶的飲酒之人既不曾看過市面上有以酒桶熟成的燒酎（是常看到調和過的商品…），對於這方面的概念也相當薄弱。其實還是有極少的酒廠有在生產這種「西式」燒酎的產品。我在這邊雖然未寫出酒廠品牌的資訊，但卻非常推薦威士忌迷一定要品嚐看看那風味。

我們把話題拉回酒桶的功用上，若將燒酎的新酒（？）裝入酒桶熟成1年的話，完成的酒可是跟我們認知的燒酎相差甚遠，色澤就猶如蜜糖色的「威士忌」。此外，為了讓這些燒酎能夠符合酒稅規範，業者即便知道很浪費，仍會將原酒過濾進行去色作業。雖然已經搞不太清楚精確的數字為何，但酒廠還是會盡可能地讓燒酎的顏色接近透明，這時，風味更隨著顏色消逝殆盡。就這樣地，顏色稍微透明，又帶點「黃褐色」？、幾乎沒有威士忌風味的燒酎就此完成。但那口味就像是保留有濃郁色澤的高階燒酎，因此被稱為「西式」燒酎。

我們再把話題拉回到威士忌本身，這些以酒桶貯藏3～4年，有時甚至達7年的麥類燒酎可是具備等同頂級威士忌的品質。我曾把這保存作為研究用的原酒讓某間酒廠相關人士試飲，對方對於其中的口感及風味驚嘆不已，甚至積極提出以原桶方式銷售的想法，讓我聽了都覺得似乎可行。這除了說是酒桶本身擁有的魔力外，或許也稱得上是時間與酒桶在交互作用下所產生的奇蹟。

另外我也曾聽說，某位知名女星拿到了上述酒桶業者所生產的18公升試作桶後，裝入市場上已做為商品銷售，拿來調酒用的燒酎（不是風味正統濃郁的燒酎，而是超市或量販店貨架上，容量2公升或4公升的寶特瓶裝燒酎），熟成了1年左右，並將這燒酎帶到拍片現場，在晚上用來慰勞工作人員們。再經過1年熟成的燒酎風味變得頗為濃郁，無論是在顏色、味道表現上，成了既不像燒酎、也不像威士忌的混合蒸餾酒。嚐過的人不僅都提出極高的評價，更厲害的是，這是已經支付過酒稅的燒酎商品。不管怎麼說，稅務當局對於消費者個人要怎麼對購買的商品加工是沒有立場說三道四。

我雖然也超希望能夠拿到這樣的酒桶，但這種小尺寸的酒桶若使用與酒廠一般酒桶相同厚度的木材，再以相同方式製造的話，橡木容易出現裂痕等，不良率極高，因此現在製桶廠已沒在生產，當然就無法取得。不過，我實在是太想知道風味究竟如何，在苦思了3天後，想出了一個我自己發明的再熟成法。

這個方法就是去DIY居家修繕中心購買橡木板後，以電鋸切成7公分×25公分的大小，接著再以瓦斯焊槍將木板表面噴燒烤焦，視為燒烤步驟。將各半的木材燒烤成重度及中度等級，並將各10片的木材分別放入3支玻璃製的梅酒瓶中後，再各自倒入1.8公升的『White liquor 35度』、『寶燒酎極上25度』以及基本款的『寶燒酎25度』後封桶。接著放在書房中用來放置煤油桶的塑膠容器中，作為我家專用的酒窖，這項任務更是秘密進行，對家人也是三緘其口（現在是第一次開誠佈公），期待熟成的同時，更努力忘記這些酒的存在。不過，雖說極力想要遺忘，卻仍是每3天打開酒瓶觀察裡面的情況。與酒廠原廠容量450公升的木桶相比，放有10片燒烤木板的梅酒瓶中裝入了各1.8公升的酒，換算成燒酎每單位的木質素，照理說，我的熟成方式應該比較厲害…，不只如此，蘇格蘭威士忌熟成時會使用經過整修的二手波本桶，但我可是使用全新木材，正可謂是真真正正的首次充填（first fill）。

在這過程中，我還從友人那兒拿到了一束乾燥的肉桂根，若加上偷偷丟入肉桂的酒，目前共計4瓶酒正在熟成。日前熟成時間正好達6個月，我打開了White liquor那瓶酒，於試飲杯中斟了約一半的份量後，聞了聞它的氣味，原本我並不打算對結果做出任何評論，但想想這樣似乎有點「畫龍卻不點睛」。若要簡單說明的話，這支酒有著波本酒及日本產威士忌所沒有的香氣，雖然稀薄，但實際上已經形成，讓人頗為喜愛，口感上比香氣表現更為濃郁些，由於是使用比燒酎更接近無色無味的White liquor來熟成，因此不會讓人有燒酎的感覺。此時我更確信，如果今天不是使用酒精度數35度的White liquor，而是改用最容易溶出木質素，65度左右的原酒，那麼絕對能夠成功地熟成出威士忌。

我最近的嗜好則是將這些經過改造的燒酎與『拉弗格10年』調和，將調和比例作多種嘗試地來比較品嚐。若直接說明結果的話，經過重度燒烤的White liquor變得跟波本酒極為相似，與『拉弗格10年』非常不搭。重度＆中度燒烤的『寶．極上25度』加入20%的『拉弗格10年』後，帶有相當煙燻的蘇格蘭威士忌風格，整體氛圍表現出色。如果把這酒裝入『艾德多爾12年』的空瓶中給人品嚐的話，一定會讓酒客們身處煙味之中，感到滿足。而基本款的『寶燒酎』在放入中等燒烤的木材後，與30%的『拉弗格』相搭配所帶出的整體表現最為傑出，彷彿成了風味柔和，容易品嚐的『拉弗格』。從這點來看，我個人認為這比單一穀物威士忌的『Cameron Brig』更適合拿來做為調和用威士忌。

我也順道將沒有以燒烤木材進行再度熟成的原味『寶燒酎』與『拉弗格』調和品嚐，卻發現『拉弗格』的癖性整個被沖淡（甚至過頭了），若與以燒烤木材熟成過的酒相比，對我而言稍嫌份量不足，但我的朋友們可都非常滿意，甚至有人複製這樣的品嚐方式。我經常前往消費的酒吧老闆雖然面帶不悅，但我卻認為這樣的喝法相當痛快。在此更要特別告知讀者們，像這樣的自製混合燒酎就算純飲也還蠻美味的。

這邊要轉換一下話題，在蘇格蘭的北方盡頭，有一間名為車庫（Loch Ewe）的酒廠。車庫更是當地飯店（獨棟）老闆以蘇格蘭最小，容量僅有114公升的蒸餾器生產威士忌供住房客品嚐的微型酒廠。酒廠除了感覺就像是停車場一角的倉庫外，還拿塑膠製的收納容器作為糖化槽與發酵槽。相信各位讀者一定知道在蘇格蘭，蒸餾器的容量必須達2,000公升以上的法定規範，車庫的蒸餾器雖然被特例核准作為觀光用，但這裡的威士忌最大特徵在於完全未經過熟成。這些蒸餾酒會提供給飯店的酒吧，或作為伴手禮用的酒款銷售，前文提到的酒吧老闆在拜訪當地時，也帶回了2瓶作為紀念。聽說目前車庫還有推出「長期」熟成2個月的酒款，但與這未經熟成的威士忌風味相比，我可要自吹自擂一下自製混合酒的表現絕對優於前者。

談論酒時，既無法評判貴賤、也沒有任何準則，一切都是取決於自己是否有所節制！

對於那群所謂正統的威士忌酒迷而言，我這些實驗性的品嚐方式在他們眼裡看來或許猶如「旁門左道」，但若要以我的思維來論述，自昭和30年代起至戰後仍流行於大眾（廉價）酒吧的「highball」將冰塊置於玻璃杯中鏗鏘作響，接著又加水稀釋的喝法相比，可謂是五十步笑百步。說穿了，只要酒能夠滲入我們的內心與身體各個角落，讓我們若無其事地忘卻每天發生的悲喜，解開心中那個結的話，那又還需要強求些什麼呢？如何享受，可以自由發揮，若當事人沒有認為不妥，那麼其他人就更沒立場說三道四。

此外，名為威士忌的飲料上至貴族、下至普羅大眾皆深受喜愛，從無階級區分的觀點來看，對我而言，比其他任何一款蒸餾酒都要來的更稀有、地位也更崇高。但我卻也同時發現，飲酒之人或供酒之人的心中其實存在著明顯的貴賤之分。

很幸運地，我並沒有遭遇這樣的情況，但最近卻發現不少會收取「座位費」的酒吧。供酒之人會抱持著以業績為優先的姿態，對於喝了1～2杯就收手的酒客而言，這樣的酒吧除了只能說是性價比最糟的消費地點外，還必須擔心，這樣將無法培養出懂酒、也會喝好酒的飲酒之人。

此外，不去探討酒的口味，只是一味地推銷熟成年份高、高單價商品的酒吧同樣惡劣至極。利益薰心，只要有收入進帳，什麼都無關緊要！甚至無法提供符合客人喜好及需求的商品。我好希望有間酒吧是能夠讓我磨練自己味蕾及鼻子的感性，學會多元的風味呈現方式並深深烙印在腦海裡，有如練酒功夫的道場，或是一個整夜都有酒品嚐，沉浸在放鬆情緒中的場所。然而，上述的店家既稱不上是能滿足正規酒客的酒吧，也更無法提供酒客能夠完全放鬆享受，有如沙龍會館般的氣氛。完全充斥的矯情、慾望、投機心態及虛張聲勢，更可說是正規酒客的天敵。

更讓人覺得要不得的是那群一臉得意表情，對於自己在這種店家喝了「要價不斐」的酒，便沾沾自喜的「酒痴」們。這類型的人不管是飲酒之人或供酒之人，對我而言都被歸類在貴賤中的「賤」，完全不入列飲酒者的範疇，當然就不可能跟這些人談論酒，這樣的行為可說是天方夜譚。價廉之酒，我認為好的很！

對於單純喜愛、享受酒的風味，以及酒所營造的沉穩空間的酒徒們而言，無不期待今夜又是個愉快的夜晚。

各位愛酒同好們，就讓我們期待能有個美好的夜晚，努力減少酒瓶內及酒中佳釀的高度。

高唱著「Let's drink a toast！」…

SCOTCH WHISKY
WHO'S WHO
蘇格蘭威士忌紳士錄

在消費者還不是很清楚蘇格蘭威士忌究竟是什麼的那個年代，有許多幕後功臣負責將其魅力所在讓更多的日本消費者了解。從名不見經傳的小品牌到全球知名大廠，部分的進口業者、酒類販售商，以及酒吧主人希望能讓更多日本人品嚐到還不被熟知的美味威士忌。在這群人的努力下，終讓今天的日本愛酒之人們能夠以愉快的心情，品嚐著非常多不同類型的蘇格蘭威士忌。與蘇格蘭當地、英格蘭、美國等地區相比，日本國內的蘇格蘭威士忌實際售價相對適中。從30～40年前的那個時代來看，價格的設定也大約落在3～6倍。我還記得曾在在明治屋以8,000日圓購得紅牌約翰走路、18,000日圓的價格買到Maker's Mark（波本威士忌）。若以當年的貨幣價值、供應體系來看，這可說是貴了10倍的昂貴價位。不用比較也可知道，對於我們這些愛酒之人來說，現在這個年代真可謂蘇格蘭威士忌的天堂啊！我們要向當年對日本酒稅體制表達不滿之情的歐盟及柴契爾夫人致敬，雖然會增加肝胃負擔，但今天難道不該喝杯美味的威士忌來慶祝一下嗎？乾杯！

將Three Rivers的標誌放入獨立裝瓶的威士忌酒款瓶身中。將全部心力貫注於「美味」之酒的三河屋經營理念。

原創的「Port Ellen」系列與「Life」系列熱賣，讓Three Rivers公司瞬間聲名大噪，成了知名的獨立裝瓶業者品牌。只銷售極限美味酒款的經營方針為日本威士忌市場帶來無比的震撼。即便Three Rivers公司成立至今已10多年，但我們仍站在消費者的立場，高度期待Three Rivers能繼續尋找充滿魅力的威士忌。

編輯部　請說明「Three Rivers」公司名的由來及成立過程。

大熊慎也先生（以下省略稱謂。）　在我任職約6年的前一份工作中，能夠和許多酒保、酒鋪及相關業者接觸，當時就很希望自己能像卡通「海螺小姐」中，三河屋的三郎老闆一樣，經營間規模不大的商店，能夠應付各種情況，向客戶推銷商品。於是在2003年與負責進口業務的前野一成共組貿易公司。

編輯部　說到Three Rivers的話，大家除了會想到傳說中的「The Life」系列，將人從誕生、戀愛、結婚、懷孕、生子、育兒、壯年、老去的過程作為標籤，極具象徵性的威士忌外，還有「The Dance」、「The Lady and The Unicorn」、「Dinosaur」、「The Perfume」等，與其他業者份量十足的威士忌相比，標籤設計輕盈灑脫，層次表現迥異，風靡市場的系列酒款。除了威士忌，Three Rivers是否還有進口其他的酒類產品？

大熊　有的。Three Rivers還有進口貴腐酒、白蘭地、馬德拉酒、波特酒等酒類，我與前野會直接與生產者會面，實際試飲，然後只進口真的覺得好喝的酒。

編輯部　Three Rivers公司的商品都出貨給誰？

大熊　9成5的商品都會直接拿至一般酒鋪，請店家試飲，店家真的喜歡該商品味道的前提下，賣給店家。

編輯部　「The Life」系列在網路上折扣過後的價格仍超過10萬日圓，像這類瓶數限定的酒款該如何購買及品嚐？

大熊　若是人氣酒款的話，可以預期一定會銷售一空，因此客人們會隨時掌握商品上市資訊，在推出時立刻下單購買。

編輯部　售完的酒款會再次向酒廠訂購嗎？

大熊　若是酒廠裝瓶的系列酒款，有時會繼續販售，但Three Rivers推出的大多都是瓶數限定的原桶強度酒，因此有很多都只能去酒吧等地方尋找才喝的到。

編輯部　Three Rivers主要都是進口Adelphi、A.D. Rattray、The Whisky Agency等海外裝瓶業者的酒款，在銷售自家的酒款時，又是如何選擇、決策銷售的呢？

大熊　如同方才所言，我與前野會從大量的樣木酒中，挑選出兩人都覺得「美味！」的酒款。我們所認定的「美味」同樣也會連結到消費者對Three Rivers這個品牌的信賴，甚至提出評語，無論是怎樣的反饋都必須虛心接受，聽起來雖然相當可怕，但卻讓人有成就感，非常有趣，也能夠培養自信及樂趣。

編輯部　今後，您與前野兩人是否還會繼續以「美味！」威士忌追尋者的身分，透過挑選出來的酒款在威士忌酒吧贏得壓倒性的信賴，並保有萬能推銷員的行事風格呢？

大熊　會的。即便是再怎麼名不見經傳的威士忌，我們還是會持續站在消費者的角度，以「只提供消費者美味威士忌」的精神，誠心誠意地傳達威士忌的魅力。

編輯部　今天非常感謝您提供有趣的談話內容。未來還請Three Rivers繼續進口既美味、又不為人知的威士忌。

有限公司Three Rivers
〒179-0073　東京都練馬区田柄 4-12-21
TEL 03-3926-3508

與負責進口業務的前野一成先生共同成立Three Rivers公司，擔任營業職務的大熊慎也先生，那和藹親切的笑容令人印象深刻。

歷史悠久的威士忌商家「ACORN」。擁有讓全國威士忌酒迷讚聲叫好的系列酒款。

高人氣的高熟成年份麥芽威士忌「The Malt Tribune」系列、以會出現在橡木的鳥類或昆蟲為標籤，添加水分讓酒精度數為46%的「FRIENDS of OAK」系列、成立三週年時的「Natural Malt Selection」系列、「以水源地為名」的系列等，推出多款系列商品的ACORN公司為許多威士忌酒迷們帶來感動。目前更於東京都豐島區的東池袋開設商店，銷售業績持續攀升。

編輯部　請您簡單介紹您的生平及公司成立至今的過程。

蔦 清志先生（以下省略稱謂。）　我在1980年代後半於專門進口及零售勃根地葡萄酒聞名的「銀座Mitsumi」負責洋酒採購業務，但在1996年泡沫經濟後期自立門戶，於埼玉縣坂戶市的自宅開始了無店面的進口、零售業務。1996年底雖然取得了販酒執照，但由於是只能直接銷售給飲料店家的特殊執照，因此顧客都是些酒保們。我開始和Murray McDavid公司、James Macarthur公司、John Milroy公司等多間獨立裝瓶業者合作拓展事業。當時，除了自家進口的獨立裝瓶威士忌外，還推出了「雲頂1966 West Highland」、「格蘭傑Culloden Bottle」、「麥卡倫」等5支原創酒款。其後更以成了招牌的「Natural Malt Selection」系列之名，搭配「橡果」標籤，推出了「提安尼涅克28年」、「雲頂39年」、「林可伍德13年」、「布納哈本11年」、「克里尼利基14年」等威士忌。此外，以停駐於水楢木上的鳥類及昆蟲為標籤插圖，加水讓酒精度數統一為46度後進行裝瓶的「FRIENDS of OAK」系列同樣獲得廣大好評。當年，不管是拉弗格或雅柏，都可以非常輕易地取得這些酒廠的酒桶。

編輯部　1998年，是在怎樣的因緣際會下與Jack Wibers合作的呢？

蔦　會和Jack Wibers認識是在德國的威士忌大展（The Whisky Fair）上。

編輯部　在您看來，目前全球威士忌產業的動向如何？

蔦　據說目前有許多興建中或規劃中的酒廠。若以供需角度來看的話，由於全球對蘇格蘭威士忌的需求急增，因此酒廠也以產能全開的方式因應。然而，這樣的模式一定會在未來出現生產過剩的情況，為了面對此情況的來臨，我們認為讓企業維持在適中規模是相當重要的。今後的需求究竟會出現怎樣的變化不得而知，因此不能過度擴張版圖。面對中國、印度等新興國家對威士忌的消費潛力，若消費者能對威士忌持續抱持高度興趣當然是最樂見的情況，但若哪天市場傳出「威士忌有害身體健康」的流言蜚語、或是飲酒規範愈趨嚴苛的話，那麼業者們將無計可施。我認為，現在已經是必須高度關注市場需求動向究竟為何的時代。

編輯部　對您而言，獨立裝瓶廠是怎樣的存在？

蔦　我認為ACORN是銷售獨立裝瓶威士忌產品的商家。20年前，在裝瓶業界中，有個「Arm Chair Bottlers」名詞，在那個年代，業者只需坐在桌前，透過電話或傳真便能輕鬆做生意。然而，隨著科技發展及競爭愈趨激烈，許多產業的業者開始跳過中盤商經營事業。從前在銷售酒類時，也會經手1、2關的中盤商，但今後會形成怎樣的模式不得而知。若蘇格蘭的酒廠想要與Uniqlo或蘋果（Apple）公司一樣，「於消費地直接販售」，這樣的計畫隨時都能付諸實行。

編輯部　請談談為何會想在東京都豐島區的東池袋開設直營商店「The Whisky Plus」？

有限公司ACORN
350-0222　埼玉県坂戸市清水町46-40
ライフルマンション106
TEL 049-282-1362

THE WHISKY PLUS（ザ・ウィスキー・プラス）
170-0013　東京都豊島区東池袋1-47-12
TEL 03-6907-2676

ACORN代表 蔦清志先生於東池袋所經營的「The Whisky Plus」商店不僅銷售有自家的原創酒款，更提供了其他進口業者所推出的商品。

蔦 「The Whisky Plus」開設於2014年3月。會有這樣的規劃，主要是想站在距離顧客最近的位置，隨時掌握威士忌消費者的需求動向。此外，也希望前來挑選威士忌商品的顧客能在試飲，確定是自己認為美味的威士忌後再行購買。

編輯部 請問顧客類型與銷售狀況如何？

蔦 目前，專業酒保與一般客戶的占比各半。託各位的福，目前ACORN推出的原創酒款種類不斷增加。

編輯部 請說明公司名ACORN的由來。

蔦 公司名是源自英國的諺語：「Great oaks from little acorns grow.」，「大橡樹都是由小橡果所長成（意指萬丈高樓平地起）」。威士忌貯藏、熟成所需的橡木就是從橡果而來，因此我們的經營理念中，更有著「即便最初長出來的橡果迷你，但總有一天一定會長成大樹」的意涵。

編輯部 請說明今後ACORN的發展方向。

蔦 今後ACORN會將心力集中在發展原創酒款上，並希望能同時提供最棒的自家商品及其他進口業者或生產業者的商品，目標成為讓顧客能輕鬆前來洽詢的商店。蘇格蘭的酒廠數不斷增加，如今為了因應全球的威士忌需求，更進入了產能全開的狀態。預期未來將可能出現供過於求的情況，因此ACORN更需要走出自己的獨特路線。

編輯部 今天非常感謝與我們分享許多有趣的內容。

ACORN成立3年時所推出的招牌原創系列酒款「Natural Malt Selection」，當時更將市場相當少見，熟成年份未達10年的艾雷島威士忌裝瓶販售。以公司名稱由來的橡果作為標籤插圖，讓ACORN成了高人氣品牌。

株式會社信濃屋食品（SHINANOYA）

SHINANOYA

大型酒鋪將原創酒款作為武器，向全世界發揚日本以及世界的飲酒文化。

以成立85年為傲的販酒老舖「信濃屋」，以東京、橫濱為中心經營有16間店鋪。不只有專業人士，更是對飲食有所堅持的一般客戶間相當知名的商店。除了烈酒外，還提供有葡萄酒、啤酒、日本酒等，商品種類多元。負責採購烈酒的北梶剛先生與我們暢談了他是如何選購威士忌，以及信濃屋所售有的酒款。

編輯部 請說明貴司成立的過程。

北梶 剛先生（以下省略稱謂。） 信濃屋是昭和5年（1930年）於東京都世田谷區的代田所開設的酒類食品專賣店。目前除了銷售有生鮮食品外，包含洋酒專賣店的代田葡萄酒館及2015年成立的2間網路商店，目前共擁有16間店鋪。

編輯部 我們有去參觀了代田葡萄酒館的酒櫃，除了非常一般的平價調和威士忌外，還有珍稀昂貴的單一麥芽威士忌，能夠選擇的酒款種類相當多元呢！

北梶 隨著販酒執照的解禁，許多酒鋪經營相對困難，但對信濃屋而言，我們不希望將自己定位成專門銷售便宜酒款或只提供特殊商品的高級商店，而是目標以「酒」為媒介，讓消費者更加了解飲食文化的「核心價值」。信濃屋不僅僅是愛酒之人才能光顧的商店，更期待蘇格蘭威士忌的初學者們也能前來，讓信濃屋擁有廣大的顧客群。此外，信濃屋還會搭配每年5月於艾雷島舉辦的Islay Festival，於店鋪舉辦提供「波摩12年」等多支單一麥芽威士忌的試飲活動。

編輯部　請問北梶先生您具體的工作內容是什麼？

北梶　在我進入信濃屋以前，曾居住於德國，從事將日本產葡萄酒出口、銷售至德國的工作。那時以德國、法國為首的歐盟圈在威士忌市場的發展進入成熟階段，單一麥芽威士忌的需求量可說是不斷增加，日本也出現了同樣的風潮，而就在2007年時，我有幸進入信濃屋任職，期間約有8年的時間負責威士忌或葡萄酒等商品的進口業務。在蘇格蘭威士忌部分，推出有將標籤設計結合西洋棋子的「The Chess」系列，嚴選格蘭花格、班瑞克、格蘭多納、雲頂等酒廠的酒桶，每款限定200～300瓶的數量，以原創標籤進行裝瓶販售，除了日本國內，更出口至歐洲、台灣及新加坡等地。這幾年，日本產的威士忌開始達到不輸給正統蘇格蘭威士忌的水準，風評極佳。對此信濃屋不僅發表了秩父酒廠Ichiro's Malt的「The Game」系列，2015年3月更與三得利的首席調酒師合作，推出將1984年的單一年份酒以日本水楢橡木桶進行熟成的調和威士忌（36,900日圓），由於廣受好評，讓限定500瓶的數量即刻售罄。身為日本的威士忌專賣店，我們希望能向全世界的顧客提供日本威士忌與嚴選的蘇格蘭威士忌，展現日本威士忌市場的高水準及對威士忌的熱忱。

編輯部　請北梶先生形容一下目前的工作環境。

北梶　信濃屋主要是採直接銷售的方式，因此經營上不會受到業者及盤商間的規則侷限，在拓展業務上算是很有幫助。您若參觀過代田葡萄酒館1樓的話，可以發現除了放有1,500～1,800支的調和威士忌外，還有許多單一麥芽威士忌與單桶威士忌商品。該館更曾4次獲選由威士忌專家所選出，「Icons of Whisky（威士忌雜誌）」全球排名前三的威士忌商店。

編輯部　信濃屋是怎麼銷售自家所推出的獨立裝瓶威士忌呢？

北梶　信濃屋自行推出的酒款主要受到對威士忌極度狂熱的男性消費者支持。由於瓶數有限，因此只要一推出多半會立刻售罄，這時客人們會隨時在網站上確認最新消息，焦急地等待新酒的上市。由於外地的消費者族群也相當龐大，透過網路與實體店鋪購買威士忌的客人比例約為4比6。

編輯部　信濃屋是如何蒐集市場資訊及拓展業務的呢？

北梶　我個人會在前往酒吧喝酒時，順便請益酒保及愛酒人士，了解他們需要怎樣的威士忌，如果聽到像是「我想要以雪莉桶熟成的艾雷島威士忌」的需求，那麼我就會立刻去尋找適合的酒款。

編輯部　北梶先生對於今後的業務有怎樣的規劃？

北梶　全球對於威士忌的需求雖然持續增加，但因高熟成年份的原酒不斷減少，使得市場出現許多未標示熟成年份資訊的酒款。陳年威士忌、單一年份威士忌固然吸引人，但建議消費者可以試著跳脫對熟成年份的堅持，愉快地品嚐蘇格蘭威士忌，相信一定能有新體認。

編輯部　今天很謝謝您百忙之中仍協助受訪。

營業本部酒販部和洋酒課課長 負責烈酒採購業務的北梶剛先生。喜愛威士忌，更熱愛目前的工作。現正以一名採購者的身分，忙碌地當著空中飛人。

株式會社信濃屋食品

〒155-0033　東京都世田谷区代田 1-34-13

TEL 03-3412-2448

http//www.shinanoya.co.jp

與單一原桶威士忌的相遇是「可遇不可求」。當了解箇中的醍醐滋味後，將會讓你欲罷不能。

當進到威士忌酒吧時，可以說絕對能夠看到這間公司所進口的酒款或酒桶。在日本地位如同先鋒者的獨立裝瓶業者．島村清壽先生在推廣單一原桶威士忌上，可說是功不可沒。

編輯部　所謂的獨立裝瓶威士忌究竟是怎樣的威士忌？

島村清壽先生（以下省略稱謂。）　獨立裝瓶業者從好久以前便開始向酒廠收購原酒，並作為飯店、高爾夫球場的紀念品流通於市面。此外，原廠威士忌指的則是從製造到銷售全由酒廠自行負責的酒款。

編輯部　回顧蘇格蘭威士忌酒廠的歷史，酒廠營運受到經濟環境的影響，不斷上演著出脫、併購的戲碼直至今日，但對我們這些飲酒之人而言，這卻也讓各間酒廠充滿多元性，讓人享受其中。

島村　像是波特艾倫、布朗拉、羅斯班克（Rosebank）等，生產著今日已不復見的優質威士忌酒廠在市場洪流的衝擊下，最終只能關廠作收。被其他業者併購的酒廠是否能夠繼續維持過去的方式蒸餾，完全取決於買家的決策。我們就以布萊迪酒廠為例，曾任波摩酒廠廠長的吉姆．麥克文（Jim McEwan）為了讓艾雷島的布萊迪重新站起，投入了大量的浪漫及熱情。吉姆親手打造保留既有風格的現代版布萊迪，努力實現夢想，為品牌注入銷售力並創造價值，讓布萊迪重回威士忌大廠行列。所謂的釀造威士忌，其實在為期5年的製造過程是無法獲取絲毫利益。明知威士忌是這種型態的產業，卻還有股東會提出希望能夠當下拿到分紅的想法。

蘇格蘭目前存在有約120間的酒廠，這些酒廠十之八九皆隸屬於大集團旗下。若不這樣做，酒廠很難在全球化的市場環境下永續經營。反觀，我們獨立裝瓶廠是在銷售威士忌上仍保有昔日浪漫情懷及熱情的迷你商業圈。雖然很難想像，但其實這些酒廠在尚未被大集團併吞之前可都是堅守著自我風格，努力生產具備強烈獨特性的威士忌。30年前左右，我在朋友的介紹下造訪了波摩酒廠，當時有機會喝到直接從酒桶取出，未添加水的12年麥芽威士忌（58%）。在入口瞬間，那衝擊佈滿了整個大腦，讓我真正地感受到，究竟什麼才是蘇格蘭威士忌的源頭！那是過去不曾經歷過，充滿未知的味道，酒色來自雪莉桶。詢問了廠長：「這麼美味的威士忌可以在哪裡買到？」廠長卻回答：「這是用來作為調和威士忌用的基酒，因此沒有對外銷售。所有的蘇格蘭威士忌中都添加有艾雷島生產的威士忌，但我們就只負責生產。這個酒任誰都不曾喝過，你喝到的，就是原酒。」

如果我能將這個酒帶回日本，讓日本的蘇格蘭威士忌迷品嚐的話，他們會有怎樣的反應？今後有辦法將酒桶引進日本銷售？是否有可以遵循的途徑？當時，蘇格蘭威士忌以調和威士忌為主流，單一麥芽威士忌的數量雖然不多，但還是可以找到格蘭菲迪、格蘭傑等，酒精度數40%的威士忌，甚至還存在有桶裝58%的原酒。然而，卻沒有任何一個地方真正有在賣58%的原酒，酒廠也未曾思考要將原酒拿來販售。不過，我相信絕對有辦法，如果能讓這樣的商品在日本更為人所知，那將會是件多麼有成就感的事啊！對此，我即刻起身前往位在格拉斯哥的波摩總部，拜會社長James Howat，並誠懇地表示：「我是第一次喝到如此美味的威士忌，請您提供我波摩的原酒」，但James Howat卻笑笑地回應：「你是在跟我開玩笑嗎？」

他們當然是不會相信我如此唐突提出的請求。其後的3年，終於在不斷地說明下，得到波摩酒廠的首肯。要讓這個企劃案通過，與其說需要能讓他們信任的方案，倒不如說是需要像是「伴手禮」的東西。

我向酒廠表示，「為了能讓波摩這個品牌站上全球市場，請讓我成為你們的合作夥伴，並由我負責拓展日本市場的職務」對此，我更向波摩提出能夠試飲傳統波摩威士忌原酒的會員制俱樂部想法。

我強調，「這已無關乎工作，我想要將波摩酒廠的威士忌介紹給日本消費者認識。在正統裝潢的房間內，沒有任何裝瓶酒款，單純只提供會員試飲從酒桶取出的波摩威士忌，摒除掉一切多餘的事物。會員在試飲之前，必須先看過波摩酒廠生產過程的介紹，理解並認同波摩是怎樣的威士忌。此外，新會員必須透過舊會員的介紹才能入會。」

波摩酒廠的社長聽了之後表示，「這的確已經不是什麼商業行為了，但喜愛麥芽威士忌之人的思維就是這麼地不合常理。我會負起所有的責任，就讓我們一同嘗試看看吧！」並同意由我司負責進口事宜，更協助以船運運送酒桶至日本。

編輯部　這也意味著島村會長您的願望實現了呢！

島村　1980年，會員制酒吧「Malt House Bowmore」正式開張。俱樂部裡面除了放置波摩威士忌的酒桶外，沒有任何東西。其後，作家開高健先生蒞臨後，更在週刊雜誌、報紙等提到，「在東京港區的麻布開了間很厲害的店。這裡的波摩比我在艾雷島喝到的還要美味！」。就這樣地，在舊會員介紹新會員的模式下，俱樂部逐漸打開知名度，會員人數不斷增加，在開店第三年時，總會員數更是來到非常驚人的數字，甚至出現若沒有事前預約將無法進入的盛況。

編輯部　會員只侷限於東京嗎？

島村　除了東京，我希望從北海道至九州，會員能夠遍及日本全國。在取得需要的販酒執照的同時，由於230公升的豬頭桶體積實在太過龐大，波摩酒廠更花了一年的時間研究，為我們開發出了10公升的輕巧酒桶。在日本的銷售熱況中，若再推出10公升的酒桶商品，我們發現，這不僅能讓酒桶持續熟成，更可輕鬆地於日本品嚐到在波摩酒廠所享受到的風味。一推出後，會員們紛紛表示：「不曾喝過這麼好喝的威士忌」，獲得高度好評。消息一出，更是在日本全國各地造成廣大迴響，美味佳評不斷。就在原桶酒銷售漸入佳境的1994年4月，蘇格蘭當地的報紙突然刊登出「日本威士忌業者買下Morrison Bowmore」的消息。當時，對日本國產的高檔調和威士忌而言，負責提供基酒的艾雷島酒廠重要程度不斷增加，因此我對日本威士忌業者出手買下酒廠一事並不感到意外。但對我司而言，這樣的消息仍是非常震撼，當時更深刻體認到，若在經營時沒有危機意識的話，將很難在全球化市場存活下來。

編輯部　其後日本的威士忌市場出現怎樣的變化呢？

島村　在柴契爾夫人擔任英國首相時，被視為關稅障礙的酒稅出現很大的調整，讓過去很難入手的蘇格蘭威士忌開始大量進口至日本，在同時間，單一麥芽威士忌也逐漸普及。另一方面，由於在泡沫經濟時期進口了數量驚人的威士忌，即便之後泡沫經濟瓦解，但愛上美味威士忌的消費者仍持續喝著單一麥芽威士

蘇格蘭麥芽威士忌販賣株式會社

〒173-0004　東京都板橋区板橋1-8-4

TEL 03-3579-8587　http://www.scotch-malt.co.jp/

蘇格蘭麥芽威士忌販賣株式會社 島村清壽會長所進口的酒款及艾雷島拉加維林10公升桶裝威士忌可是無論在哪一間酒吧都可以看到的人氣商品。

忌，因此需求量並未衰退。當時的日本人其實並不知道調和威士忌與單一麥芽威士忌的差異為何，因此在泡沫經濟時期，日本的酒吧會相互競爭，將大量的單一麥芽威士忌酒款擺放於店內較勁。當時只聽過約翰走路黑牌、紅牌以及起瓦士的消費者並不會去喝單一麥芽威士忌，但對於部分知道箇中美味的固定饕客群，蘇格蘭單一麥芽威士忌可是相當炙手可熱。在泡沫經濟過後，我司便開始推出波摩以外的酒桶，現在可還有消費者保存有那個年代的酒桶。就在2013年時，合作27～8年的波摩酒廠表示想停止對我司的銷售，其實這樣的結果已在我們預料之中，因此當時我司已開始購買其他業者酒桶的事業。目前除了蘇格蘭外，事業版圖更擴及德國、法國、美國等地。在那之後的30年，日本的飲酒之人終於可以區分出原廠威士忌與獨立裝瓶威士忌的差異所在。

編輯部　蘇格蘭威士忌酒廠是最近才開始積極地成立遊客中心、推出試飲行程等活動的嗎？

島村　若是被納入大集團旗下，生產的原酒將被全數拿來做為調和威士忌基酒使用的酒廠，那麼即便一般遊客前往造訪也不太能創造效益。然而，若是要自行企劃、生產、銷售單一麥芽威士忌商品，為了讓品牌更具知名度，或許就必須提供參觀行程。

編輯部　目前貴司有提供哪些獨賣威士忌商品給日本市場呢？

島村　商品種類雖然隨時都會有變動，但整體而言大約有200款酒類。由於是向獨立裝瓶廠買進酒桶，因此風味可說是可遇不可求。若希望口味完全不要改變的消費者，喝原廠推出的威士忌即可。然而，在許多酒吧中，原廠威士忌的身後往往隱藏著多款獨立酒廠所推出的酒款，這些更可說是只有懂威士忌之人才會享用的登峰造極之酒。

編輯部　最近原廠所推出的蘇格蘭威士忌風味是否有出現變化？

島村　刪減需求人力、改成購買價格低廉的原料、將地板式發芽委由其他業者執行，這些改變都讓我懷疑，是否真能呈現心中預設的纖細風味？以及能否釀造出與10年、20年以前相同的味道？

編輯部　影響威士忌風味最關鍵的因素為何呢？

島村　我們可以將酒桶比喻成「威士忌的搖籃」。據說威士忌成敗與否的85%取決於酒桶。自古以來，雪莉桶、橡木桶便被拿來用在生產威士忌。熟成中的麥芽威士忌會在酒桶內進行氧化還原作用，就像擁有生命的細胞，不斷呼吸、熟成，最後蛻變成任誰都不曾品嚐過，香氣馥郁的威士忌。大麥及水雖然也很重要，但真正的關鍵仍在於酒桶。說起來也很不可思議，但酒桶並非只由一種材料生成，而是藉由多種原材料的結合，產生風味。就拿原廠威士忌來說，酒廠會將數百桶熟成桶中的威士忌倒入超大的酒槽中，塑造整體風味。若有優質的原酒，當然也就會有不怎麼樣的原酒，所有的原酒合而為一。身為獨立裝瓶廠的我們，就是負責從眾多的酒桶中，以非常小心謹慎的方式篩選出優質的原酒，嚴選質量佳的酒桶提供給消費者。也只有規模小的獨立裝瓶廠才有辦法在不受外界影響的前提下如此經營吧！然而，在過去大集團尚未整合酒廠的時代中，對在地產業的酒廠而言，獨立裝瓶業者可是捧著現金前來交易的大客戶。

編輯部　身為日本首間獨立裝瓶業者，請談談您的抱負。

島村　無論在何處購買的原廠威士忌都必須維持相同味道，因為這才稱得上是品牌。但獨立裝瓶業者卻能提供不同於大眾風味的威士忌，即便是同一酒廠，味道也會因酒桶而有所差異，不僅有趣，更是獨立裝瓶威士忌的特色。然而，不管怎麼談論威士忌，最終的焦點還是會來到單一麥芽威士忌上。我非常希望能將許多雖然非主流，但卻擁有多元風味的威士忌介紹給日本的消費者。建議喜愛味道品質不變的人喝原廠威士忌，但若是期待享受變化複雜、未知風味的人，則建議選擇獨立裝瓶業者推出的威士忌。無論在哪一個國家品嚐，原廠威士忌都必須維持相同味道，但獨立裝瓶的威士忌卻能讓消費者在一次又一次的瞬間享受不同的風味表現。這也是我司期待能提供給消費者的感受。然而，不管是從哪一個角度進入威士忌的世界，最後都會抵達單一原桶這個終點。我認為，獨立裝瓶業者的使命就是讓鎂光燈聚焦在沒有名氣，但質地優良的威士忌上。目前，全球出現許多秉持著大企業所沒有的精神，並以生產充滿堅持元素的威士忌為目標的業者，我也期許今後能藉由介紹更多擁有精湛技術的酒廠，為威士忌產業注入活力。

編輯部　今天真的非常謝謝您暢談許多有趣的內容。

JIS網羅有蘇格蘭各威士忌酒廠的商品，同時也推出許多裝瓶數極少的酒款。

Japan Import System公司，幾乎網羅蘇格蘭所有的知名酒廠，更同時是日本進口蘇格蘭威士忌業界的第一把交椅。掌管JIS的田中克彥董事長認為，銷售業者必須向高登麥克菲爾公司、道格拉斯．萊恩公司、Hunter Laing公司一樣，有義務明確地告知酒桶出處、蒸餾日期、存放地點、裝瓶年代等詳細資訊。就讓我們來請教田中先生對獨立裝瓶事業的看法。

編輯部　請跟我們談談Japan Import System公司的成立過程。

田中克彥先生（以下省略稱謂。）　1925年，我的祖母於東京築地開設了商店。早在1869～1899年期間，曾為外國人居留地的區域有著日本帝國海軍等許多設施，祖母便於此從事食品及酒類的交易。第二次世界大戰結束後，家父繼承了事業，開始經營起舶來品的洋酒銷售。但日本在戰後到復興前的這段期間，受到外幣使用規範等影響，約翰走路等洋酒對一般平民而言可說是高不可攀。其後，日本在高度經濟成長的帶動下，人民所得增加，也逐漸喝得起進口威士忌。但在酒稅部分，卻存在著從量稅及從價稅兩種計算方式。進口價格低的商品適用從量稅，但高價商品卻需以150%及220%的從價稅計算。舉例來說，進口價格為1,500日圓的商品適用150%的從價稅，因此除了本身的1,500日圓，還需加上2,250日圓的酒稅，因此支付完稅金後的價格便來到3,750日圓。進口價格為5,000日圓的威士忌則需以220%的稅率計算，因此進到日本後的成本價為5,000日圓＋11,000日圓。當時雖然沒有消費稅，但高額的關稅讓威士忌的價格一點也不親民。

1980年代後半，為了讓蘇格蘭威士忌與白蘭地順利在日本銷售，鐵娘子柴契爾首相與歐洲執行會（EC）便開口施壓，提出關稅、稅率單一化口號，要求日本重新修訂酒稅法。對此，日本政府刪除了繁縟酒稅中的從價稅，僅保留從量稅。自稅法內容修改得讓飲酒之人感激無比後，進口威士忌的價格就變得更加親民。這同時讓消費者的選擇增加，在日本市面上可以看到許多充滿個性的進口酒。原本以從價稅進口至日本的高價單一麥芽威士忌變得與標準的調和威士忌商品一樣，改以從量稅計算後，價格更具競爭力，同時讓消費者更重視品質上的差異。

那時，我自己對顏色有如咖啡般深黑的史翠艾拉以及泥煤味濃厚的雅柏、拉弗格等威士忌的風味也深受感動。當年酒吧的客人認為，這些威士忌度數太高，沒辦法入喉，因此乏人問津。如今當年價格高不可攀的商品也必須以低廉的價格吸引消費者。

敝社剛開始進口威士忌時，日本國內找不到幾間有單一麥芽威士忌的酒吧，無論是酒保或客人，對蘇格蘭這個國家都沒什麼概念，也沒有想要深入了解的興趣，頂多就只知道尼斯湖及愛丁堡城堡。但隨著蘇格蘭威士忌風潮的逐漸興起，這幾年，單一年份的酒款出現量少價高的情況。在過去，包含葡萄酒、蘇格蘭威士忌等酒類在先進的歐洲、美國及日本地區的銷量都非常不錯，如今以中國為首的新興國家富豪們需求劇增，讓這些酒的價格跟著水漲船高。然而，像是威士忌這種從蒸餾到出貨需要時間的產品即便面臨市場的強烈需求，也無法像琴酒或伏特加一樣立刻出貨。若要做成單一年份的威士忌，那麼在蒸餾完後，需要進行30～50年的熟成。我們與日本的酒保們雖然努力地想讓更多人認識單一麥芽威士忌，但面對

Japan Import System株式會社
〒104-0045　東京都中央区築地4-6-5
TEL 03-3541-5469　http//www..jisys.co.jp

不斷飆漲的價格，實在讓我們頭痛不已。想要跟全世界做生意的話，匯率也會帶來相當的影響。

編輯部　請跟我們談談您對獨立裝瓶業者的看法。

田中　從成立過程與歷史來看，可將獨立裝瓶業者分為兩大系統。第一種是像高登麥克菲爾公司一樣，從成立以來便專注於裝瓶事業的企業。另一種則是擁有大量原酒的調和威士忌業者，如道格拉斯·萊恩公司就是在知道單一麥芽威士忌的優勢後，選擇進軍獨立裝瓶事業。當然，若身為一間調和威士忌廠，就必須將各種的麥芽威士忌與穀物威士忌混合成調和威士忌，如今道格拉斯·萊恩公司則是以裝瓶廠的身分活躍於市場。最近，德國及義大利的獨立裝瓶業者則是不再購入大量的酒桶庫存，而是改成立以自有品牌的方式銷售。獨立裝瓶這個業種自古便存在於英國的歷史進程，其發展過程也相當精采。獨立裝瓶的酒款就像是歷史悠久的英國企業一樣，能夠清楚地掌握酒桶出處、蒸餾日期、熟成年代、存放地點、裝瓶年代及業者等生產履歷資訊。JIS提供有能為消費者清楚說明各種資訊的威士忌商品，我們認為，獨立裝瓶業者要做的不單只是將標籤貼在瓶身上而已。JIS所提供的威士忌就像是原桶強度酒般，直接從酒桶取出的酒款，因此我認為業者有說明出處資訊的義務。

編輯部　在將蘇格蘭威士忌的酒桶進行裝瓶作業時，是不是都會刻意縮小酒廠名稱？

田中　與酒廠原廠裝瓶的威士忌相比，獨立裝瓶業者的威士忌商品標籤中，酒廠名稱會比裝瓶業者名稱來的小。這是酒廠與裝瓶業者間的約定，曾經有裝瓶業者不遵守約定，最後與酒廠步入公堂的情況發生。以前標籤上的酒廠名稱雖然都很大，但最近都變得比裝瓶業者的字體要小。換個角度來看，今天由酒廠所主導的單一麥芽威士忌是否能夠獲得好評，也要取決於酒瓶設計是否具獨特性，同時也讓業者更看重自己的品牌形象。

編輯部　目前JIS提供有多少類型的商品呢？

田中　數量可說相當驚人。JIS網羅有所有蘇格蘭酒廠的威士忌，因此在日本市場，我司應堪稱是商品數量最多的企業。未來我們會將重心放在推廣非大量生產，能實際與生產者面對面，了解產地環境優勢，像是單一原桶類型的小批量威士忌。期待消費者能享受到不同酒桶所帶來的風味差異。

編輯部　今天非常感謝您分享如此寶貴的想法。

JIS董事長　田中克彥先生　田中先生以非常淺顯易懂的方式為我們說明獨立裝瓶業者的歷史及其中蘊含的意義。

位於岩手縣盛岡市的蘇格蘭威士忌名店，波摩、麥卡倫、格蘭花格信徒們的朝聖地—蘇格蘭屋。

本次書中所刊載的陳年威士忌
幾乎都來自蘇格蘭屋。
龐大數量的酒款讓拍攝花了3天才完成。
辛苦拍攝為的就是能讓讀者在每一頁
都清楚閱覽陳年威士忌與單一年份威士忌。
過去不曾見過的瓶身標籤、設計，
以及酒瓶形狀。
能夠非常難得地一覽二次大戰後，
蘇格蘭威士忌歷史的變遷。
此外，在「蘇格蘭屋」甚至有機會
一嚐這些珍貴、年代久遠的威士忌。
在「蘇格蘭屋」，
可以找到豐饒年代下熟成的
蘇格蘭威士忌。

蘇格蘭屋

〒020-0877　岩手県盛岡市下ノ橋4-26

TEL 019-604-5577

營業時間 18:30～1:00（年中無休）

編輯部　對於在岩手縣盛岡市經營著蘇格蘭威士忌專門酒吧「蘇格蘭屋」的關聰子女士及關和雄先生賢伉儷，今天我們想要向兩位請益，為何能夠收集超過600支以上的陳年威士忌？為何會想在盛岡市這個雖然是縣政府所在地，但人口只有30萬人的小都市開設蘇格蘭威士忌專門酒吧？以及出版「蘇格蘭・奧迪賽遙想1971的黃金特級時代（スコッチ・オデッセイ1971黃金の特級時代を想う）」書籍一事。首先，請兩位談談自己的生平。

關 和雄先生（以下省略稱謂。）　我是在1948年（昭和23年）10月25日出生於岩手縣盛岡市。內人同樣是出身於盛岡市，生日為1961年3月14日。和查爾斯王子與黛安娜王妃一樣，年紀相差一輪。

編輯部　請談談為什麼會想在盛岡開設「蘇格蘭屋」。

關 和雄　我在喝了1970年代的格蘭利威、泰斯卡後，深受其美味所震撼，因此開始有了收藏蘇格蘭威士忌的興趣。當時我還有收集唱片等許多嗜好，但到了最後便開始專心收藏威士忌。會命名為「蘇格蘭屋（SCOTCH HOUSE）」，是因為比起「BAR○○○○」之類的名稱，感覺「蘇格蘭屋」會比較容易在電話簿中找到。我們夫妻倆於1988年結婚，2000年8月開始經營酒吧。我則是任職於一般企業直到58歲，由於實在等不及退休，因此選擇提前離職。終於自2006年3月起，從過去蘇格蘭屋的地下老闆躍上檯面，直至今日。

編輯部　從上班族轉戰經營酒吧一路走來是否順遂？

關 和雄　一點也不。我們可是吃足了閉門羹，銀行及信用金庫完全不肯提供貸款。他們的理由是「上班族就算經營酒吧也不可能順利」。當時只有國民金融公庫（現在的政策金融公庫）肯提供貸款申請書。公庫人員更建言「計畫內容本身雖然不行，但唯一引人興趣的就是大量的威士忌收藏。有了這些收藏，就表示開店時不需要資金採購庫存。同時要請先生繼續上班，由太太掛名經營，直到酒吧步上軌道。只要強調初期階段無需人事費用的話，貸款就能通過」，能夠順利貸款或許是因為負責審核的是我們的鄰居，同時也是町內會（社區住宅戶所組成的社團）的人。如果不是這樣，酒吧應該是沒辦法順利開張。

關 聽子女士（以下省略稱謂。） 開店之初可是門可羅雀。我們沒有宣傳，完全沒有客人上門。於是，我就開始調查店裡威士忌的由來，並拍下每一支威士忌的照片，完成網站上48支酒款的介紹。就這樣，蘇格蘭屋從原本只有售酒商店及酒吧業界較為熟知的酒吧，逐漸開始吸引全國各地的蘇格蘭威士忌酒迷前來造訪。

編輯部 為何會如此執著於蘇格蘭威士忌呢？

關 和雄 剛開始雖然也有推出白蘭地、貴腐酒、波本酒，只要是烈酒都曾接觸過。但慢慢地，放置於架上的酒款就只剩下特級時代的蘇格蘭威士忌。目前雖然還有幾支當年僅存的Marker's Mark等品牌威士忌，但無論如何，蘇格蘭威士忌還是酒界中的王者。

編輯部 將威士忌排在牆上時，是依蘇格蘭的產地區分排列嗎？

關 和雄 這是當然的。有斯佩賽、艾雷島、坎培爾鎮…。雖然一共排有4列，但我們都很清楚知道哪支威士忌放在哪個位置。

編輯部 為何波摩、麥卡倫、格蘭菲迪與格蘭花格的數量比較多呢？

關 和雄 因為這些都是我喜愛的品牌。

編輯部 客人怎樣的要求會讓您感到困擾？

關 和雄 如果有客人說「請給我店裡面最貴的波摩！」，那可是會讓我非常為難。如果是喝習慣威士忌的人，倒沒什麼關係，但如果是對威士忌沒有研究的人，就算給他喝波摩的陳年威士忌，他可能也只會覺得自己被坑。若是年輕的酒保說想要累積經驗的話，那麼我們會以優惠的價格提供平常3分之1的量供其試飲。因此客人究竟喜不喜歡我們的酒吧，可就是見仁見智了。

編輯部 請跟我們談談為何會想出版「蘇格蘭・奧迪賽」書籍？

關 聽子 因為我們想為收集的酒款留下紀錄，因此想說要做成像小孩生日時會做的寫真紀念冊。在參加了「誰都能夠自費出版」的研習後，得知主辦人是外子的前同事，也是盛岡出版Community的栃內正行先生。在向他提出「希望能夠出版成冊」的想法以及介紹了網頁後，栃內先生表示，「這樣的內容可行」。然而，對於初次接觸編輯工作的我而言，作業進行非常的不順利。由於網站上的照片畫素太低，沒辦法放入書中使用，因此我從頭重新拍攝所有的威士忌，同時更將外子的口述內容輸入電腦製成原稿。外子在提出了整本書的架構後，就完全委由栃內正行先生接手後續工作，同時深感編輯作業的工程浩大。於是，這本書就在2011年1月誕生，托各位的福，書籍受到好評，並在2012年7月進行改訂，2014年10月發行新版。

編輯部 在撰寫這本書時有沒有遇到什麼困難？

關 聽子 在撰寫文章時，自己做了非常多的調查，接著由外子指出有疑慮的地方，確實地修改助詞、連接詞等小地方，將字數與版面空間相搭配等等的作業實在是相當累人。讀者認為整本書都是由外子撰寫的這件事更是讓我備感壓力。讓我更訝異的是，在將內容寫成書的形式之後，竟然就忘記了曾經寫過的東西，只好再回頭閱讀一遍，趕緊恢復記憶。

編輯部 造訪蘇格蘭屋的盛岡在地客都給人怎樣的感覺？

關 聽子 平常來訪的客人已經非常習慣蘇格蘭屋所提供的多樣酒款，甚至還曾有客人表示「雖然去了其他的威士忌酒吧，但數量卻沒有蘇格蘭屋這麼多。」此外，當地的知名人士多半也會帶著來自外縣市的客人前來，聊表地主之誼，也因此客人往往都會再次蒞臨蘇格蘭屋，同時讓我們有機會與許許多多的人交談，這或許是威士忌對我們長年經營酒吧的一種報恩方式吧！

編輯部 對於「想要造訪蘇格蘭屋」的人，您們有什麼想要表達的嗎？我猜測，很多人或許想前來光顧，但又擔心店裡會有可怕的老頭兒之類的。

關 和雄 其實，蘇格蘭屋的門檻並沒有很高，但如果對蘇格蘭威士忌沒有一定程度的認識，那麼就算來到酒吧可能也無法渡過愉快的時光。正如同您所看到的，我們店裡只有蘇格蘭威士忌，沒有雞尾酒，也沒有供餐。因此我們還是誠心地等待對威士忌稍有研究，有品嚐過威士忌的客人造訪。

關 聽子 我的專長是當客人的諮商師。對於躊躇不前的客人則是會大肆說教，說著「這樣不行的！要再努力！」助客人們一臂之力。敬請各位前來蘇格蘭屋，邊品嚐美味威士忌，邊渡過美好愉快的時光！我倆夫妻隨時等候您的大駕光臨。

編輯部 今天真的非常謝謝兩位長時間的協助受訪以及為期3天的拍攝工作。接下來每年大概都還會來店裡叨擾個1～2次，屆時還請多多給予協助。

盛岡蘇格蘭屋

SCOTCH HOUSE

美味威士忌所蘊藏的醉醺感受全來自「盛岡蘇格蘭屋」那能讓人情緒整個放鬆的吧檯。非常開心今晚也能與關賢伉儷話家常。

田中屋（TANAKAYA）

「在這個不斷講求效率的世界中，還存在著正宗職人，以及美酒佳釀。而我的工作，就是讓消費者知道這些美好的事物」

目白・田中屋

東京都豊島区目白3-4-14 B1

TEL 03-3953-8888

營業時間 11:00～20:00（星期日公休）

對於「如果我想要了解威士忌的味道，該怎麼做？」的疑問，會回答「當然就是喝很多威士忌了！」。只要跟威士忌有關，都能夠為人解惑的傳奇人物。

走出東京JR山手線的目白車站後左轉步行60秒。走入田中大樓地下一樓後，眼前所見的，是不曾看過的酒類商品。無論是高單價的酒款、看起來相當美味的酒款，牆面上擺滿了數千支展示、銷售用的酒類商品。以威士忌為首，還有白蘭地、葡萄酒、伏特加、萊姆酒、琴酒、啤酒及日本酒，全部都是美味佳釀。若是只有用眼睛欣賞連專家也叫好的酒櫃，那實在太可惜了。愛酒人士對於如此強烈的磁場可說是毫無招架之力。田中屋就像是充滿魔力的地方，每次只要前往採訪，都一定會不自覺地購入數支酒款。

編輯部　在之前出版「愛酒家的蘇格蘭威士忌講座」時承蒙照顧，這次的新書也請您多多協助。想要先請教在酒界富有盛名的栗林幸吉先生，您是在怎樣的因緣際會下進入酒類商品這個產業，以及對威士忌的看法。

目白酒鋪「田中屋」老闆　栗林幸吉先生（以下省略稱謂。）

大學畢業尋找工作之際，當時打工的夥伴，同時也是島根縣酒鋪「組嶽」的小老闆表示，「接下來會是單一麥芽威士忌的市場！」日本在泡沫經濟以前是流行波本酒。我當時則在一間名為Zest，松田優作及矢澤永吉也會光顧的知名酒吧工作。那時，單一麥芽威士忌並沒有被當成威士忌的一個類別，我只知道，麥卡倫及格蘭菲迪都是威士忌的品牌。就在1987年拜讀了山本博老師所寫的書後，雖然沒有太大的衝勁，但還是與組嶽兩人籌錢，共同成立了間名為「組嶽麥芽威士忌販售（組嶽モルト販売）」的貿易公司，那時很難取得酒類商品的進口銷售執照。由於當時腦中一直有「在蘇格蘭會將麥芽威士忌添加1：1比例的水（Twiceup喝法）來飲用」的觀念，認為威士忌一定要加礦泉水一起喝，因此比較試飲了約40款的礦泉水，最後挑選出高地之泉（Highland Spring）的瓶裝水，作為提供酒吧用的進口礦泉水。雖然進口了高地之泉等礦泉水產品（750ml容量瓶售價350日圓），想說要拿來推銷給酒吧，但卻完全賣不出去。

編輯部　是因當時日本還沒有飲用礦泉水的習慣嗎？

栗林　完全沒有。以前就連瓶裝茶都沒買氣了，更何況是水。如果是100日圓的話，或許有機會熱賣，但我們太早在日本市場銷售，因此乏人問津。當時包含依雲（evian）、法維多（Vittel）等，市面上大約有20間飲用水進口商，但業績墊底的絕對是我們公司。接著又與高登麥克菲爾公司直接簽約，將艾雷島的雅柏、卡爾里拉、波特艾倫單一麥芽威士忌引進日本，不過卻完全沒有人氣。於是，我們就開始拜訪日本各地的酒吧，以提供試飲的方式推銷商品。去到某間知名酒吧時，酒吧的人邊說著：「你們這酒不會有人要買的，我這個才是好喝的威士忌！」邊拿出皇家禮炮，不過那間酒吧的老闆人很好，最後還是有跟我們購買商品。在四處拜訪了約100間酒吧後，終於有1、2間向我們捧場，情況可說相當悲慘。甚至出現付不出倉庫費的窘境，只好把近400箱的礦泉水堆放在我與組嶽小老闆共同分租的公寓頂樓。所幸房東人非常親切，還鼓勵我們「要趕快賣出去呦！」當年，個性強烈的威士忌商品不受青睞，不僅波特艾倫關廠、雅柏也面臨差點停產的命運，使得那時蘇格蘭的酒廠都生產著迎合美國市場口味，不含泥煤的威士忌。英國經濟來到谷底，首相柴契爾夫人為了振興經濟，大刀闊斧地進行了國有企業民營化、放寬規範、解散勞工工會並發動福克蘭群島戰爭（Falklands War）。

編輯部　從威士忌來看，消費大眾是以怎樣的機制決定輕盈、泥煤、辛辣口味的市場主流呢？

栗林　這個嘛…我認為這都是「時代趨勢」所致。我在1980年代前往蘇格蘭時，詢問了高登麥克菲爾公司是怎麼銷售單一麥芽威士忌？他們表示：「一般來說，單一麥芽威士忌在大多數國家約莫佔整體威士忌銷量的1成，但只有在義大利擁有3成的銷量。」在聽聞這樣的訊息後，沒有經費的我們只好搭船橫渡多佛爾海峽（Strait of Dover）後，再轉乘列車，耗時20多個小時，從蘇格蘭前往義大利，與Samaroli公司的人相遇。買進裝有美味佳釀的酒桶，貼上充滿品味的標籤，後面更寫下品嚐心得。義大利相當喜愛英國，但也認為英國東西本質雖然好，設計卻頗為庸俗。如果交給義大利人來設計，一定能有更好的呈現。我一直認為，成立於1968年的Samaroli公司所推出的雅柏與原廠的雅柏其實不過只有標籤設計不同，內容物是一樣的。但Samaroli公司的人卻跟我說：「選擇，是與你我最接近的一項藝術。」更言：「味道會因酒桶有所差異。如何選擇酒桶也相當重要。」現在雅柏酒廠雖然已經不提供酒桶的銷售，但其實在過去，許多酒廠都曾經賣過原桶威士忌。最終由於收入拮据，我們公司在7年之後決定結束經營。組嶽的小老闆回到了島根縣，而當時不明就裡地買了12支酒的田中屋老闆則問我：「栗林老弟，要不要進我們公司？」，讓我終於也能夠有所依歸，感激無比。

編輯部　目白·田中屋都拿哪些酒款當店內銷售用呢？

栗林　我們家主要都是引進資金、銷售規模較小公司的酒款。由於從目白車站步行至田中屋僅需1分鐘，地理位置佳，因此與酒業相關的職業人士們都會前來店裡選購。也因此，田中屋並沒有提供像是三得利或Nikka等四處都可以買到的酒款。

編輯部　單一麥芽威士忌的銷售從一開始就很好嗎？

栗林　不，剛開始時乏人問津。一天大概只能賣出5支，現在的話則是5倍的數量。威士忌的銷售翻倍成長，我們更是增加了2倍的庫存量（笑），也非常感謝老闆能夠讓我在這方面放手發揮。

編輯部　在引進其他酒類時，也是採取與威士忌相同的方式嗎？

栗林　就拿生產貴腐酒的Paul Giraud來說好了！這戶位居法國偏遠鄉下的農家費盡心血，努力地從準備葡萄田的土壤做起。光釀造貴腐酒就已費時費力，哪裡還有時間到日本宣傳推廣。所謂的文化是由大主軸與小元素共同組成，大主軸必須仿效小元素擁有的優質精髓，才能夠讓整體品質不斷提升。在照顧葡萄田與葡萄樹時，若休息個一年、一個月、甚至一週，都將無法收成質地佳的葡萄。一個中斷的話，就會在瞬間結束。從年收與作業時間的角度來看，經營這樣的釀酒事業讓人感到相當愚昧，也因此很難找到繼承之人。話說回來，有沒有興趣品嚐看看這支現在市面上已經找不到的「布朗拉1977年」？

編輯部　當然，非常樂意…，哇！真是好喝，香氣迷人。

栗林　表現非常強烈對吧！但是這樣的美酒如果不賣座，酒廠也只有面臨關閉了，這也只能說是時勢所趨…。在威士忌浪潮的帶動下，目前大型酒業集團都進入了增產體制。就連在NHK晨間日劇「阿政（マッサン）」中，也說竹鶴生產的酒煙燻味非常濃厚！也難怪，因為實際上真的是用泥煤及煤炭下去炙燒的呢！

編輯部　現在的味道與過去相比有怎樣的變化呢？

栗林　無論是哪間酒廠，都不希望在生產威士忌時遭遇失敗。不管是酵母、大麥品種，還是溫度管理，當大企業在透過數據累積，發現了成功的管理方法後，就會將這些訊息傳達給旗下的子公司，及早建構出不會失敗的系統機制。若拿棒球來比喻的話，可以想做是稻尾（和久）、金田（正一）以及野茂（英雄），對觀眾而言，欣賞這些選手充滿個性表現的投球固然有趣，但對選手本人而言，卻是讓肩膀造成極大的傷害，因此選手們只能選擇讓自己的職棒生涯得以延續的投球方式。在生產威士忌上也是一樣的道理，能賺錢當然比不能賺錢好。若可以的話，業者當然不希望在製造過程中出現失敗，每一間酒廠都選擇沒有風險的生產調和方式，這也使得每支威士忌嚐起來的風味大同小異。最近，還有蘇格蘭酒廠的人員來訪，表示希望能夠生產出當年泰斯卡威士忌的風味，於是我拿出了泰斯卡的單一年份酒給他品嚐，但對方卻回應「我們沒辦法生產出這樣的味道！」。此外，高原騎士酒廠的人甚至表示：「1980年代由於在溫度上難以掌控，因此生產威士忌時遇到非常人的困難。」在過去，雖僅有在寒冷之際生產威士忌，但現在由於庫存、產量需求吃緊，就連夏季也開始蒸餾作業。也因為這樣的背景，讓目前市面上雖然出現許多擁有10場完投成績的威士忌選手，但卻很難找到累積30場完投歷史紀錄的美味威士忌酒款。在造酒技術上雖然不斷進化，但風味是否也隨之更加有深度，就不得而知。

編輯部　請您談談威士忌的價值。

栗林　當客人沒把「拉加維林16年」喝完時，我就會請客人想像一下，這些威士忌從栽培大麥、收成、發芽、發酵、蒸餾、裝桶，接著經過貯藏熟成，是歷經了16年的漫長歲月。當客人能夠理解其中的驚人之處後，想必就能以非常嚴肅的態度看待威士忌。

編輯部　對您而言，威士忌是怎樣的存在呢？

栗林　剛開始或許覺得刺激，一點也不認為威士忌美味。但隨著經驗與記憶的累積，其風味深度也會不斷加深。因此，只有成年人才能了解箇中滋味。對身體而言，威士忌並非好物，但對心靈而言，卻是至寶。

編輯部　今天真的非常感謝您有趣的談話內容。

庄司酒店（SHOJI SAKETEN）

將數千支來自全球的酒款集結於一本郵購型錄中，瞄準全日本的餐飲店及愛酒人士，全力推廣商品。

透過將300頁的免費郵購型錄發送至日本全國，目標稱霸日本市場的庄司酒店。實體店鋪位於九州大分縣的臼杵市，由於地點偏遠，距消費市場遙遠，讓庄司酒店企圖以郵購型錄這張顛覆既有概念的王牌，扭轉情勢，反敗為勝。

編輯部　請橘先生談談您的生平簡介。

橘 剛義先生（以下省略稱謂。）我在昭和49年（1974年）8月出生於大阪。任職庄司酒店後，今年已是第21年。在19歲那年進入公司，任職約10年後，曾短暫離職。在其他業界累積了5年半左右的工作經驗後，又再度回到庄司酒店直至今日。目前負責總務與商品進化相關的職務。

編輯部　再請跟我們談談為何一間酒類銷售企業會設點在大分縣的臼杵市呢？

橘　據庄司社長所言，社長的家族本是經營商店，但在長子誕生後，便開始全力拓展銷售。在我進入公司的22年以前，就已是擁有20多名員工規模的企業。1985年時，公司開始詳細調查當時的市場型態、有酒類需求的產業（酒吧、酒店、餐廳、居酒屋等），印刷並發送型錄，確立「郵購酒類商品」的經營模式，在當時而言，可說是相當跨時代的轉變。隨著1971年洋酒進口解禁、1989年廢除從價稅，我們也在1985年日本簽訂《廣場協議（Plaza Accord）》後，正式跨足進口酒類的銷售。

編輯部　當初是怎樣的契機，讓庄司酒店會想以郵購的方式銷售酒類商品？

橘　若以銷量思考的話，單是大分縣臼杵市來看市場規模太小。然而，想要從大分縣這個地理劣勢中脫穎而出，就只能將行銷擴及全日本。我們也常常被問到：「為何不將總部設立在東京或大阪等地？」在宅配天數上，我們或許處於劣勢，但在經營郵購事業上，位置所造成的影響其實不大。未來趨勢如何尚不得而知，但至少目前在物流發展的帶動下，銷售網路能夠遍及全日本，若從地價、就業、活絡在地經濟的層面來看，地方會比都市來的更有整體優勢。此外，設置實體店鋪時，還需考量租金、人事等費用，其實並不會比較有效益。

編輯部　成立之際的酒類商品數量也像現在一樣多嗎？

橘　剛開始只有威士忌與白蘭地，是慢慢地增加酒款種類，來到今天的規模。

編輯部　在經營郵購事業上有無遭遇困難？

橘　有的。那就是「沒辦法直接與客戶面對面」。不過我們在這30多年的經營之路上，透過與客戶間所累積的信用、信賴，讓我們也從客戶端學習到非常多的事物。

編輯部　庫存管理對貴司而言想必是工程浩大，貴司是如何管理超過數千項以上的商品，避免商品出現無庫存的情況呢？此外，貴司今後仍會持續增加酒款的商品種類嗎？

橘　我們基本上都是透過電腦進行管理庫存，並每天確認出貨及訂單內容。即便是銷售旺季，也已累積有多年的經驗，雖然也曾經遇過廠商那邊沒有庫存的情況…。針對商品的種類，由於倉庫空間充足，我們也期待能嘗試推出更多不同的酒款。

編輯部　當酒類商品瓶數多的話，重量也相當可觀，所以非常感謝貴司還提供宅配服務！

橘　沒錯。由於酒類等液體商品都很重，因此非常適合發展郵購事業。近幾年，許多產業及企業都開始推出生活用品的宅配服務，我相信不只有酒類，今後這塊市場競爭將會更顯激烈。

編輯部　若以位於大分縣臼杵市的酒類銷售企業倉庫來說，貴司的建物規模之大，可說已經能夠放入觀光行程中，做為一個景點了！

橘　目前所在的主建築與倉庫都是庄司社長希望能將當年參訪歐洲葡萄酒酒莊、香檳屋及歷史建築時所感受到的氛圍再現，投入相當心力所打造的酒莊（公司廠區建築），同時也讓我們的員工能夠在一個舒適、自豪的環境下工作。在廠區內的其他建物中，更是每週舉辦試飲會，提供新商品的試飲及學習活動。不過，單只有拿來做為試飲會的場地實在太過可惜，因此員工們也會在中午用餐時作為餐廳使用。此外，我們更提供有在試飲會或其他活動結束後，附有浴室的住宿設施，雖然在設施維護上需要經費，但對員工們而言，對自己的工作充滿自豪，員工們能夠愉快、充

上圖　庄司酒店總部的建物全景。　下左圖　存放有為數可觀酒類商品的倉庫，倉庫規模可比數個網球場。　下中圖　提供有住宿及試飲活動場地的建築物。　下右圖　週五用來舉辦試飲活動的房間。

庄司酒店株式會社
〒875-0004　大分県臼杵市大野625
TEL 0972-64-0055

實地工作卻是更加重要。

編輯部　您是在從事這份工作後，才對酒類感興趣的嗎？

橘　是的。我相信，就算是不會喝酒的人，只要進到我們公司，也絕對會對酒產生興趣，自然而然地累積非常多的酒類知識。

編輯部　請談談貴司今後的發展方向。

橘　我們目標讓自己成為更專業的售酒集團。不只在價格上有優勢，我們希望今後也能提供廣大消費者更多、更精準的酒類文化與各類資訊。透過郵購、網購的服務，讓公司的市場佔有率能夠不斷成長。

庄司酒店株式會社 企劃開發部 營業企劃三課 橘剛義課長在總務與商品採購上累積有豐富經驗，目前更是社長相當倚重的左右手。

酒桶的科學

威士忌的成敗與否有60～80%都取決於木桶品質。

將酒桶依大小順序排列，有「雪莉桶（Sherry Butt）」與「邦穹桶（Puncheon）」（容量為480～500公升）、「豬頭桶（Hogshead）」（容量為230～250公升）、「美國波本桶（Barrel）」（容量為180～200公升）等種類，以不同的酒桶貯藏後，威士忌的風味也會不盡相同。雪莉桶與邦穹桶容量較大，使得酒桶與威士忌的接觸面積較少，化學變化的速度也較為緩慢。容量較大的酒桶適合用來長期熟成，能夠得到爽颯的口感。酒桶材質會選用北美產白橡木或西班牙橡木。豬頭桶則是為了讓美國波本桶份量增加，以追加側板的方式再生產而成，由於重量與一頭豬相當，而得其名。豬頭桶同時也被大量用於蘇格蘭威士忌的熟成中。此外，波本桶是以美國白橡木製成，多半被用來熟成波本威士忌與加拿大威士忌（Canadian Whisky），波本桶的「Barrel」同時也以用來計算石油聞名。由於威士忌與側板的接觸面積增加，美國波本桶多半會被拿來做為短期熟成，藉以呈現強烈風味。

橡木被歸類為殼斗科（Fagaceae）櫟屬（Quercus）。近期像Ichiro's Malt及起瓦士等業者皆有以來自北海道日高山脈的水楢木（Mizunara。即日本橡木）製成貯藏酒桶，讓威士忌呈現出特有風味，但正如同其日文名稱，由於此品種的橡木會漏水，因此在使用上相當具難度。

幾年前，我在幾間蘇格蘭酒廠品嚐了剛完成的新酒威士忌，但除了強烈的刺激感、酒精度數高、酒色幾乎呈現透明外，味道並沒有讓我深受感動。將這些新酒的酒精度數稀釋為60%，充填入波本桶與雪莉桶等酒桶中，置於酒窖熟成的這段期間究竟出現了怎樣的變化？酒液在每年會蒸發掉1～3%（包含了酒精、水分及雜味），該現象被取作「天使的分享（Angels' Share）」這個非常漂亮的名稱。此外，來自酒桶的香味成分會與酒精相互反應，氧化熟成後產生酚質，讓酒液綻放出有如花朵及果實般的香氣。

酒窖中堆疊酒桶的方式除了有竹鶴政孝堅持的傳統舖地式（Dunnage），還有重視存貯藏數量，偏向現代化的層架式（rack），以及用來熟成穀物威士忌，於棧板上存放大量酒桶的直立式等貯藏法。直立式雖然能比層架式存放更多酒桶，但卻也較容易出現上下層酒桶的味道不同，以及直立放置導致漏液的情況發生。

此外，酒桶的壽命約為50～100年，大概能使用個2～3次。在使用到第三次時，業者為了完全帶出酒桶內的成分，會進行再次燒烤（以熱處理方式燒烤酒桶內側），讓酒桶能恢復到約8成的原始狀態，殼斗科植物原本就屬於相當耐用的材質。然而，在詢問許多酒廠，對威士忌的風味而言，酒桶究竟佔有多大的影響後，大多數的酒廠人員都回答，大約是60～80%。

接著，再讓我們看看單一麥芽威士忌兩大巨頭在酒桶熟成上的差異。格蘭傑是把在密蘇里砍伐的橡木運至肯德基州路易斯維爾市（Louisville）的Dixie製桶廠，透過強力的烘烤（Toast）及燒烤（char），為傑克丹尼（Jack Daniel's）提供最頂級的原酒。接著將酒桶運至坦恩（Tain）後熟成，呈現出格蘭傑那獨特的的香氣與口感。反觀，麥卡倫則是將西班牙北部Cantabria省的歐洲橡木（Quercus robur）製成雪莉桶，接著再運至斯佩賽，成為單一麥芽威士忌的搖籃。要選擇何種木材，以及最初要以何種木桶熟成都是影響威士忌風味的重要因子，由此更可理解酒桶的關鍵影響力。

然而，可千萬別忘了，在熟成之前，還必須挑選大麥種類，細心栽培，以傳統工法確實發芽後，投入大量時間進行熟成，再以精選的酵母慢慢予以發酵，最後還要順利完成蒸餾。請各位讀者們千萬別誤會，以為只要酒桶夠好，就能夠製造出美味的威士忌。將經過層層關卡生產得來，且具有價值的新酒放入優質的酒桶內，貯藏於環境良好的酒窖並經過長年熟成後，才能夠孕育出如瑰寶般的威士忌。很可惜的是，目前尚無法得知美味威士忌的形成機制，讓其中充滿神秘色彩。也正因如此，每當喝著威士忌時，除了感謝上天、感謝大地，以及感謝負責生產威士忌的人們外，更是將威士忌視為供奉給神明的酒，虔誠地品嚐。啊…蘇格蘭威士忌帶來的醉醺感受真是美好無限。就讓我在此向所有愛酒之人舉杯，為各位的人生，乾杯致敬！

TULLIBARDINE DISTILLERY
1993
1286
BLACKFORD
TULLIBARDINE DISTILLERY
1993
1273
BLACKFORD
TULLIBARDINE DISTILLERY
1993
1277
BLACKFORD
1993
1282
BLACKFORD
4362
2007
4363
2007
4369
2007
4368
2007
4370
2007
4375
2007
4374
2007
2554
1973
FETTERCAIRN

協助採訪＝有明產業

充滿神秘色彩的「熟成」關鍵＝酒桶。藉由時間的累積，讓貯藏展現魔力。

有明產業株式會社

〒612-8355　京都市伏見区東菱屋町428-2

TEL 075-602-2233

http//ariakesangyo.co.jp/

有明產業株式會社
董事長
小田原伸行氏

讓有明產業成為設立於宮崎縣，目前日本國內唯一的獨資製桶廠，更同時是帶領公司不斷進步的領頭羊。

有明產業都農工廠
廠長
鶴田博則氏

負責有明產業都農工廠整體業務的鶴田先生。即便已屆齡退休，但仍是位活力充沛的現任廠長。

為了探索熟成威士忌時所不可或缺的酒桶的秘密，
我們造訪了有明產業位在宮崎縣的都農工廠。

在蘇格蘭威士忌的製造過程中，針對酒桶熟成材料，只有規定「需使用橡木（殼斗科）」。規定需熟成2年及只能使用新桶的波本威士忌在酒桶香氣與風味表現上相當強勁。蘇格蘭威士忌為了表現長年熟成所醞釀的風味，則選擇使用二次充填（re-fill）的酒桶。那麼，又為什麼一定要使用白橡木呢？首先，白橡木這種木材不易漏水，質地堅固，可以使用長達一個世紀。其次，白橡木除了能夠呈現香草、杏仁、可可亞等香氣外，更含有大量的多酚質。

西班牙、法國、北美及日本等地的橡木具備各自的特徵，酒廠選擇使用哪一款木材進行熟成，更成了決定威士忌最終表現的重要關鍵。

有明產業的技術者們盡可能地減少使用用來提高生產效率的合成橡膠、黏著劑、氣體等，會殘留化學成分的材料，延續自古傳承下來的工法，以精湛的技術呈現酒桶貯藏所帶來的風味變化。

	烘烤名稱	烘烤強度	單寧含量	主要香氣表現
1	L	★	★★★★★	清新、木質
2	MO	★★	★★★★	香草、巧克力
3	M	★★★	★★★★	香草、巧克力
4	M+	★★★★	★★★	烘烤杏仁
5	MLO	★★	★★	布里歐麵包、牛軋糖
6	ML	★★★	★★	布里歐麵包、牛軋糖
7	MLI	★★★★	★	焦糖、可可亞

1.最剛開始白橡木原木的含水率為40～45%。將木材放置一段時間，讓水分降至30%，當含水率來到13～15%時，就是既不會漏、也不會斷的最佳狀態。 **2.**將木頭裁成梯形。 **3.**用來燒烤（讓內壁燒焦）的火爐。 **4.5.**將剩餘的橡木塊及橡木片用來煙燻加工，達到物盡其用。蘇格蘭的製桶廠多半使用瓦斯槍。 **6.**將木桶蓋在火爐上。

1.用來塑形的金屬箍。 **2.**選取32～34片適合的白橡木側板，以鐵製金屬箍進行塑形。 **3.**以金屬箍箍桶，讓酒桶塑形完成後，便將酒桶蓋在燒烤用的火爐之上，準備燒烤酒桶內部。由於燒烤需使用大火，使得環境溫度極高，在夏天可是相當辛苦的作業。

這次我們訪問了威士忌熟成上不可缺少的酒桶製造專門廠─有明產業，除了參觀酒桶的生產過程外，更打算請益平常對酒桶的各種疑問。

編輯部　首先，第一個問題想請教，為什麼威士忌與葡萄酒所使用的酒桶和日本酒所使用的酒桶不同，中段呈現較為膨脹的形狀？

鶴田博則廠長（以下省略稱謂。）　我認為，除了考量較好滾動，雙拱形（double arch）設計也較為耐用。此外，熟成時酒精在桶內容易形成對流，增加接觸面積，讓橡木能夠發揮最大影響力。針對耐用性部分，日本酒桶只需在最終階段使用約2週的杉木酒桶，讓日本酒帶出香氣即可。但西洋酒桶卻必須能夠耐用百年之久。在日本的桶裝燒酎熟成中，西洋酒桶是不可欠缺的關鍵，但為了讓木桶中的成分盡速萃取出來，製成商品，因此使用週期為3年，這也使得酒桶較容易受損。

編輯部　燒酎用的酒桶嗎？有明產業在威士忌、葡萄酒與燒酎用的酒桶商品呈現怎樣的佔比？

鶴田　90%為燒酎用，10%則是其他種類。三得利、Nikka這些大型業者從以前就擁有自己的酒桶產線，因此我們的商品都是提供給其他造酒業者。

編輯部　為何市面上看不太到像蘇格蘭威士忌或白蘭地一樣，經過長年熟成的燒酎產品呢？

鶴田　過去為了讓日本國內小規模的燒酎業者能與進口洋酒商及國內大型酒廠競爭，在稅制上雖然沒有明文規定，但實際上卻以透視度需在0.008以內，僅1次蒸餾的法律保護日本的燒酎產業。然而，歐盟及英國首相柴契爾夫人這位鐵娘子為了推廣蘇格蘭威士忌與白蘭地，以「保護日本蒸餾酒的法律太不合常理了，快把進口關稅降低！」強力對日本政府施壓，使得日本大幅調降稅金，過去價格讓人高不可攀的洋酒更成了誰都可以消費的平價商品。雖然當年受到保護的燒酎業者也希望能將20～30年份的燒酎銷售於日本國內外，但徒留形式的吸光度規範（顏色規範）如今卻成了阻礙燒酎業者發展的絆腳石。

編輯部　我一直以為燒酎都是以甕桶熟成的呢！

鶴田　基本上，沖繩的燒酎過去的確都是以甕桶熟成，但現在很多都改成使用酒桶。目前國內約有15%是以酒桶熟成。

編輯部　請跟我們說明酒桶的製造過程。

鶴田　一般來說，白橡木（橡果果樹）的原木含水率為40～45%。砍伐成木材後，讓含水率降至30%，接著再將其乾燥，讓水分來到13～15%，這種狀態下的木材最適合用來製作酒桶。組裝時，為了避免側板斷裂，需邊以火讓側板受熱軟化，邊彎曲側板，完成初步的組裝作業。組裝酒桶時，需使用32～34片的橡木側板。尺寸為高112公分、中間直徑88公分、兩側直徑77公分、重量118公斤，使用頂級酒廠用的木材，並進行酒桶內側的煙燻加工，讓酒桶賦予能夠著色帶香的熟成力量。與過去的酒桶相比，現行酒桶的側板厚度較厚，因此能夠進行2次的再生處理。

編輯部　日本國內有幾間像有明產業一樣的獨資酒桶製造業者？

小田原伸行董事長（以下省略稱謂。）　除了三得利、Nikka等大廠原本就擁有自己的酒桶製造產線外，過去還有4間獨資的製桶廠，但如今只剩下我們這間起源自九州的企業。正如同諸位所熟知，九州有著相當多的燒酎業者，也因此存在著西洋酒桶市場及售後維修需求。

編輯部　實在對自己的知識不足感到羞愧。我過去一直以為燒酎的熟成都只使用甕桶。

小田原　我們目前另有進口350公升的貴腐酒二次充填桶做為燒酎熟成用。針對海外生產的酒桶部分，我們也有提供法國最大廠聖哥安（Seguin Moreau）225公升葡萄酒桶、西班牙南部Jerez地區500公升的雪莉

4.當要以金屬箍箍緊酒桶時，沒辦法使用人力，必須借助沖壓設備。由於木材會有反作用力，因此需要施予非常大的加壓力道。 **5.**鏡板（酒桶蓋）也會經過確實燒烤。 **6.**確認金屬框是否有確實圈緊酒桶的作業。

桶、美國肯德基州Independent Stave 公司200公升波本桶。有明產業自家生產的家庭用酒桶容量為5、10、18公升，業務用則提供有容量450公升的酒桶。家庭用酒桶是為了讓消費者在購買自己喜愛的威士忌或燒酎後，能居家享受自行熟成的樂趣。便宜的威士忌或燒酎在置入經過燒烤的酒桶，並存放數個月後，酒的整體表現會更加突出。

編輯部　我個人也想購買家庭用的酒桶。如果能自己熟成威士忌，那真的是件很棒的事！

小田原　不過很可惜地，目前已沒有生產家庭用酒桶。

編輯部　我在歐肯特軒酒廠看到的波本桶內部焦黑程度已經是酒桶厚度的一半…。

小田原　是的。波本桶必須讓威士忌在3年的短期間內著色、帶香，完成熟成，因此會採行重度燒烤（Heavy Char），又被稱為鱷魚式燒烤（Alligator Char，燒烤後狀似鱷魚皮）。

鶴田　使用波本桶的話，最高可以熟成出約80°，顏色猶如汽油的濃郁威士忌，這也最能將白橡木的風味帶出。在日本的話大約40～60°。

編輯部　接著是關於烤桶的疑問。請問燒烤（Char）與烘烤（Toast）間的差異為何？

鶴田　使用於威士忌、燒酎等蒸餾酒用的熟成酒桶處理稱為燒烤，會將酒桶內側燒至木炭狀態。葡萄酒用的酒桶處理則稱為烘烤，與其說是烤，倒比較像是放在熱爐中悶燒、加熱。烘烤可分為Light、Medium Open 、Medium、Medium Plus、Medium Long Open、Medium Long、Medium Long Tradition 7個等級，依照不同的烘烤程度，能夠改變單寧（Tannin）含量以及木質、香草、巧克力、杏仁、焦糖、可可亞等香氣表現的強弱。葡萄酒桶在木材的選擇上較為嚴格，僅使用約3成質地佳的木材，並將白橡木裁成直紋木運用。由於酒桶木材的香草、蜂蜜味道表現強勁，因此對威士忌的熟成而言是相當珍貴的元素。在法國的葡萄酒廠更是以斧頭切開木材，嚴選最佳的部分來使用。

編輯部　原來酒桶燒烤程度將能讓威士忌的風味變化萬千啊！話說，最近起瓦士及Ichiro's Malt等酒廠流行以北海道產橡木所製成的貯藏酒桶來熟成威士忌，我想這應該是為了迎合日本人的喜好，實際上風味又會有怎樣的變化？

鶴田　我們其實也從北海道木材公司所擁有的山林中，嚴選了樹齡200年的水楢木（日本橡木），目前正用來生產酒桶。據說水楢木帶有高檔檀木的香氣，再過不久應該就可以推出上市。

編輯部　貴司是以怎樣的形式進口酒桶的呢？

鶴田　是將完成的酒桶進口至日本。即便說是完成的酒桶，但當然不比日本所生產的酒桶工整。由於各酒廠都會有負責維修酒桶的師傅，因此製桶廠對於是否漏水這件事情還蠻粗線條的。因此當我們進口了酒桶，若不再次確認有無漏水、木材有無破損的話，是無法將酒桶賣給國內酒廠。另一方面，由於日本對顏色也有規範，因此用來短期熟成用的波本桶銷量並沒有很好。過去，國稅局還認為，使用雪莉桶進行熟成將意味著可能參雜有雪莉酒，這也讓日本的造酒業者盡可能地避免使用雪莉桶，使得雪莉桶在日本國內的使用率並沒有非常高。最近日本終於逐漸意識到這樣的認知是錯誤的，也讓雪莉桶的使用率開始增加。

編輯部　今天非常謝謝貴司提供相當多有趣的內容，讓我們更了解蒸餾酒從無到有的過程。非常感謝您。

以香蒲葉防漏，只有日本才想得出的技術。

1.2. 燒烤時溫度可以高達800℃。 **3.** 燒烤後的酒桶內部，呈現焦黑、完全碳化。 **4.5.6.** 使用委託鹿兒島縣農家所栽培的「香蒲葉」取代黏著劑預防漏水，這樣的技術只有在日本看的到。照片中熟練的職人為市坪英敏先生。國外多半會塗抹泥狀的小麥膏。 **7.8.** 拆下固定用鐵框後，將不鏽鋼金屬框崁入酒桶。 **9.** 將接近完成的新酒桶以研磨機除去毛邊。

堅持以天然素材進行防漏加工，完成優質酒桶。

10.為了讓與桶蓋接觸的桶身部分呈現光滑，需進行拋光處理。 **11.**毫無誤差地將不鏽鋼金屬框套入，精準箍住酒桶。 **12.**將鉚釘釘入固定用的不鏽鋼金屬框。 **13.14.15.**對近乎完成的酒桶進行最終確認，不斷微調，提高酒桶完成度。 **16.**加水進行漏水測試。 **17.18.**由於木頭材質本身也可能會出現漏水情況，因此需在24小時後進行再次確認。 **19.20.21.**首先確認木紋方向，以金屬錐尋找縫隙，並將縫隙挖大。接著插入硬木，以鎚子敲打崁入。切除酒桶表面的木材，再以銼刀整平即可。這過程中完全不使用黏著劑等化學藥物。有明產業所製造的酒桶有95%皆作為燒酎熟成用。

BLENDED WHISKY
NEW IMPRESSION

飲遍所有酒款，實際體會
調和式威士忌箇中的「真實價值」

將放置於眼前的威士忌以目測方式於稍小的酒杯中注入約2 shot（約60ml）的份量，首先以純飲方式輕酌一杯，接著將剩餘的威士忌加入最多20%的水量，慢慢享受品嚐，以2次品嚐後的分數再加上自己的想法。添加冰塊、蘇打水或20%以上水量的品嚐方式完全不列入本次的評分範圍中。

為何會有這樣的設定，第一是因為當放入冰塊後，威士忌的液溫會隨之下降，影響香氣的呈現及淡化口中帶出甜味的要素。其二是考量到在冰塊緩慢融化的同時，酒原本的面貌，甚至營造的氛圍也因此出現變化，結果造成即便一再品嚐，也無法抓到關鍵印象，反而是讓肝臟及皮夾累積許多負擔。

此外，混合蘇打水的飲用方式在我的觀念中，可以和其他類型的飲料相搭配，但絕對不會是威士忌。我認為，若添加蘇打水的話，只會增加口腔內無用處的刺激感，讓酒本身的甜味出現極端變化，甚至讓威士忌的真正樣貌就如同字面般地隱身於泡沫之中。

若要說起，在我的認知裡，這種將威士忌加入蘇打水，名為「Highball」的飲料是在二次戰後，威士忌選擇不甚其多的復興期間林立，被稱為「平價酒吧」的普羅飲酒環境中，讓社會上扮演父親角色的人們能夠喘息的飲用方法，同時掩蓋住威士忌在基本表現上的劣質及平庸程度，對（當時的）普羅大眾而言，是既方便又具娛樂性的享受方式。「Highball」在市場上一度蔚為風潮，之後受關注的程度出現下滑，但最近隨著酒商營造出「Highball」再度回歸的潮流，將這群抵擋不住潮流魅力、逐漸疏遠酒精飲料、或是在有氣氛當下會想飲酒的年輕族群全部再拉近威士忌的世界。這樣的策略似乎相當奏效，但我可是絲

攝影：和智英樹

毫不為所動。又或者說我對流行的事物是打從心裡地感到厭惡，根本就未將「Highball」這玩意兒放入眼裡。說這麼多，總之還請各位讀者理解，對我而言，「Highball」就是「Highball」，不能拿來與威士忌混為一談。

不過，在美國曾經有過相當類似「Highball」的品嚐方法。前往酒吧時，只要說來杯「Bourbon & Soda」或「Scotch & Soda」即可。其實，我以前在不知道該點什麼喝的時候，也曾經有過指名這類飲品的經驗，所以並不是為了反對而反對。說真的，在美國並不是使用像日本一樣的細長玻璃杯，而是選用完全相反的矮胖型杯款。也不知為什麼，還要搭配上直徑只有2公釐，很像吸管的超細短中空攪拌機啜飲。此外，美國與日本關鍵性的差異在於日本「Highball」的威士忌稀釋得太過淡薄。換言之，「Highball」不過是個歸功於酒精濃度足夠，才勉強和威士忌沾上邊的品嚐方法。說到此，讓我不禁想起，當年在美國內華達州雷諾市（Reno）的賭場酒吧，用那像是吸管的攪拌機啜飲著佳釀時，在場的卡車司機告訴我「這樣喝法可是很容易酒醉！」的懷念往事。

話題似乎有點偏離了。言歸正傳，若讀者問為何我如此堅持自己研發的品嚐方式，那是因為我打從心底認為，只有用這樣才能感受到酒最真實的本質。而此時我拿來添加入威士忌的水，是近乎常溫（雖然沒有實際量過，但約莫是和自來水一樣的溫度），真正、毫無加工過的「富士山天然水」。沒錯，我就是每天以保溫瓶接取從我家附近湧出的泉水來使用。我也有使用寶特瓶來裝過水，除了材質是否為金屬外，基本上不鏽鋼瓶或寶特瓶在口感上並無差異。也因此，筆者我在喝威士忌時，可不曾特地買過瓶裝礦泉水。然而，在品嚐威士忌時，其實我並沒有能夠拿來炫耀，非常靈敏的鼻子與味蕾，所以必須一再地「重複品嚐」，使得瓶中佳釀不斷減少。即便如此，我也不會做出以水漱口，藉以清除舌頭殘味的動作。

第一杯的純飲，其實也是為了向負責調配出此威士忌的調酒師致敬。透過第一印象，抓住威士忌的輪廓，也透過這一杯讓自己的舌頭記住這支威士忌的特質。接著第二杯需加水20%，純威士忌在加水過後，更能將原本凝結的香氣釋放開來，讓品嚐者更能享受其中滋味。無論是想要試飲淺嚐、尋找快樂、買醉、放鬆、一掃鬱悶，就算有著千百種名目，對我而言都是以相同的方式享用威士忌，在此與讀者分享。

換句話說，無論是對於何種品牌、哪一酒款，我都是以相同、固定的條件評比，因此可以說是極為精準，撰寫印象筆記的條件也沒有經過刻意設定。除此之外，這些酒都是我們自費購得，完全沒有接受代理商或酒舖的贊助，內容絕對公平公正！沒有一點的偏見或私心，當然更不可能受到賄賂或收買。

然而，在不斷品嚐的同時，雖然沒有刻意去多想，還是會逐漸地浮現出自己的「喜好」，這是不可置否的，我也很難避免地將這些「喜好」不自覺地置入文章敘述中。我自認為有特別注意別讓這種情形發生，但若讀者發現諸多上述情況時，還請多多理解與海涵。

雖然與我當初品嚐的順序不同，但接下來的內容全是我記錄於筆記本中，對於每一支威士忌的印象及摘錄。

約翰走路

JOHNNIE WALKER

製造商	John Walker & Sons公司
隸屬集團	帝亞吉歐（Diageo）
日本進口業者	MHD／麒麟
主要麥芽原酒	Cardhu、Caol Ila、Glen Ord、Talisker、Benrinnes、Glen Grant、Glenkinchie、Clynelish、Royal Lochnagar、Lagavulin、Mortlach、Dailuaine、Teaninich、Haig等

www.johnniewalker.com

席捲全球，擁有不敗地位的「紅牌」、「黑牌」約翰走路 讓四角瓶身成了蘇格蘭威士忌的代名詞。

從以前到現在，當日本人論及威士忌時，腦中浮現的往往是聞名全球，一身高筒禮帽搭配手杖的堅挺穿著，「邁步向前的紳士（Striding Man）」的約翰走路了。1970年代後，每個日本家庭的客廳中，一定都擺放個1、2瓶永遠不會開封，僅供觀賞用的約翰走路。目前約翰走路仍穩站威士忌的全球銷量冠軍寶座，與第二名的J&B及第三名的百齡罈相比，年銷量更是壓倒性地多出近1倍，數十年不曾出現業績衰退的跡象。John Walker & Sons公司的創始人John在1805年出生於蘇格蘭艾爾郡（Ayrshire）的貧困農家，於1820年在基爾馬諾克（Kilmarnock）開了間雜貨店，並開始認真思考調和威士忌商品的可行性。第2代的Alexander不僅於1867年將「Walker's Old Highland Whisky」登錄商標，設計出即便在搖晃的船上也不會傾倒，且能輕鬆裝載的四角瓶身。另外，更將標籤以左右非對稱的傾斜角度貼於瓶身，充滿令人眼睛為之一亮的設計感。1909年時，約翰走路的品牌策略奏效，讓這位邁步向前的紳士形象深植全球消費者心中。除了有紅牌、黑牌、藍牌等酒款外，更於2006年推出約翰走路禮讚系列 的「喬治五世紀念版（King George V Edition）」調和威士忌。

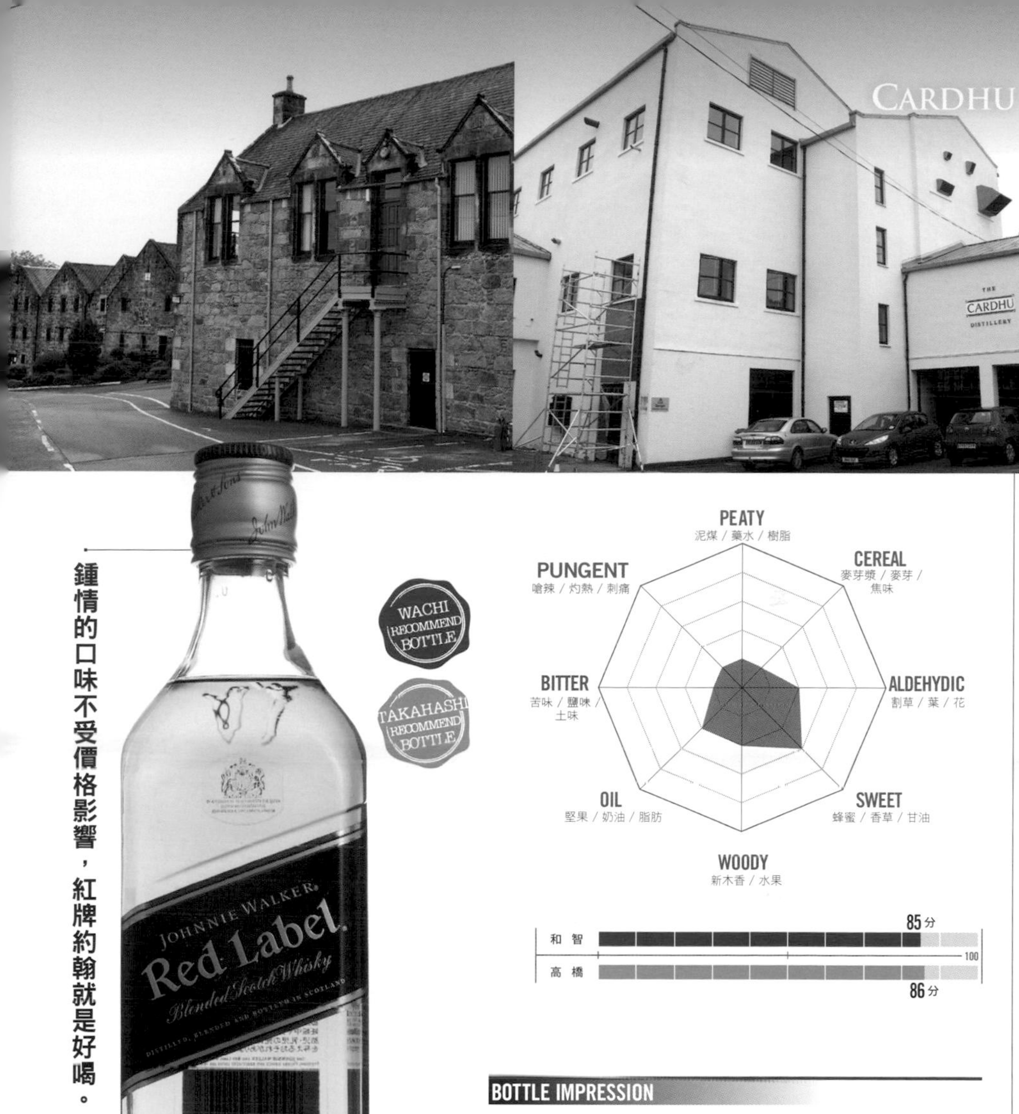

鍾情的口味不受價格影響，紅牌約翰就是好喝。

PEATY
泥煤／藥水／樹脂

CEREAL
麥芽漿／麥芽／焦味

ALDEHYDIC
割草／葉／花

SWEET
蜂蜜／香草／甘油

WOODY
新木香／水果

OIL
堅果／奶油／脂肪

BITTER
苦味／鹽味／土味

PUNGENT
嗆辣／灼熱／刺痛

和智 85分

高橋 86分

100

BLENDED WHISKY ／ JOHNNIE WALKER

JOHNNIE WALKER RED LABEL

[700ml 40%]

BOTTLE IMPRESSION

約翰走路從以前便是蘇格蘭（調和式）威士忌最具代表性的品牌，在日本更是家喻戶曉，地位舉足輕重。其中，「紅牌」及「黑牌」不僅是約翰走路的兩大人氣酒款，象徵著日本20世紀的威士忌產業發展進程，更同時佔有全球No.1銷量，可謂是如怪獸般存在的威士忌。

現在再次開瓶後發現，約翰走路以『卡杜』為基酒，調和而成的麥芽威士忌帶有複雜甜味、馥郁，混有水果元素、如花朵般的香氣，以及可以土味形容的煙燻味（泥煤味），這些元素搭配得宜，各自彰顯個性。其中，泥煤味不單只是酚值的表現，還充分蘊藏著如青苔般的土味。各項特質雖然相互作用，卻又存在著與渾然為一不盡相同的立體感受。不同風味間的平衡表現極佳，雖然可以看出調和技術的水準，但同時也能感受到這支威士忌的優良本質。「紅牌」不如「黑牌12年」般的柔和順口，甚至保留有適度野性及不夠成熟的部分，我認為，或許能將其比喻為隱藏在凡事極為講究的都會氛圍中的「土香」。從這個觀點來看，「紅牌」與「黑牌」的差異不過就是在於不同的個性表現，而非等級優劣。

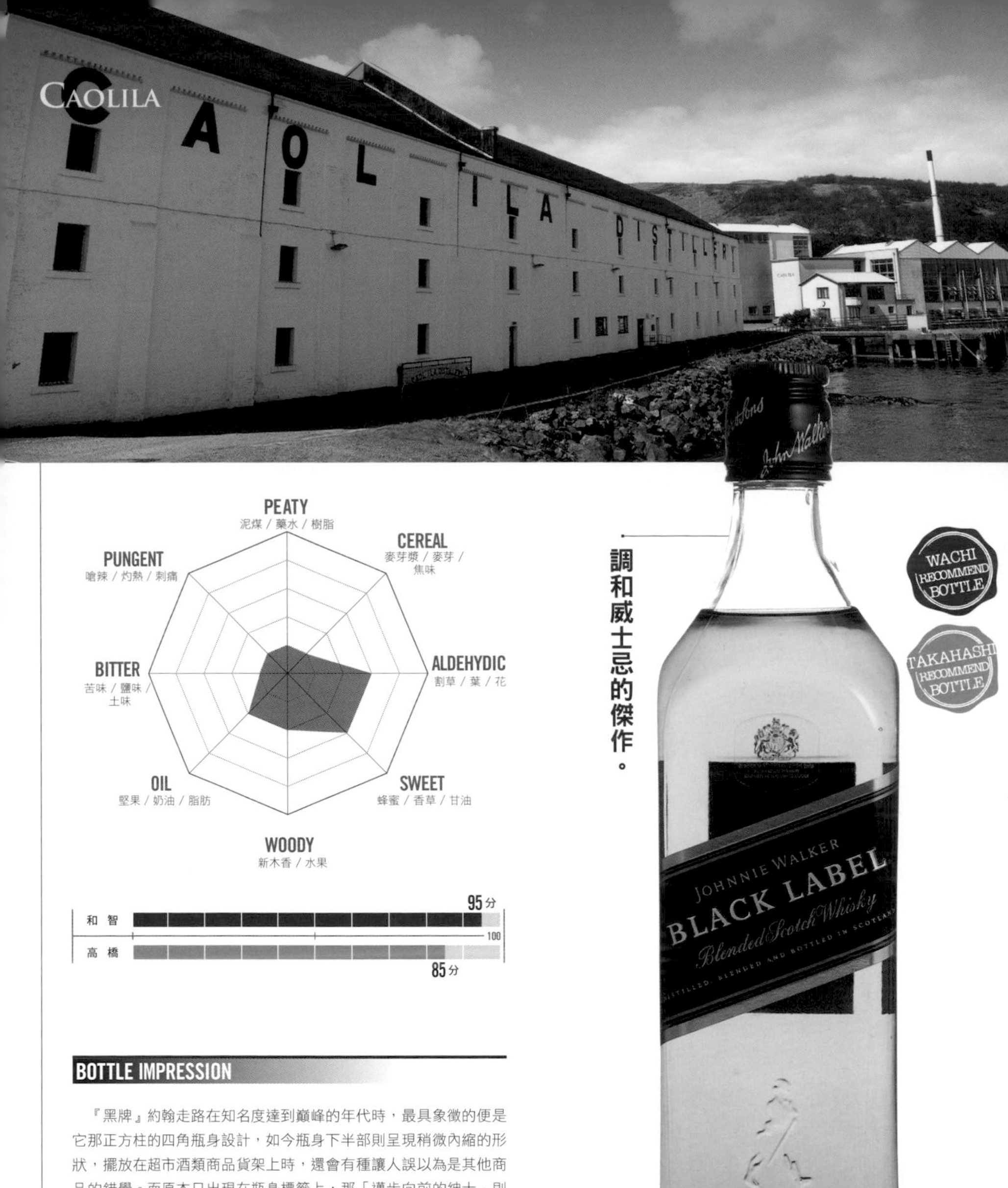

調和威士忌的傑作。

PEATY 泥煤／藥水／樹脂
CEREAL 麥芽漿／麥芽／焦味
ALDEHYDIC 割草／葉／花
SWEET 蜂蜜／香草／甘油
WOODY 新木香／水果
OIL 堅果／奶油／脂肪
BITTER 苦味／鹽味／土味
PUNGENT 嗆辣／灼熱／刺痛

和智	95分
高橋	85分

BOTTLE IMPRESSION

『黑牌』約翰走路在知名度達到巔峰的年代時，最具象徵的便是它那正方柱的四角瓶身設計，如今瓶身下半部則呈現稍微內縮的形狀，擺放在超市酒類商品貨架上時，還會有種讓人誤以為是其他商品的錯覺。而原本只出現在瓶身標籤上，那「邁步向前的紳士」則幻化成玻璃瓶身上的浮雕，充滿現代風格。不過，當酒杯靠近嘴邊時，立刻就聞到那令人懷念的芬芳。將威士忌含入口中瞬間後，帶出了超乎想像的泥煤味及青草在炙熱日光照射後的香氣。這無法單純用煙燻二字來形容，因為其中並不包含如青苔類的碘酒氣味，反而是蘊藏了樸素氣息，來自雪莉桶的華麗香氣中不僅帶有酸味，更伴隨著內斂的熟成感。以甜味及酸味為主軸的整體風味中，蜂蜜、蘋果及西洋梨的表現突出，讓風味長時間維持在顛峰狀態。在這個階段仍可以感受到泥煤的存在，讓飲酒之人清楚意識到究竟所嚐為何。約翰走路雖主要使用卡杜、泰斯卡及拉加維林等麥芽威士忌作為基酒，但其中泰斯卡的強烈表現讓人印象深刻。即便如此，各麥芽威士忌間的個性搭配互補，讓人見識到調酒師的精湛調和技術。黑牌約翰走路絕對是名符其實的超實力酒款。

JOHNNIE WALKER BLACK LABEL

［700ml 40%］

JOHNNIE WALKER ODYSSEY

[700ml 40%]

1930年代由Alexander Walker二世調和而成，同時是嚴選秘傳酒桶精心調配的調和麥芽威士忌，近6位數的昂貴價格更是驚人。然而，我尚無機會品嚐，因此無法提出評語。

專為金字塔頂端客群調和而成的酒款。

JOHNNIE WALKER BLUE LABEL

[750ml 40%]

為滿足中國、印度、俄羅斯等新興國家富豪及中階消費者的需求，約翰走路將集團旗下各酒廠既陳年、又珍稀的麥芽威士忌與年份較低的威士忌相調和後，以最快的速度推出市場。藍牌的價格雖比紅牌及黑牌昂貴（18,000日圓），但極佳的風味讓全球趨之若鶩，成為卓越非凡的酒款之一。

即使船隻顛簸傾斜，依然能保持直立狀態的瓶身設計。

JOHNNIE WALKER SWING

[750ml 40%]

與一般常見的方形瓶身有著截然不同的風味。5,100日圓相對較貴的價格，讓SWING的設計比一般方形瓶身更紮實。即使船隻顛簸傾斜，依然能夠保持直立狀態的傳奇酒款。既然是酒，當然就一定會SWING（搖晃），你說是吧！

老伯

OLD PARR

製造商	MacDonald Greenlees公司
隸屬集團	帝亞吉歐
日本進口業者	MHD
主要麥芽原酒	Cragganmore、Glendullan等

www.diageo.com

名畫家魯本斯（Rubens）描繪的Parr伯父肖像成了四角瓶身上的標誌，對銷售帶來不少貢獻。

對於過去20多歲的我而言，三得利的RED及Nikka Black是日常生活的飲品，老伯的帶色四方酒瓶則猶如讓人遙不可及的星星，是乳臭未乾的小子碰不得，只有「真真正正成為社會人士的成年人」才能夠品嚐的威士忌。我抱持著碰不得的想法活到這個歲數，這次挑選了12年、Classic 18年及Superior 3支酒款品嚐，得到不少心得。老伯可謂是名如其身，價如其質的威士忌。實際品嚐後發現，老伯其實相當美味，果真不愧是三大頂級調和威士忌品牌之一，讓我有種相見恨晚的感覺，感嘆著「相見不如不見」。

老伯是1870年由蘇格蘭艾爾郡的James Greenlees及Samuel兄弟檔所創立，19～20世紀期間在英格蘭相當受到歡迎，但目前主要銷售市場幾乎是以日本為首的亞洲地區。老伯品牌名稱是來自一位生於1483年的農夫Tomas Parr，Tomas 80歲才結婚，育有2名子女，112歲時妻子身亡，又於122歲再婚。期間更做出性侵、出軌等驚世駭俗的事蹟，與日本溫和老爺爺的個性天差地遠，是個活到152歲的超級可怕老頭兒。Greenlees兄弟便將這位既長壽，又相當知名的「Parr伯父」取名為走運的OLD PARR。老伯威士忌當年在倫敦獲得壓倒性的好評，銷量更是不斷攀升。其後老伯被Alexander & Macdonald公司併購，1925年時納入DCL旗下，成為UDV集團的一員。繪製於標籤上，那長滿鬍鬚的知名Parr伯父肖像是出自宮廷畫家魯本斯之手，目前老伯仍持續使用克拉格摩爾酒廠所生產的威士忌為基酒。

令人刮目相看的價值。

GRAND OLD PARR 12年
[750ml 40%]

BOTTLE IMPRESSION

此威士忌採行非常具特色的瓶身設計及玻璃材質，光欣賞瓶身就可以感受到那充滿傳奇色彩的古典高級感。高階威士忌品牌雖然不計其數，但直接以152歲英國最長壽之人・Tomas Parr之名做為品牌名稱的「老伯」從以前開始在日本便毫無疑問地絕對是名號響叮噹的高檔威士忌。老伯由UDV旗下的Alexander & Macdonald公司負責銷售。Parr老伯的肖像位處標籤上方，繪畫此肖像的作者即是魯本斯。如果由我負責設計瓶身的話，我一定會將肖像放大至最大使用…Parr老伯肖像在這款威士忌瓶身上的尺寸迷你（實際的肖像圖高度僅有18公厘），但卻能感受到真正名流所散發出的溫文爾雅。雖然老伯這款威士忌有著相當多為人津津樂道的逸事，就讓我們還是將重點放在酒本身的口感表現吧！

在啜飲時，雖然並非完全不帶煙燻味，但相對稀薄。總結這支威士忌給人的第一印象為口感柔和、酒精揮發、刺激感薄弱。雖然使用斯佩塞區知名的『克拉格摩爾』作為基酒，但口感上除了帶有麥芽甜味外，還夾雜著焦糖般的焦味，以及西洋梨般的高級果香與葡萄乾的香氣。此外，青草在炙熱日光照射後的香氣也瞬間穿越腦門，因此還帶有一絲絲的大地氣息，熟成感也散發出優雅的氛圍，讓這支威士忌實屬美味。雖然美味，但日本的威士忌市場愈趨活躍，先不論熟成感表現如何，這時就會覺得…如果還找得到其他同類型氣味及口感的威士忌，那麼似乎也無須執著選擇老伯。真要比較的話，老伯的價格可是能夠買到3瓶「物美價廉」的酒。這邊就別太在意1瓶老伯可以抵3瓶其他酒款，除了將重點放在口感表現外，似乎更應該去好好感受「老伯」之名的存在地位及實際的品嚐體驗。

純麥威士忌之勇。

OLD PARR CLASSIC 18年

［750ml 46%］

不同於12年，18年的老伯威士忌採用更具備質感的「消光」瓶身設計，定價更是12年威士忌的2倍以上（11,000日圓）。OLD PARR CLASSIC 18年未添加穀物威士忌，而是只以9款單一麥芽威士忌調和而成的純麥威士忌。酒精度數雖為46%，卻不會讓人難以下嚥，既滑順又柔和，更可享受來自斯佩塞區的豐饒口感。實際售價落在8,000日幣左右。

超越時空之酒。

OLD PARR CASK STRENGTH

［750ml 58.8%］

以優質的酒桶熟成達18～20年，這支威士忌可說是Alexander & Macdonald公司將心血集大成的酒款。與其他同系列的酒款相比，卓越的完成度已經超越了去爭辯到底是單一麥芽威士忌好，還是調和威士忌好的境界。酒體紮實，品嚐起來相當過癮。市場售價為18,000日圓起跳，相當高檔。

教師

TEACHER'S

製造商	William Teacher & Sons公司
隸屬集團	Beam Suntory
日本進口業者	Suntory
主要麥芽原酒	Ardmore、Glendronach、Laphroaig等

http://www.teacherswhisky.com

完整保留格蘭多納、阿德莫爾的精華特質。

教師威士忌的創始人William Teacher於1811年生於格拉斯哥。1830年進入雜貨店工作，其後在1851年考取酒類銷售執照，讓世界了解到調和威士忌的美味所在。教師威士忌主要是採行於麥芽威士忌中調和高比例阿德莫爾（Ardmore）原酒的高地區混合手法（Hybrid Highland Style）。此外，在調和的熟成表現上不僅使用一般酒桶，更搭配運用四分之一桶（Quarter Cask）。這樣的價格能夠有如此表現，讓我不得不向負責的調酒師、酒廠、進口代理商及銷售商店致敬。

承襲強勁口感的正統威士忌。

TEACHER'S
［700ml 40%］

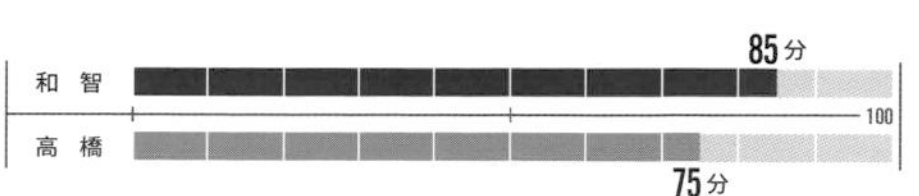

BOTTLE IMPRESSION

這支正是William Teacher & Sons公司將軟木塞搭配木製基底，設計出容易開關，全球首見軟木瓶蓋形式的知名威士忌。雖然命名為「Highland Cream」，但實際的表現更為強烈，是支保留有濃厚的高地區麥芽原酒血統，強調正規、口感強勁的調和威士忌。精準設定45%的麥芽威士忌比例，這個數字自1884年開賣以來便不曾改變。

教師威士忌使用集團旗下的「格蘭多納」及「阿德莫爾」作為基酒，除了具備來自酒精的揮發感及辛辣味外，還有不能單純只以煙燻二字形容的青苔味，其中更紮實地融入碘酒般的泥煤味，讓人深深留下正統高地區風格的印象。在充滿果香的酸味及甜味表現上，雖然感覺就像是酸味較強勁的蘋果、味道薄弱的西洋梨以及蜂蜜混合為一，但在這些元素的背後卻帶有泥煤味及辣味，因此整體表現頗為複雜，或許可將其稱為過度引人注目的提味。總之，教師威士忌可說是完全不帶圓潤感，相當傳統的蘇格蘭威士忌。

帝王

DEWAR'S

製造商	John Dewar & Sons公司
隸屬集團	百家得烈酒集團（Bacardi）
日本進口業者	Bacardi Japan
主要麥芽原酒	Glenrothes、Tamdhu、Highland Park、Bunnahabhain、Glenglassaugh、Glengoyne、Glenturret、The Macallan等

www.dewars.com

在日本的知名度雖然不高，但卻是買來品嚐絕不會後悔的一支威士忌。

1860年代後半，原本從事木工的John Dewar搖身一變，開始賣起葡萄酒及烈酒，更將原本秤斤論兩銷售的蘇格蘭威士忌改以瓶裝上市。由身為長子的John Dewar Junior及次子的Thomas（Tommy）分別負責銷售及生產。1885年更在倫敦的展覽會上以蘇格蘭短褶裙的裝扮進行風琴演奏，銷售瓶身也繪有風琴圖樣的「帝王白牌（Dewar's White Label）」威士忌，受到熱烈好評。5年後，Dewar兄弟檔從蘇格蘭正式進軍倫敦，兩人不僅強打「John Dewar's」的獨特性，作出市場區隔，更讓帝王這個品牌與高品質威士忌畫上等號，建構出完整的銷售物流通路。Dewar兄弟檔在倫敦餐廳及酒吧間的知名度大增，曾經6次榮獲對英國出口有傑出貢獻的中小企業「出口成就獎（Queen's Award）」。過去的帝王白牌的瓶身印有各種獲獎獎牌，但現在將設計反璞歸真，把包裝調整同「帝王18年」，可一覽帝王品牌的悠久歷史。

1915年，John Dewar & Sons與詹姆士布坎南（James Buchanan）公司合併，1925年納入DCL旗下，其後又轉至UD公司（United Distillers），目前隸屬於百家得烈酒集團。我認為，帝王是對調和威士忌有偏見的讀者絕對要買來嘗試的酒款。剛毅程度雖不及拉加維林16年，但喝過的人絕對會對那豐饒的複雜美味感到驚艷不已。更何況，帝王可是愛酒之人能夠作為每天享用的平價威士忌，也是我認為必須再加強日本市場銷量的威士忌品牌。

美國銷量冠軍的上等調和威士忌。

TAKAHASHI RECOMMEND BOTTLE

DEWAR'S 18年
[750ml 40%]

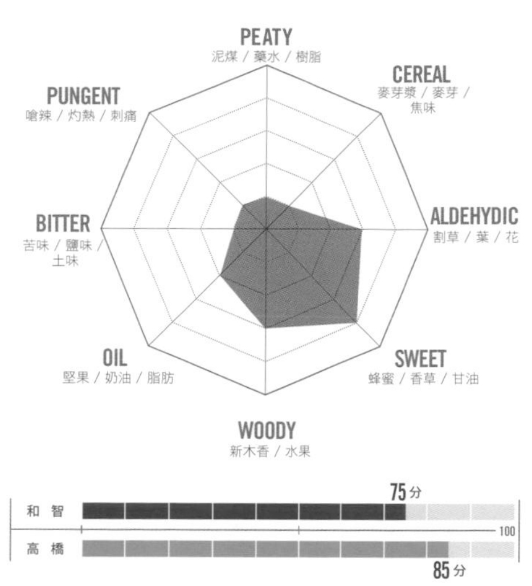

和智 75分
高橋 85分
100

DEWAR'S WHITE
[700ml 40%]

說到帝王威士忌，大家一定會聯想到帝王白牌。過去，系列名稱的「White Label」雖比公司名「Dewar's」尺寸來的大，但考量到人種問題等爭議，已修改成目前的這個尺寸。

DEWAR'S 12年
[700ml 40%]

以砂糖燉煮水果的香氣，帶有些許香草及胡椒的味道。實際品嚐後，還會發現堅果及柑橘的複雜口感。滑潤圓融的表現，能夠讓人改變對調和威士忌的既定印象。

BOTTLE IMPRESSION

以單一麥芽威士忌『艾柏迪』為基酒，在美國擁有No.1人氣的高地區產調和威士忌。在猶如風吹過針葉林的清爽香氣中，帶有不甚強烈的果香及甜味，添加入20%左右的水後，不僅能消除這些味道，還可享受一杯滿滿的佳釀。這支威士忌基本上雖然帶有果香的甜，但其中卻又可感受到特別的酸味覆蓋於甜味之上。此外，更有來自麥芽的香甜，讓悠長且紮實的濃郁也成為賣點之一。然而，如樹林空氣般的香氣表現較為樸實，使得華麗程度略顯不足，整體表現也相對收斂。餘韻雖同時稍嫌薄弱，但要跟讀者們特別強調，這支威士忌本身的濃郁能夠完全彌補這方面的不足，是能夠充分享受那與生俱來厚實口感的酒款。DEWAR'S 18年除了是支上等的調和威士忌外，在性價比表現上更可與『教師』、『白馬』、『登堡』相提並論。12年、18年及白牌的實際售價分別為2,000日圓、6,000日圓及1,100日圓左右。

威雀

THE FAMOUS GROUSE

製造商 Matthew Gloag & Son公司

隸屬集團 愛丁頓寰盛（Edrington Group）

日本進口業者 Rémy Cointreau Japan

主要麥芽原酒 Glenrothes、Tamdhu、Highland Park、Bunnahabhain、Glenglassaugh、Glengoyne、Glenturret、The Macallan等

www.thefamousgrouse.com

以蘇格蘭王國國鳥——威雀為標誌，無論是名氣及銷量，在蘇格蘭國內保有冠軍王位超過20年之久。

位於蘇格蘭境內，全球最古老且仍持續運作的格蘭塔瑞酒廠內（很可惜廠內禁止攝影！）有著幾乎可榮獲蘇格蘭觀光局5顆星殊榮，擁有完善設備的遊客中心「The Famous Grouse Experience」。該中心位在的格蘭塔瑞酒廠擁有300年歷史，在這裡可透過「Birds Eye View Tour」俯瞰酒廠並聽取解說，藉由互動式電影透過影像了解威士忌是如何從無到有，以最先進的方式介紹酒廠內部結構。此外，更以嚴選食材提供佳餚，讓遊客中心榮獲蘇格蘭「Dinning Kitchen」等觀光獎項。不只有愛酒的老頭兒，完備設施也非常適合全家大小享樂。威雀的營業額佔愛丁頓寰盛集團整體的5%（年銷量為3,000,000箱），不僅在蘇格蘭國內市占第一，在整個英國地區更是繼貝爾威士忌，位居亞軍，地位舉足輕重。威雀最初的品牌名稱為「Grouse」，但已經半醉的愛酒常客在進到酒吧後，往往會向店家吆喝著：「那個…拿出那支有名的酒，就是畫著威雀，很有名的那支威士忌給我！」，讓威雀於1896年更名為Famous Grouse。

創立Matthew Gloag & Son公司的馬修（Matthew）在1898年與雜貨店的千金結婚後，便開始自創品牌，賣起威士忌。出自第四代的飛利浦（Philips）之手的威雀標誌是以當時貴族們的興趣狩獵以及象徵蘇格蘭北方大自然為概念，這樣的設計更讓威雀的銷量歷久不衰。1970年，馬修家族雖將股份轉售Robertson&Baxter公司並完全抽離經營，但這卻也加速威雀發展成具全球性且規模相當的企業。各位讀者仁兄們，雖然是老生常談，但在購買威雀時，建議還是需先由基本的標準瓶開始品嚐，順利邁向黑雀（Black Grouse）後，最後再晉升嘗試裸雀（Naked Grouse）及雪雀（Snow Grouse）。我向各位拍胸脯保證，品嚐後不只會感受到舒心的醉意，還可翱翔至極樂境界。千萬別受品牌、訪問評價及價格左右，透過自己的鼻、舌、口、喉，好好體會箇中滋味。其中，雪雀更是僅以數種穀物原酒調和而成，屬市場上相當少見的威士忌。要不要來品嚐看看未添加麥芽原酒的蘇格蘭威士忌呢？

蘇格蘭人氣No.1的風味。

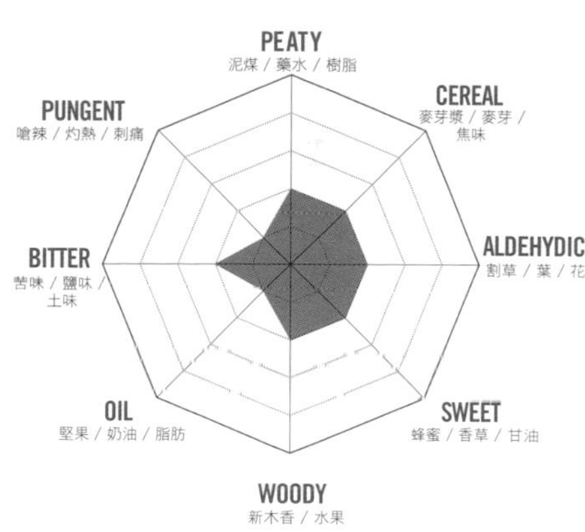

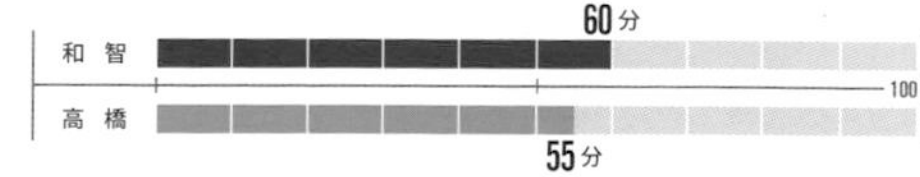

BOTTLE IMPRESSION

據說『威雀』是蘇格蘭最多人喝的調和威士忌，實際上，無論是在哪條街道上的酒吧，的確都會看到一加侖的業務用桶裝威雀威士忌顛倒佇立著，並被放在吧台後方最醒目的位置。威雀的泥煤味稀薄，第一口便可感受到蜂蜜及蘭姆葡萄的香氣，口感上的表現也如出一轍。接著可以從堅果的濃郁感及香草香中感受到木質元素。進入餘韻前的表現厚實，酸味富含果香，可以感受到酸蘋果存在的活潑感。甜味收斂、帶有延展性，優美且穩重。但喝到最後發現，酒精的揮發對鼻腔帶來的衝擊及刺激強度略顯不足。換言之，味道表現不夠俐落及到位。威士忌本身雖然具備相當質感，但還是希望能夠再加強力道強度的表現。

威雀挑選『高原騎士』、『布納哈本』、『格蘭路思』、『格蘭哥尼』、『坦杜』等各地生產的威士忌作為基酒，讓調和出來的威士忌表現絲毫沒有過與不足的問題，每款原酒都有發揮的舞台，這樣的調和概念實在讓人無從挑剔，更是非常適合作為每日享用的日常酒款。

在此多嘴幾句，威雀另外還同時推出了以這支基本款威雀為主軸，並調和有艾雷島產麥芽原酒的『黑雀』威士忌。進到『格蘭塔瑞』單一麥芽威士忌酒廠的停車場時，就可以看到鎮守於此的巨大銅製威雀雕像（高度約有5公尺？）正迎接著遊客們的到來。

THE FAMOUS GROUSE
［700ml 40%］

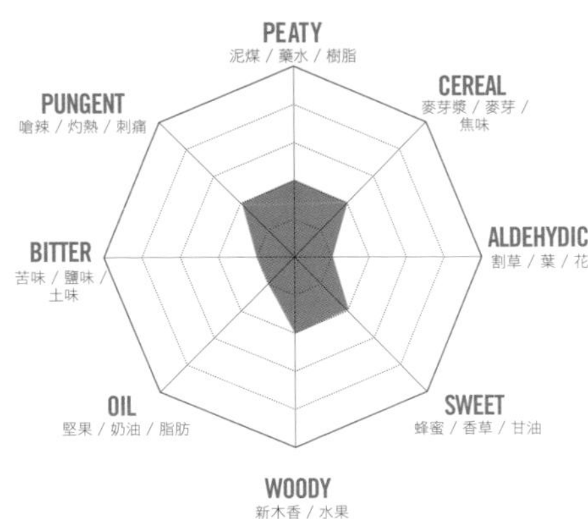

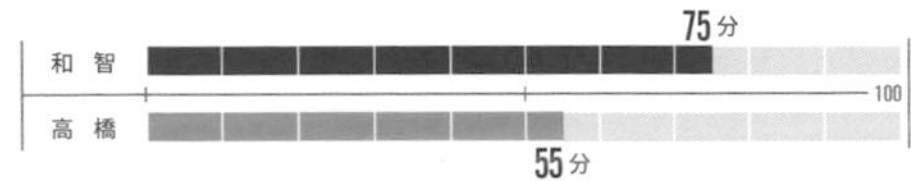

表現穩重的調和穀物威士忌。

THE SNOW GROUSE

[700ml 40%]

BOTTLE IMPRESSION

雪雀威士忌雖是「The Famous Grouse」系列酒款之一，但屬於調和穀物威士忌，而非一般我們所說的調和威士忌。要特別說明，雪雀完全不含麥芽威士忌，而是單以穀物威士忌調和而成。瓶身標籤上更謹慎地寫出「敬請冷藏冰鎮後飲用」的指示。品嚐後首先感覺到的是舒爽以及不帶癖性。缺乏個性，甚至感覺不出酒體厚度。味道為香草味，雖然苦味頗為明顯且帶有辛辣味，但辛辣表現並沒有特別突出。若要說這支威士忌的表現就是平淡，或許也可以當成它的特色。加水後，風味本質不會出現變化，是款將重點放在酒精表現上的威士忌。價格經濟實惠的蘇格蘭威士忌往往會因熟成年份較低，使得來自穀物威士忌的酒精味及辛辣味相當突兀，但100%純穀物威士忌卻能讓那份突兀消失。非常不可思議的，接觸麥芽威士忌多時後，我這才第一次體會到穀物威士忌所擁有的特質。許多讀者或許早已知道，穀物威士忌也會放在二手酒桶進行熟成，但若是使用經重度燒烤的全新酒桶，那麼完成品就會是波本威士忌。內容可能有點複雜，但中古波本桶在這裡可是相當重要的環節，酒桶本身雖然缺乏個性表現，但卻也更能看出原料的實力。

GLENTURRET

投身參與自然保育活動。

THE BLACK GROUSE

［700ml 40%］

味道中可以感受到來自艾雷島濃厚的泥煤味、煙燻味及非常淡的甜味，帶有糖、麥芽的香氣。餘韻則是有著輕微卻悠長的泥煤味。推薦喜愛島嶼威士忌的讀者們可以將黑雀作為入門酒款。此外，業者每賣出一瓶黑雀，更會捐出50便士，作為目前數量已減少至5,100隻，英國保育鳥類黑雀的保護活動及交配費用上，每年的捐款金額約為300,000英鎊。

引爆單一麥芽威士忌是否存在的爭論，極具深度的風味。

THE NAKED GROUSE

［700ml 40%］

使用麥卡倫最頂級的麥芽原酒調和而成，「The Famous Grouse」系列酒款的蘇格蘭調和威士忌，售價適中。嚐起來有來自Oloroso雪莉桶的果香及糖的風味，最後則可以感受到奶油、胡椒及堅果味。更有部分愛酒之人在體驗了這支威士忌所帶來的深度後，提出單一麥芽威士忌無需存在的論述，引起相當激辯。實際售價為3,000日圓左右。

白馬

WHITE HORSE

製造商	White Horse公司
隸屬集團	帝亞吉歐
日本進口業者	麒麟
主要麥芽原酒	Lagavulin、Craigellachie、Glen Elgin、Talisker、Caol Ila、Cragganmore等

www.diageo.com

白馬象徵獨立及自由靈魂，蘇格蘭的希望之酒。

1890年時，創立者Peter Mackey抱著渴望自由及獨立的心情，選擇以「白馬」命名。過去在愛丁堡曾有間名為「白馬亭（White Horse Inn）」的旅店兼酒館，白馬亭位在能以8天從倫敦抵達愛丁堡的路程上，除了是知名的4頭馬車中繼站，同時也是與蘇格蘭獨立運動有相當淵源，Bonnie Prince Charlie等詹姆士黨黨員（Jacobite）進攻英格蘭時的下榻之處。蘇格蘭人當年的宏願終在2014年以蘇格蘭獨立公投的形式實現。

白馬威士忌最基本且富含精髓的組成原酒來自艾雷島拉加維林酒廠，這也是為何白馬威士忌能夠充滿熟成及豐饒美味。愛酒之人若能花時間慢慢啜飲比較白馬12年威士忌與拉加維林16年單一麥芽威士忌，那是何等的享受啊！白馬威士忌還使用有克拉格摩爾、卡爾里拉、泰斯卡、格蘭愛琴（Glen Elgin）等麥芽原酒。據說知名導演黑澤明的拍攝團隊會去酒舖購買整箱的白馬威士忌，在結束拍攝後每晚的宴席上暢飲，這已是島上煙燻麥芽比例極高的時代所留下的逸事。

流露出拉加維林的DNA表現。

WHITE HORSE FINE OLD
[700ml 40%]

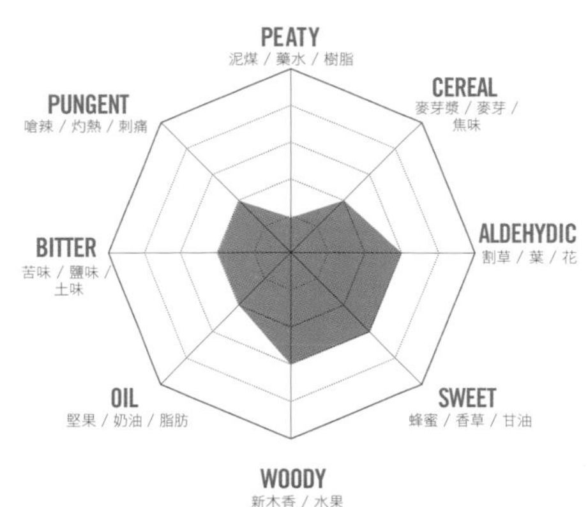

	分數
和智	80分
高橋	75分

WHITE HORSE 12年
[700ml 40%]

既有的濃厚艾雷島煙燻味雖然極為收斂，但仍充分保有男子氣概般的口感。此支威士忌更因受名導演黑澤明喜愛而聲名大噪。

BOTTLE IMPRESSION

為了與既有的「FINE OLD」蘇格蘭威士忌相區別，業者推出了為日本市場量身打造的『白馬12年』。據說只要喝過『白馬12年』，就可以大致掌握日本威士忌消費者的喜惡及口味。直接說結論的話，『白馬12年』比「FINE OLD」更重視熟成表現，優先考量帶有高級質感的口感，甜味、芳醇便成了整體主軸。雖然可以感受到最底線程度的煙燻味，但艾雷島麥芽威士忌應具備的碘酒元素卻完全被掩蓋。帶有麥芽優質的甜味、堅果的濃郁、偏向成人風味的香草及木質感伴隨著雪莉酒才有的華麗。『拉加維林』那象徵著「白馬」精神的特質中帶有斯佩塞區『克萊格拉奇』及『格蘭愛琴』的華麗，但卻又沒有如此強勁，雖然『拉加維林』的調和比例看起來很低…。也就是因為這一點，讓『白馬12年』贏不過價格經濟實惠的「FINE OLD」。『白馬12年』真是日本人普遍喜愛的口感嗎？有句話叫做「眉毛鬍子一把抓」，我也深知，近期的蘇格蘭威士忌市場流行起一股想要迎合「日本人口味」的輕盈及滑順口感趨勢。也不知道是不是此氛圍所致，『白馬12年』就缺乏了那些許的氣勢及勁道。這麼說或許有點言之過早，但在我眼裡它少了股吸引愛酒之人的特質，並不是說這樣的威士忌不好，但基本上我是不會想再去品嚐。總之，『白馬12年』是支無法激起人想要品嚐的慾望，適合溫柔男子的高級酒。

百齡罈

BALLANTINE'S

製造商	George Ballentine & Son公司
隸屬集團	保樂力加
日本進口業者	三得利
主要麥芽原酒	Laphroaig、Glen Dronach、Ardmore、Scapa、Glencadam、Miltonduff、Tormore、Glenburgie、Imperial、Glentauchers、Pulteney、Balblair、Ardbeg

www.ballantines.com

知名威士忌，百齡罈紅璽
不帶個性，適合所有人的口味，柔和&溫順的代表酒款。

百齡罈紅璽（Ballantine FINEST），對威士忌的愛酒之人而言並不陌生。無論去到哪一酒舖或酒吧，百齡罈紅璽都會出現在架上。因為全球3成的蘇格蘭威士忌產品都是出自百齡罈集團。1827年，George Ballantine成立的百齡罈原本是間位於愛丁堡的食品行，在銷售酒類商品的同時，也逐漸精進自身調和威士忌的技術。1869年於格拉斯哥展店，販賣起由格蘭伯吉酒廠所生產，充滿馥郁果香，以及米爾頓道夫（Miltonduff）酒廠所生產，猶如花朵般的單一麥芽威士忌。1919年將經營權轉讓給Barclay商社。1936年起，負責起瓦士兄弟（Chivas Brothers）集團運作的Hiram Walker主導調和事業並著手銷售，讓百齡罈出現突破性的發展。結合斯卡帕、富特尼、巴布萊爾、格蘭卡登、雅柏的原酒，作為17年威士忌販售，為百齡罈建立起在業界不敗的地位。2005年更加盟至Allied Distillers旗下，目前集團規模僅次帝亞吉歐，保有第二名席次。帶有弧度的方形瓶身設計讓人容易拿取，也拉近與飲酒者間的距離。口感圓潤、柔和、不帶刺，煙燻味也不會很重，滑順的程度讓人懷疑酒精度數是否真有達40%。無論是純飲、加水、或添加蘇打水，皆可輕鬆享受。纖細口感，就算作為餐前酒飲用也不會破壞晚餐佳餚的風味，可說是百齡罈紅璽特有的表現。對於偏愛辛辣口感的男性，百齡罈紅璽成了情人節相當受歡迎的禮物選項。與情人節節日名稱Valentine's相同發音的Ballantine讓百齡罈在實力的發揮上更添幾分幸運。我真心推薦剛接觸威士忌、或是喜愛雞尾酒的讀者可從百齡罈紅璽開始嘗試。

40款原酒渾然天成的老字號品牌。

BALLANTINE'S FINEST
[700ml 40%]

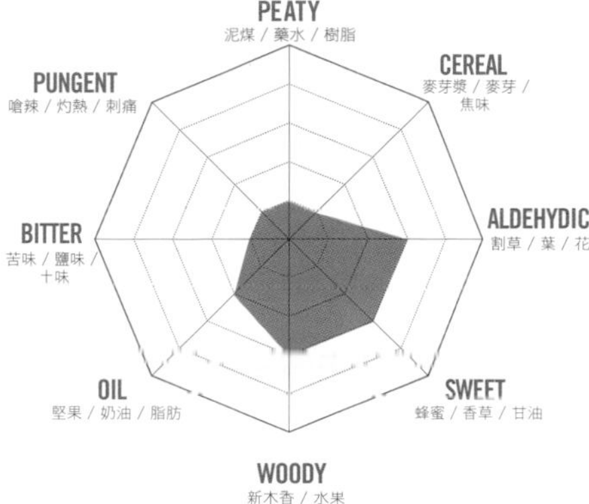

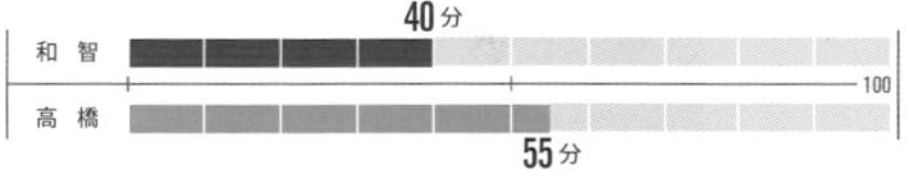

BOTTLE IMPRESSION

說到百齡罈，除了從以前就是相當知名的老品牌外，更提供有多種等級的調和威士忌商品。其中，最為人知曉（最熱賣）的酒款「紅璽」表現極為溫順，讓我找不太到適切的詞語形容，屬於「什麼都有」的典型調和威士忌，完全找不到一絲一毫突兀的表現，將柔和口感看得比什麼都重要。我其實並不討厭口感溫順且偏甜的威士忌，但百齡罈紅璽的極柔和表現讓我不禁懷疑，難道完全沒有癖性就真的是好的嗎？市場上給予此酒款的評價為適合普羅大眾，易於品嚐的威士忌，換個角度來看，百齡罈紅璽的確是表現八面玲瓏的威士忌。煙燻味？Little！、甜味？Yes、香草？Yes、果香？Yes、蜂蜜？Yes、木質感？Yes、複雜度？這個嘛…！在威士忌的世界裡，有時會將癖性這個名詞改形容為充滿個性，或許百齡罈紅璽便是那愛者恆愛、惡者恆惡，評價兩極化的威士忌吧！百齡罈紅璽由40款知名的原酒調和而成，因此缺乏在立體感及深度上的表現。加水不僅會讓味道變淡，更是使得甜味表現上頓失水準的代表性酒款，所以只能拿來純飲。

百齡罈之始。

表現全方位的威士忌。

BALLANTINE'S 12年

[700ml 40%]

百齡罈的市售基本酒款中，銷量僅次冠軍紅璽，有著第二名佳績的威士忌。熟成年份達12年，頗具水準。酒商定價2,800日圓，與17年威士忌相比，價格設定相當合理。

BALLANTINE'S 17年

[700ml 40%]

以七間魔法酒廠＝米爾頓道夫、格蘭伯吉、斯卡帕、富特尼、巴布萊爾、格蘭卡登、雅柏的原酒為主調和而成的威士忌。纖細且不帶刺的風味相當適合與日式料理搭配，是可於餐前、餐中、餐後品嚐，有著全方位表現的萬能威士忌。酒商定價不到10,000日圓，大約落在9,000日圓，建議讀者可確認實際售價並買來品嚐看看。

BALLANTINE'S MASTER

［700ml 40%］

依照百齡罈第三代首席調酒師的調和比例所製成的酒款。能夠充分享受到蜂蜜、香甜、水果的熟成風味。酒商定價為5,000日圓整，可說是經過深思熟慮的價格。

精心調和而成的威士忌。

限定珍藏款。

BALLANTINE'S LIMITED

［700ml 43%］

包裝上雖未標示出貯藏熟成年份，但BALLANTINE'S LIMITED是百齡罈特選旗下貯藏多年的麥芽原酒調和而成的優質威士忌。容量比一般威士忌多出50ml，酒精度數也偏高，達43%。對於酒商的定價設定高達15,000日圓，我雖然不便多說什麼，但在百齡罈的所有酒款中，BALLANTINE'S LIMITED卻也擁有第二名的名次。2015年4月7日上市，日本國內限定1,000瓶。

熟成年份顛峰之作。

BALLANTINE'S 30年

［700ml 40%］

熟成年份達30年，可說是相當豪邁的威士忌。酒商定價72,000日圓，可是會讓膽量不足之人打退堂鼓的價格。由於我也尚無緣品嚐，因此無法提供感想，但不難想像，應該是支充滿頂級成熟風味的威士忌。

順風

CUTTY SARK

製造商	Berry Bros & Rudd公司
隸屬集團	愛丁頓寰盛
日本進口業者	Bacardi Japan／Sapporo Beer
主要麥芽原酒	Glenrothes、Bunnahabhain、Glenglassaugh、Highland Park、Tamdhu、Macallan、Glengoyne等

www.cutty-sark.com

輕盈、無泥煤感。再加上充滿果香的口感，就是順風威士忌想表達的概念。

柔和的萊姆綠色系瓶身搭配上黃色標籤設計，名聲響亮的順風（Queen Of The Ocean＝海之皇后）是過去負責將新茶從中國上海運往英國倫敦所使用的高速帆船船名。Cutty Sark源自於蓋爾語，指的是女巫用來裹身的襯裙，被置於船首，作為船體的守護象徵。該典故出自羅伯特・伯恩斯（Robert Burns）所創作的古詩《Tam o'Shanter》。順風亮眼的黃色標籤原先設計配色為白色，但在印刷時發生意外，又因成本及時間等考量，只好將錯就錯地使用，沒想到充滿新鮮感的設計讓順風威士忌在市場上獲得好評，酒商也就持續沿用這革新設計。標籤上的字體、帆船及構想皆出自畫家詹姆士・麥貝（James Mcbey）之手。SCOTS WHISKY在蓋爾語中是指蘇格蘭人的意思。

順風這個品牌為Berry Bros & Rudd公司於1698年成立，與當時其他的調和威士忌業者一樣，Berry Bros & Rudd除了提供食品、葡萄酒等商品外，也售有威士忌，但該公司卻是早在喬治三世的年代便已取得皇室御用許可的老字號品牌。

順風威士忌是以1923年斯佩塞區格蘭路思（Glenrothes）酒廠的森林為概念調和而成，是支強調輕盈、無泥煤味的威士忌。看好美國最終仍會廢除禁酒令，順風威士忌極力減少蘇格蘭當地偏好的厚重及泥煤風味，同時為了突顯爽颯清新表現，更放棄添加調色用的焦糖。我對於1970年代的歐洲電影中，亞倫・德蘭（Alain Delon）赤裸著上半身，而順風威士忌就不經意地擺放在他身旁的畫面仍記憶猶新。

BUNNAHABHAIN

以威士忌酒迷們最愛的原酒調和而成。

CUTTY SARK ORIGINAL
[750ml 40%]

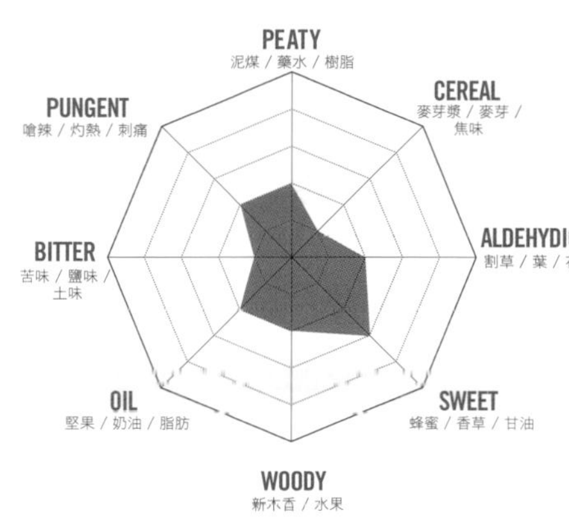

	分數
和智	80分
高橋	70分

100

BOTTLE IMPRESSION

以19世紀英國高速帆船「Cutty Sark號」命名的高人氣威士忌。CUTTY SARK ORIGINAL更從1970年代後半至1980年代，與『VAT69』威士忌齊名，深受（那個年代）年輕人喜愛的主流品牌。無論是當年或現在，都不是使用Scotch Whisky一詞，而是以Scots（蘇格蘭人的）作為商品敘述。

目前流通於市面上的CUTTY SARK ORIGINAL已換成新款標籤。由於該威士忌的色澤相當淡，或許會讓人有種存在感薄弱的印象，但實際口感卻絲毫不馬虎。CUTTY SARK ORIGINAL是以『布納哈本』、『高原騎士』、『格蘭格拉索』及『坦杜』等威士忌酒迷最愛的原酒調和而成，屬輕盈類型的酒款。實際上，CUTTY SARK ORIGINAL也未進行調色，呈現最原始色澤且正統的清爽風味。剛開始除了單純的煙燻味外，還可以發現辛辣（是來自酒精嗎？）中混有帶著碘酒味以及潮水退去後，充滿泥煤表現的岩石味，整體個性表現比我原先預期的還要更多層次。與其他同等級的威士忌相比，CUTTY SARK ORIGINAL很特別的地方在於帶有香草香，來自麥芽的香甜伴隨著紮實的雪莉酒香氣，不只存在著堅果的濃郁，更添加有柑橘皮的苦澀及水果乾的酸味。在接近餘韻之際，廉價巧克力的味道雖然瞬間竄出，但不久後便消失無蹤。CUTTY SARK ORIGINAL可說是爽口、讓人心情放鬆的優質威士忌。

普遍常見的順風12年。

18年才有的典雅風味。

CUTTY SARK 12年

［700ml 40%］

CUTTY SARK 12年將順風威士忌最基本的滑順及柔和元素充分發揮，推薦讀者們可從這支清爽入門酒款進入順風的世界。威士忌初學者可從中學習到何謂酒精度數、複雜口感及酒桶香氣。那份輕盈更是能留在假日午後享用，或搭配作為餐前酒。實際售價約為3,200日圓。

CUTTY SARK 18年

［700ml 43%］

與12年相比，CUTTY SARK 18年更優雅，口感也較為柔和。雖然強度稍嫌不足，但仍可感受到煙燻及水果風味。此威士忌誕生於1995年，專售海外市場。CUTTY SARK 18年調和有格蘭路思、麥卡倫、高原騎士、布納哈本的單一麥芽原酒，出自首席調酒師Kirsteen Campbell之手。實際售價為7,000～8,000日圓。

可輕鬆品嚐，性價比表現優異的威士忌。

以25年原酒調和而成的限定酒款。

CUTTY SARK STORM

［700ml 40%］

酒商定價1,800日圓，但實際售價落在1,500日圓左右，相當親民。酒商更不斷強調，與ORIGINAL相比，STORM的高原騎士及麥卡倫原酒比例量更高。STORM意指暴風雨，這麼說來應該是相當不錯的酒款。由於年份不詳，我也只能臆測了。不過，STORM的價格適中，讓人能輕鬆品嚐，所以我們也就別太鑽牛角尖了。

CUTTY SARK TAM O SHANTOR 25年

［700ml 46.5%］

市場給TAM O SHANTOR的評語為華麗、充滿果香，調和功力滿分。更帶有牛奶、巧克力、白橡木的辛辣香氣。由於限量生產5,000瓶，日本市場分配到的數量為100瓶，是調和以雪莉桶熟成25年麥芽威士忌的逸品。不過，30,000日圓這樣的價格…，讓我也還無緣品嚐。

優勢魁霸

USQUAEBACH

製造商	Twelve Stone Flagons公司（調和威士忌＝道格拉斯．萊恩公司）
隸屬集團	—
日本進口業者	—
主要麥芽原酒	Macallan、Caol Ila

www.usquaebach.com

驚人的80～100%原酒比例。

BOTTLE IMPRESSION

USQUAEBACH在蓋爾語中有「生命之水」的意思。「RESERVE」酒款的麥芽威士忌比例為60%，但若要從源頭說起的話，優勢魁霸酒廠最開始是專售單一麥芽威士忌，接著轉型至調和麥芽威士忌，又在20世紀初的1904年後添加入穀物威士忌。目前由美資的Twelve Stone Flagons公司負責出資，獨立裝瓶廠道格拉斯．萊恩負責調和。綠色消光瓶身帶有獨特的高級感，據說羊皮紙風格是美國人參考單一年份酒的設計所想出，帶有大時代元素的老蘇格蘭風情。酒瓶後的標籤更印有羅伯特．伯恩斯（Robert Burns）的肖像及一段詩句「有了優勢魁霸，就不怕遇見惡魔」（With Usquaebach we'll face the devil），讓人不禁覺得，這不過就是想吹捧羅伯特．伯恩斯的愚蠢行為。而在我眼裡看來，更是完全暴露出庸俗的鄉土氣質。優勢魁霸以麥卡倫及卡爾里拉作為基酒，從入喉那一刻便可感受到強烈的酒精味及非常人工的水果味。接著，帶有穩重的麥芽甜味、雪莉酒華麗元素的木質感隨之而來。雖然沒有泥煤味，但取而代之的是香草的樸素氛圍。由於優勢魁霸的口感強韌，因此添加些許水不僅不會沖淡風味，反而更能加強它的甜味表現。但從另一個角度來看，優勢魁霸卻也缺乏焦糖與太妃糖的濃郁、香草的點綴以及花香與果香的繽紛，使得餘韻只留下苦味，不見其他元素的蹤跡。雖然濃厚，卻缺乏立體表現，平淡無奇。話雖如此，優勢魁霸的整體表現仍優於它的價格。

80%的麥芽原酒比例。伊莉莎白．泰勒、洛克．哈德森所愛之酒。

USQUAEBACH
［700ml 43%］

這是支非常厲害的威士忌。總歸一句，就是美味。雖然說是以高地區酒廠所生產的蘇格蘭麥芽原酒調和，但實際上可是使用麥卡倫及卡爾里拉，讓優勢魁霸的風味美得驚人，表現更是超出單一麥芽威士忌的平均水準。懾服，我已完全懾服。一支優勢魁霸雖然要價7,000日圓左右，但我強力推薦一定要品嚐看看，那非透明陶製酒瓶中的真正滋味。

未曾體驗過的熟成風味。

USQUAEBACH RESERVE

［700ml 43%］

風味表現雖然相當正統，但其實RESERVE調和有穀物威士忌。究竟是麥芽威士忌本身品質好，還是調酒師的功力強大，這支威士忌到底是如何提供我們這頂級的口感？在這次品嚐了一連串的調和威士忌中，RESERVE的濃郁深度與充滿熟成感的美味都讓我難以用言語形容。實際售價約為3,000日圓，昂貴與否完全見仁見智。RESERVE同時是能夠化解對調和威士忌偏見的酒款，美國總統尼克森（Nixon）的就職儀式及摩納哥王子的紀念活動也都選用此款威士忌。

VAT69

VAT69

製造商	William Sanderson & Son公司
隸屬集團	帝亞吉歐
日本進口業者	—
主要麥芽原酒	Royal Lochnagar、Glenesk

www.diageo.com

在日本相當常見的威士忌。

BOTTLE IMPRESSION

若要將這支威士忌的表現一言以蔽之的話，那麼就是酒體不帶厚度。口感本身偏薄，毫無內容及深度。一旦加了水，便會完全搞砸這支威士忌，因此只能拿來純飲。多少可以品嚐到來自酒精的辛辣及揮發感，帶有苦味、濃厚焦糖般的甜味中夾雜著香草風味的辛香感，屬相當單純的味道。若純飲的話，較能忽略它的單薄感，享受著帶苦的夏蜜柑再加上煮到收乾的奶昔風味。在30多年前，對於口袋深度不夠用來購買「約翰走路」的年輕人而言，VAT69可是相當受到歡迎。我自身雖然也曾品嚐過幾次，但這次再度品嚐後卻非常疑惑，努力回想著，以前的VAT69是否也是這個味道？是不是有哪個部分出現大幅度改變？總覺得好像哪裡不太一樣…或許是因為年輕時只知道喝三得利的RED，對威士忌的經驗不足，所以也就不會特別講究威士忌的風味。順帶一提，酒名中「VAT」並不是指混合調和的Vatted，而是「桶子＝酒桶」的意思。據說會取名VAT69，是因為企業創辦人William Sanderson在首次製造銷售威士忌時，使用的就是編號69號酒桶的酒。

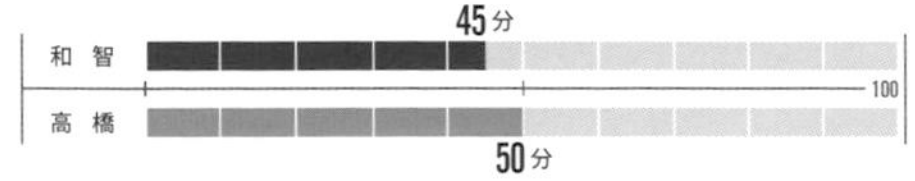

以純飲品嚐的威士忌。

VAT69

［700ml 40%］

VAT69的味道就跟酒瓶明亮的淡綠色系一樣，屬清爽口感。VAT69在北美市場會受到如此歡迎，完全是因為它非常順喉且不會讓人討厭。1883年，William Sanderson從調製的100桶酒中，挑選出第69桶，並以此編號命名。不過，當與女性一同選飲此酒時，VAT69這名稱可能會讓對方覺得有失情調。適合純飲品嚐。實際售價約為1,000日圓。

100 PIPERS

100 PIPERS

製造商	Joseph E. Seagram & Sons公司
隸屬集團	保樂力加
日本進口業者	Pernod Ricard Japan
主要麥芽原酒	Strathisla、Glen Keith、The Glenlivet、Glen Grant、Longmorn、Ben Riach、Allt-A-Bhainne等

www.pernod-ricard-japan.com/

獨立氣概灌頂的調和威士忌品牌。

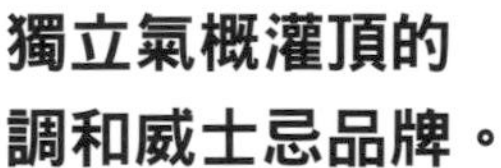

BOTTLE IMPRESSION

約莫4年前，有對姐妹花在愛丁堡「The Scotch Whisky Experience」的禮品店販售威士忌酒標的迷你明信片及印花手帕。當我詢問「有沒有『100 PIPERS』的商品？」時，姐妹花回答「『100 PIPERS』的商品每天銷量都很好呢！真的很受歡迎！」

『100 PIPERS』與施格蘭志集團旗下的『起瓦士』、『帕斯波特』屬相同系列，在投入鉅額經費進行市場調查後，於1965年以浩大聲勢推出上市。若要評論口感的話，『100 PIPERS』選用對起瓦士而言非常重要的『史翠艾拉』、『格蘭利威』、『朗摩』、『格蘭凱斯』等作為基酒，明確地表達柔和的甜味及口感就是它的基本概念。雖然並不會特別濃厚，但麥芽的表現卻意外地突顯出酒精在其中的份量，且不具揮發感。來自酒桶的木質元素中雖然帶有堅果般的濃郁、香草及焦糖味，但卻不會轉變成苦味，讓人頗為喜愛，卻也使得焦味不足。甜味及口感厚度的表現中庸，風味內斂，融合所有的元素，沒有特別強調任一項元素。總括來說，餘韻及衝擊力道雖然不足，但品質仍屬非凡。順帶一提，所謂的100 PIPERS，是指以前蘇格蘭在對抗英格蘭的獨立戰爭中，詹姆士黨員引領眾人進軍的管樂隊（軍樂隊），身著蘇格蘭傳統服飾，以蘇格蘭風笛壯大軍隊聲勢。

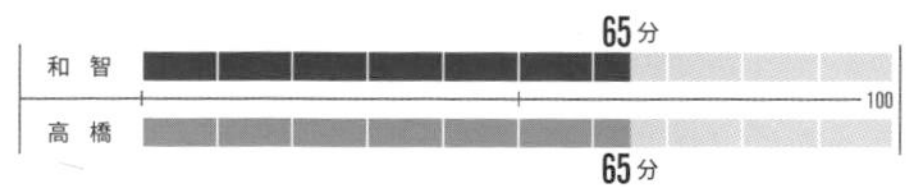

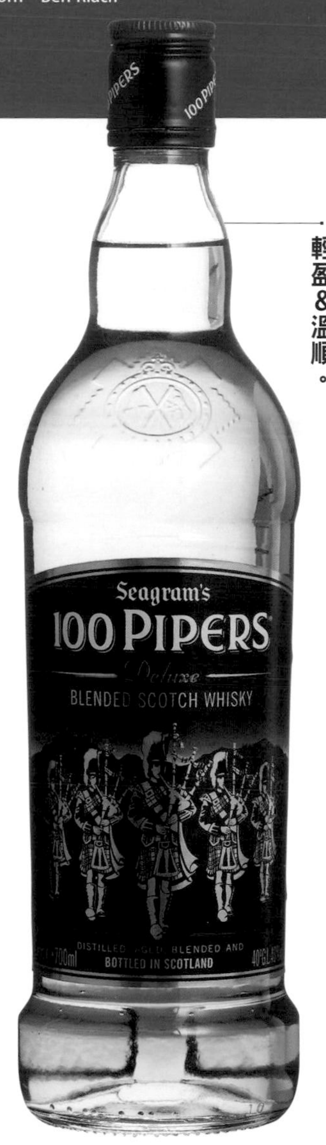

輕盈&溫順。

100 PIPERS

［700ml 40%］

或許酒商已經想不出比100 PIPERS更能用來宣傳蘇格蘭的酒名。蘇格蘭人、Bonnie Prince獨立之戰、蘇格蘭裙、蘇格蘭風笛，100 PIPERS是支充滿令人情緒激昂元素的威士忌，至於100 PIPERS的靈魂是否真與威士忌風味結合就不得而知，卻也讓人在品嚐時充滿期待。既輕盈又溫順，是支能夠隨時隨地享受品嚐的威士忌。實際售價為1,289日圓。

J&B

J&B

製造商	Justerini & Brooks公司
隸屬集團	帝亞吉歐
日本進口業者	麒麟
主要麥芽原酒	Knockando、Auchroisk、Glen Spey、Strathmill、Benrinnes等

www.jbscotch.com

擁有全球第三名銷量佳績。

柔和&溫順的先驅。

BOTTLE IMPRESSION

J&B的公司名稱來自Justerini & Brooks姓名的第一個字母，明明是義大利人成立的企業，卻賣著蘇格蘭威士忌，實在非常少見。不僅如此，J&B更擁有超高人氣，若以營業額來看，J&B可是僅次「約翰走路紅牌」，坐擁全球第二名次。J&B採綠色瓶身搭配上黃色標籤設計，再加上紅色瓶蓋與標誌，充滿義大利風情，讓J&B在擺滿樸素的蘇格蘭威士忌商品架上更顯奪目。不過，J&B目前已落入經營版圖遍及全球各地，有著酒界怪物名號的「帝亞吉歐集團」手上。如此一來，在調和威士忌市場便形成了第一名的『約翰走路紅牌』及第二名的『J&B』皆出自同一集團之手的現象。由於J&B是以『Singleton（奧羅斯克）』、『格蘭斯貝（Glen Spey）』及『納康都』等，來自斯佩賽區的42種麥芽威士忌及穀物威士忌調和而成，果香中帶有蜂蜜元素，充分展現出斯佩賽威士忌才有的華麗。煙燻味較淡，有來自酒桶的香草香、啃食金桔的甜味、苦味及澀味並存。整體風味上雖然缺乏巔峰表現，但並不會讓人覺得過度淡薄，可謂平穩。雖然多少會感覺到酒精的揮發感，但辛香味稀薄。對喝不慣蘇格蘭威士忌的讀者而言，J&B RARE是支能讓人快速適應的威士忌佳作。

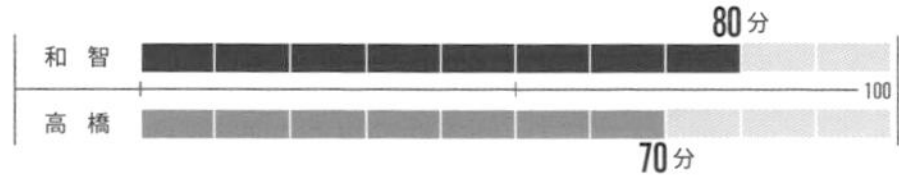

J&B RARE
［700ml 40%］

在酒舖商品架上，J&B RARE的辨識度應該稱得上是第一或第二名。鮮豔無比的設計家喻戶曉，類似的設計更被韓國某業者抄襲沿用。實際售價為1,300日圓起跳，價格比日本的國產威士忌還要親民。對於不曾品嚐過威士忌、或希望享受輕盈口感威士忌的讀者，J&B RARE將會是支非常合適的酒款。用來調配雞尾酒也不會過度突顯本身的味道。J&B是公司名Justerini & Brooks的縮寫。

黑白狗

BLACK & WHITE

製造商	James Buchanan公司
隸屬集團	帝亞吉歐
日本進口業者	—
主要麥芽原酒	Dalwhinnie、Glendullan、Clynelish、Convalmore、Glentauchers、Aberfeldy等

正統風味表現。

BOTTLE IMPRESSION

將代表著蘇格蘭高地的獵犬，西高地白㹴及黑蘇格蘭㹴描繪於酒瓶標籤，成了酒名由來的知名BLACK & WHITE威士忌。負責販售的是帝亞吉歐集團旗下的James Buchanan公司。此公司更推出僅於3個國家限定銷售的『央國皇室（Royal Household）』知名威士忌（真的很有名嗎？）。雖然過去曾經有過前瓶身標籤不存在黑白狗的時期（我印象大概是在1970年代…？），但之後便改成目前的設計。舊款設計瓶被酒迷視為珍貴的陳年威士忌，有著極高人氣且售價驚人，不過這卻與我的興趣初衷背道而馳…。不過，幸好在尚未晉升陳年威士忌的年代，我就已經品嚐過這支酒的風味。再將話題拉回到現在「印有狗圖」的新款威士忌上，首先，酒精的揮發感及辛香味、太妃糖的濃郁及甜味，再加上苦味接踵而來，呈現多元風貌，讓人見識到老字號業者在調和威士忌上的功力水準。當其中的甜味溶解後，哈密瓜的香甜會同時浮現，接著帶出柑橘的酸味加上果皮的苦澀，從巔峰到結束，餘韻悠長。能夠以如此親民的價格品嚐到這支威士忌，現在的日本還可真是蘇格蘭威士忌天堂。

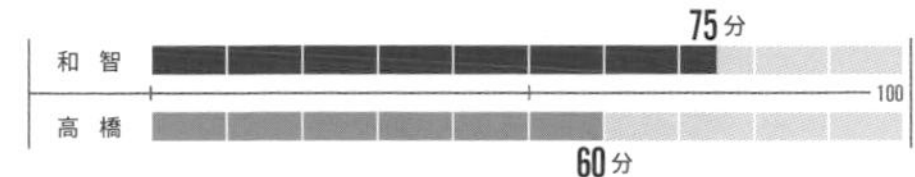

可看出老字號品牌在調和技術上的精湛水準。

BLACK & WHITE
［700ml 40%］

這品牌雖然強調可愛形象，但口感表現上卻不單只有輕盈及滑順。是支能夠充分品嚐到柑橘風味、麥芽及甜味的威士忌。實際售價大約為1,200日圓，這樣的價格讓人不禁覺得，只要拿出一張萬圓日幣，不僅能夠買到幾瓶常見的蘇格蘭威士忌，還能夠找回些零錢的時代或許還蠻幸福的。

懷特馬凱

WHYTE & MACKAY

製造商	Whyte & Mackay Distillers公司
隸屬集團	Emperado
日本進口業者	—
主要麥芽原酒	Dalmore、Fettercairn、Tomintoul、Bruichladdich、Tamnavulin、Tullibardine、Isle Of Jura

www.whyteandmackay.com

調和革命，二次熟成

口感可睥睨上流社會等級的酒款。

BOTTLE IMPRESSION

此威士忌是以擁有百年以上歷史，懷特馬凱獨特的二次熟成（Double Marriage）手法所製成。二次熟成的說明雖然記載於酒瓶後方標籤，但日本進口業者卻神經非常大條地將法定記載事項內容直接貼在標籤之上，因此建議有興趣的讀者可以小心地撕除貼紙詳閱。簡單來說，此支威士忌是僅以『吉拉』、『費特凱恩（Fettercairn）』、『督伯汀』、『大摩』、『都明多』等單一麥芽原酒調和而成，並裝入雪莉桶進行熟成，稱為第一次熟成。接著再將這些調和威士忌與穀物威士忌混合後，重新裝回雪莉桶再度熟成，這個步驟稱為第二次熟成。口感不帶癖性，相當圓潤，明顯的滑順表現甚至讓人覺得乾爽。但這也意味著它缺乏個性、讓人眼睛為之一亮的元素、衝擊力及勁道。不過，對於喝不慣威士忌的讀者而言，這卻是款能夠輕鬆入喉的威士忌。或許是因為以雪莉桶熟成的關係，它的酒色特別深，卻不帶絲毫的煙燻味及泥煤味。來自麥芽的甜味夾雜著焦糖般的焦味，同時加上香草香。柑橘類果實的酸味及果皮的苦澀味一直到餘韻時都還存在。SPECIAL雖是懷特瑪凱繼12年、15年、18年、21年及30年威士忌後，系列商品中最為一般的酒款，但質地表現精湛，絕對有著和其他品牌高一階的知名酒款相抗衡的實力。

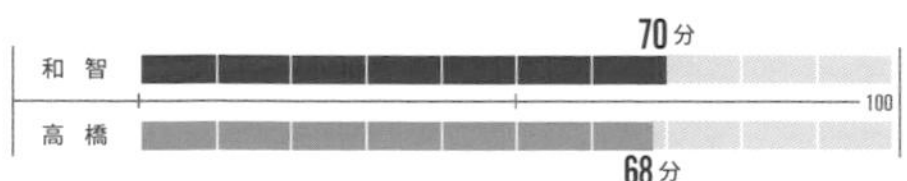

WHYTE & MACKAY SPECIAL

[700ml 40%]

調和麥芽原酒，並以最初的酒桶進行熟成，接著再混入穀物威士忌，以雪莉桶進行再次熟成。在如此特殊的調和手法下，口感濃郁、色調深沉、充滿風味的威士忌就此誕生。這樣的調和手法稱為二次熟成。SPECIAL的實際售價約為1300日圓，是能夠打從心底享受到幸福滋味的價格。

貝爾

BELL'S

製造商	Arthur Bell & Sons公司
隸屬集團	帝亞吉歐
日本進口業者	日本酒類販售
主要麥芽原酒	Blair Athol、Dufftown、Inchgower、Pittyvaich、Bladnoch、Caol Ila、Glendullan、Glen Elgin、Linkwood等

http://www.bells.co.uk/

調和威士忌的發明者。

BOTTLE IMPRESSION

調和其中，熟成年份較低的麥芽原酒所存在的酒精感讓人直接聯想到辛香味的典型酒款。然而揮發感卻相當薄弱，沒有衝上腦門的感覺，反倒是浮現出些許像是青苔的泥煤味。在這辛香味之後接踵而來的是帶有酸味的微焦太妃糖，或可以稱為純焦糖的香甜芬芳及口感。不過，這樣的表現卻沒有反應在酒體厚度上，而是直接帶出苦味。此外，即便加了水，口感本身及香氣並沒有隨之溶解擴散，整體表現就跟純飲一樣，只有味道逐漸變淡。總而言之，在酒體厚度及濃度上缺乏強度。即便複雜度不足，但這支威士忌本身的質地並不差。

BELL'S ORIGINAL除了使用與貝爾的調和工廠位處相同廠區，坐落於高地區南部Pitlochry的『布雷爾』酒廠原酒外，更添加有斯佩塞區的『達夫鎮』及『英尺高爾（Inchgower）』酒廠原酒，因此可以充分享受到這些威士忌的上等質地。

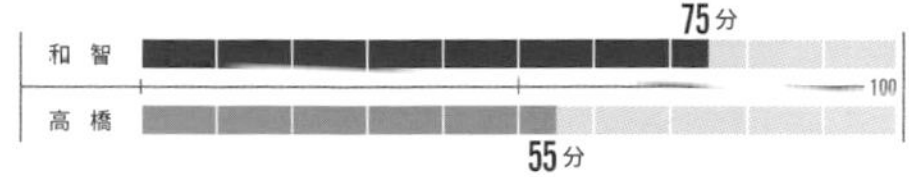

向Arthur Bell致敬。

BELL'S ORIGNAL

［700ml 40%］

在英國擁有冠軍銷售實績的威士忌就是這款BELL'S ORIGINAL，它同時也是秉持著首代調酒師Arthur Bell的理念，追求優質口感風味的威士忌。1985年被健力士（Guinness）集團買下後，貝爾目前隸屬於UDV集團旗下。使用布雷爾、英尺高爾、達夫鎮酒廠的優質麥芽原酒進行調和，實際售價約為1,000日圓。

斯凱島

ISLE OF SKYE

製造商	Ian Macleod公司
隸屬集團	—
日本進口業者	明治屋
主要麥芽原酒	Talisker、Glenfarclas等

http://www.isleofskyewhisky.com/

泰斯卡的口感跑哪兒去了？

再多些原酒，多些泰斯卡…

BOTTLE IMPRESSION

雖然不清楚這支威士忌中，泰斯卡與Glenfarclas的調和比例分別為多少，但若未同時具備功力相當的嗅覺及味覺，就算跟你說這是「ISLE OF SKYE 12年」，你可能也不會察覺到吧。如果不強調泰斯卡是來自於斯凱島，品嚐起來也是美味，但若以泰斯卡之島命名的話，ISLE OF SKYE 12年卻是支讓人過度滿懷期待的威士忌。既無泥煤味，也無辛辣味，非常平順地通過喉嚨進到肚裡。不過請讀者別誤會，我可不是說這支威士忌不好喝，ISLE OF SKYE 12年的確能讓人感受到柔和中帶有紮實的甜味、果味及麥芽味，但或許是因為品牌名稱令人對它抱持著過高的期待，反而適得其反，甚至懷疑「12年熟成」是否真是這樣的表現？若要讓熱愛泰斯卡的我說個不情之請的話，那就是希望再增加些麥芽原酒的份量。不瞞您說，我再多添加了20%家中的泰斯卡威士忌後，發現口味轉變成草原上猶如開滿花朵的感覺。或許，「ISLE OF SKYE」是支能夠透過自己雙手調和加工的威士忌。

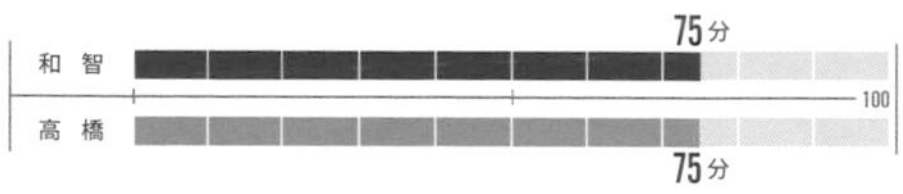

ISLE OF SKYE 12y

［700ml 40%］

斯凱島真的是必須親腳踏上、親眼欣賞的島嶼。若要說到讓人感動的斯凱島，那麼當然就一定會聯想到泰斯卡了。不知道是調和的份量過少，或是只是被作為提味用，品嚐後完全感受不到芳醇、充滿力道張力及滿滿熟成感的「關鍵」元素。21年及50年則因價格門檻過高，我尚無品嚐經驗…。酒商將12年定價3,400日圓，在競爭激烈的平價威士忌市場中，這樣的價格實在不怎麼親民。

艾雷之霧
ISLAY MIST

製造商	MacDuff International公司
隸屬集團	—
日本進口業者	Union Liquors
主要麥芽原酒	除了Laphroaig，還有斯佩賽區單一麥芽威士忌等

www.macduffint.co.uk

艾雷島的新口味。

BOTTLE IMPRESSION

在ISLAY MIST系列的4支酒款中，8年威士忌是最基本，且價格相對好入門的酒款。不過，ISLAY MIST最注重以『拉弗格』為主軸的概念表現，同時維持精湛水準。負責調和及銷售的是格拉斯哥的裝瓶業者MacDuff International。

ISLAY MIST系列原本是艾雷島的大地主Margadale在兒子邁入成人的慶祝宴席時，委託當地酒廠『拉弗格』調和而成的宴席用酒。強調要將個性強烈的艾雷威士忌，轉變成為能符合每一位來客口味的柔和風貌，調和完成的威士忌便成了ISLAY MIST的基本主體。這支ISLAY MIST 8年更是『17年』、『Peated Reserve』及『Islay Mist Deluxe』一連串的系列酒款中，最基本的威士忌。

就算將8年與先行品嚐過的Peated Reserve作比較，或許是因為方向不同，或者是概念相當清晰，完全不會讓人有突兀的感覺。然而，酒精的刺激感、泥煤味及煙燻感也相對柔和。也因為這份柔和，讓風味偏淡，即便不加水，也能夠充分品嚐到來自斯佩賽區『格蘭冠』及『格蘭利威』那帶有香草香的果香甘甜。當然，『拉弗格』的DNA表現也非常強烈。

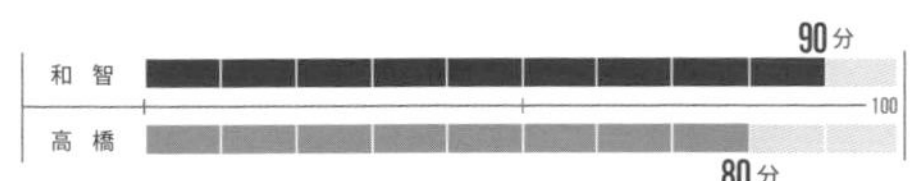

帶有強烈的拉弗格DNA。

ISLAY MIST 8年
[700ml 40%]

對於曾被拉弗格酒廠擁有的那股風味佔據心頭的讀者，我建議一定要試試這支威士忌。拉弗格那彷彿在跟品嚐之人挑釁的口感及精髓雖然存在其中，但最終卻又像是創造出另一嶄新風味的威士忌。ISLAY MIST 8年約2,500日圓便可購得，是支就算不是艾雷威士忌酒迷也會點頭接納的調和威士忌。

添寶

DIMPLE [HAIG]

製造商	John Haig公司
隸屬集團	帝亞吉歐
日本進口業者	—
主要麥芽原酒	Glenkinchie、Mannochmore、Knockando

www.haigwhisky.com/

超乎常理的美味威士忌。

無需多說，讓人刮目相看的威士忌。

BOTTLE IMPRESSION

當年在越戰最激烈的時候，我曾經從事過不可告人的打零工，那就是在美軍橫田基地最裡面的閣樓工作。每週五的給薪日除了會拿到工資，更可以取得購物許可證，我便會拿著許可證前往美軍基地內的商店（又稱PX）採買香菸及酒類。當時我完全不知道，原來放在商店酒架上，名為『PINCH』的蘇格蘭威士忌就是添寶。酒瓶採3面帶有凹槽設計，獨特的形狀讓存在感相當顯著。但買得起這支威士忌的人都是校將等級，士官會買『紅牌、黑牌約翰走路』或『LOGAN』，而像我或同為作業員的同事、一般軍人，則屬於『百齡罈』、『HAIG』等級。我的日薪為20美元，與同年齡其他打工的學生相比，這樣的薪水可是近5倍之多，再加上店內的商品全數免稅，因此價格非常便宜。雖說並不是完全買不起『PINCH』（銷往美國市場的名稱），但這支威士忌就明顯散發出不同等級的氛圍，讓我實在沒有自信跨出那一步。擁有校將等級的蘇格蘭威士忌『添寶』對於我這個在一般軍隊底下打工的作業員而言，說也實在難為情，但今天可是我生平第一次品嚐『添寶』。

『添寶』除了使用『格蘭昆奇（Glenkinchie）』，更是添加有『Mannochmore』及『納康都』威士忌作為基酒調和而成的威士忌。隨著年紀增長，雖然有機會品嚐到各式各樣的酒類，但由於我對『添寶』抱持著「只有威士忌酒痴才會喝」的先入為主觀念，因此從未拿來品嚐，但在一嚐過後，實在必須向『添寶』致上最高的歉意。超乎常理的美味，讓人刺痛的辛香味雖然在口中不斷擴散，卻毫無酒精感，帶有深度的酸味與香草味，以及像是無花果果乾與苦巧克力再加上苦味後，呈現出相當內斂的甜味。來自酒桶（雪莉桶？）的華麗木質感，這所有的元素伴隨著上等的熟成感，不會讓人感覺到有特別突兀的焦糖味或香草香。最後，餘韻更在舒服的辛香表現中結束。品嚐的同時可感受到比12年這個數字還久的熟成感，或許是傳統的包袱讓我有這樣的想法？稍微調查後發現，負責銷售的John Haig公司創立於17世紀，歷史相當悠久，讓我只能打從心底佩服，『添寶』甚至是支能夠體會到其中風格的威士忌，也讓我對自己的無知感到羞愧。

DIMPLE 12年

［700ml 40%］

相當具特色的酒瓶設計，不知是為了和其他調和威士忌作出區別，還是為了強調自己的獨特。實際售價約為2,000日圓，可說是非常「小確幸」的價格。在頂級調和威士忌商品中，DIMPLE 12年是全球銷量排名第三的人氣酒款。金絲網當初是用來避免軟木瓶塞脫落，現在則改為塑膠材質，並成了這支威士忌的特色之一。DIMPLE 12年，實在必嚐！

登堡

HADDINGTON HOUSE

製造商	Andrew D. Thomson公司
隸屬集團	—
日本進口業者	—
主要麥芽原酒	不詳

性價比No.1。

BOTTLE IMPRESSION

這樣的價格能夠享受到如此風味，實在可以感受到日本進口商及酒舖業者的努力。沒錯！登堡就是支會讓你如此感動、CP值破表的威士忌。雖然我不是非常清楚登堡是使用哪些品牌原酒作為基酒，但據我所知，除了高地區及斯佩賽所產的原酒外，還使用有低地區生產的穀物威士忌，演奏出一曲令人拍案叫絕的旋律。

來自麥芽的穀物香中帶有來自酒桶木質的香草香以及些許的泥煤味，加厚了酒體表現。這裡泥煤不僅帶有煙燻味，更網羅住風味裡外，形成立體感。這層疊的複雜風味並非瞬間傾巢而出，而是分開、反覆地不斷來到跟前。此外，令人大感意外的，是悠長的餘韻中，還殘留有像是穀物的非果香甜味、辛香及苦味。整體而言，辛香及苦味帶有缺乏刺激感的缺陷，雖然有損威士忌本身的銳利、衝擊及力道表現，但口感還是值得一提。總結上述感想，登堡是支會讓人覺得日本國產威士忌價格相對昂貴，突顯它自己本身性價比表現的酒款。

可每天輕鬆品嚐的調和威士忌。

HADDINGTON HOUSE

[700ml 40%]

要同時符合既美味、又便宜條件的威士忌實在不多，但登堡卻是讓我打從心底懾服的酒款。價格約為1,000日圓，真的非常親民，以高地區及斯佩賽所產的麥芽威士忌，搭配低地區的穀物威士忌調和而成，表現上等，口感輕盈滑順。登堡可是我認為只喝麥芽威士忌之人就算抱著被騙的心情，也該買瓶來試試的酒款，絕對能讓你心服口服。

帕斯波特

PASSPORT

製造商	William Longmore公司
隸屬集團	保樂力加
日本進口業者	Pernod Ricard Japan
主要麥芽原酒	Glen Keith、The Glenlivet、Glen Grant、Caperdonich、Longmorn、Allt-A-Bhainne等

世界之酒，其名同為PASSPORT。

最適合拿來做為旅程伴侶的包裝設計。

BOTTLE IMPRESSION

帕斯波特雖然是1970～80年代辨識度相當高的威士忌，但這卻是我第一次品嚐。帕斯波特除了使用有同為施格蘭志旗下，與『史翠艾拉』同集團的斯佩賽麥芽威士忌『格蘭凱斯』外，也以同樣產自於斯佩賽的『朗摩』及『格蘭利威』等威士忌作為基酒，讓帕斯波特口感佳，表現輕盈，評價極高。與同為施格蘭志集團所推出的蘇格蘭調和威士忌『起瓦士』及『100 PIPERS』歸同一系列。雖然感受不到泥煤味及煙燻味，但入喉的瞬間便可察覺到低熟成年份的酒精所帶來的刺激感，其中更夾雜著辛香味。這時或許會讓你聯想到『朗摩』的DNA表現，又或者將其定調成是來自穀物威士忌的風味會比較適切？清淡，沒有太突出的個性表現。在帶有木質感的苦味中，參雜著如西洋梨般的水果甜味及酸味，使得整體平衡表現恰到好處。但卻稱不上是甜口，適中的內斂表現，還帶有纖細感。我心想著，若同為施格蘭志集團所經營的品牌，那應該可期待在某些大環節上找到與起瓦士相似的部分，但相比較後卻發現，無論是濃厚感、熟成感及質感表現上，帕斯波特還是差了起瓦士12年一大截。雖說如此，帕斯波特的口感表現其實不差，與其他同等級的威士忌相比，它仍是有著相對傑出的水準。在美國地區更是排名前十名的常勝軍，擁有相當人氣及實力。瓶身標籤上的徽章是古羅馬的通行證，也是酒名「PASSPORT」的由來。與被評定為「靠著標籤設計銷售」的『100 PIPERS』相同，帕斯波特也有著令人著迷的設計。

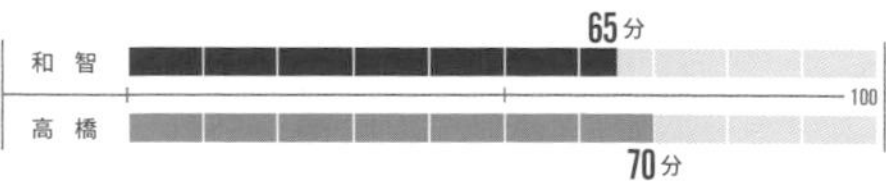

PASSPORT SCOTCH

［750ml 40%］

在美國境內銷量排名第七的調和威士忌。既細長又俐落的瓶身充滿現代感設計。原本的綠色酒瓶被微調成略淡的淺綠色。是支提供消費者以圓潤果香為主軸且帶有纖細溫順口感的威士忌。酒商雖未定出建議價格，但市場實際售價為1,300日圓左右，相當實惠。

皇家威士忌

HEDGES & BUTLER

製造商	HEDGES & BUTLER公司
隸屬集團	Ian Macleod
日本進口業者	三菱食品
主要麥芽原酒	不詳

挺進激戰區的H&B。

BOTTLE IMPRESSION

HEDGES & BUTLER成立於1667年的查理二世期間，年代相當久遠。此外，自威廉四世起，更會將自家的威士忌進貢給歷代的英國皇室。瓶身上除了有明顯的ROYAL標誌為傲外，業者還將曾經進貢的歷代皇室名列出，是個擁有百年歷史的蘇格蘭調和威士忌品牌。根據辭典解釋，酒商名稱中的BUTLER係指在貴族等的宅邸中，負責管理酒室（釀造所）、餐具的總管家。雖然推測應該像是負責男管家職務的人物，但BUTLER究竟是職務名稱、或是人名，就不得而知。HEDGES & BUTLER以『8年』、『12年』、『21年』架構出系列產品群，其中，進口商對外統一宣稱，這支名為Deluxe的威士忌熟成年份為『5年』，是支頗為經濟實惠的酒款（『5年』威士忌之前還有支宣稱『調和有3年熟成酒』的標準酒款）。將威士忌注入酒杯之際，尚無法嗅到酒香，將鼻子靠近杯緣，用力吸氣時，卻也只能感受到不帶熟成感，年份較低的酒精刺激感及揮發感。不過，來自酒精的辛香還是伴隨至結束。當鼻口離開酒杯的那一剎那，才有些許的泥煤味掠過腦中。口中出現雪莉酒般，表現相當雅致的香氣，味道中雖然帶有如小蘋果、杏桃般的酸味及甜味，但整體表現上仍缺乏厚度及高點。加入些許水後，甜味中會帶出香草味，同時可以窺見如焦糖般人工添加物的真面目，這也是因為風味份量不足所致。總之，就是既輕盈、又滑順！其他可是有許多比此價位便宜，表現更傑出的酒款。

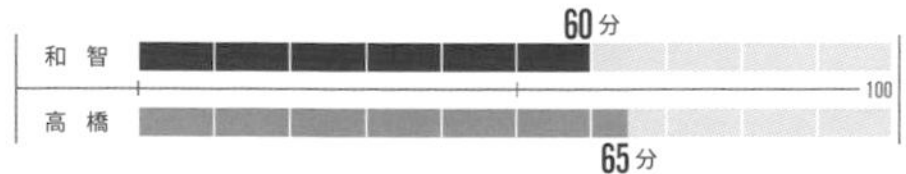

輕盈且滑順。

HEDGES & BUTLER ROYAL

［700ml 40%］

HEDGES & BUTLER公司所堅持，輕盈&滑順的調和威士忌。熟成年份為5年。酒商定價2,294日圓，實際售價約為1,600日圓，已可預期對HEDGES & BUTLER而言，要在競爭激烈的威士忌市場中打場勝仗可是頗有難度。

格蘭

GRANT'S

製造商	William Grant & Sons公司
隸屬集團	—
日本進口業者	三陽物產
主要麥芽原酒	不詳

www.grantswhisky.com

如瑰寶般的三角瓶身

BOTTLE IMPRESSION

說到極具特色的褐色三角瓶身的話，讀者們或許都會先想到單一麥芽威士忌銷量No.1的『格蘭菲迪』，負責銷售『格蘭菲迪』的的確也是William Grant & Sons公司，但在此特別提醒讀者，格蘭和同樣位於斯佩賽區的單一麥芽威士忌業者『格蘭冠』並不相干。而實際上，格蘭可是以知名的『格蘭菲迪』系列3所酒廠的麥芽威士忌作為基酒，更添加有同集團負責營運，Girvan酒廠（低地區）的穀物威士忌。格蘭菲迪原本主要以推出單一麥芽威士忌為主力，而非調和威士忌，這也讓我相當擔心推出的調和威士忌品質會不會上不了殿堂。

就來說說讀者們關心的味道吧！煙燻感非常薄弱，在帶有來自酒精的刺激感、揮發感的辛香味中伴隨著酸味，同時夾雜著來自麥芽的甜味，並有著充滿木質味的酒桶香。若要將這些酸味及甜味單純以果香來形容的話，那麼可以形容成尚未成熟的西洋梨及又硬又小的蘋果香氣以非常簡單的方式呈現，且不帶複雜味。接著餘韻之際又再度出現來自木質的苦味，是款由知名麥芽威士忌酒廠所生產的調和威士忌。

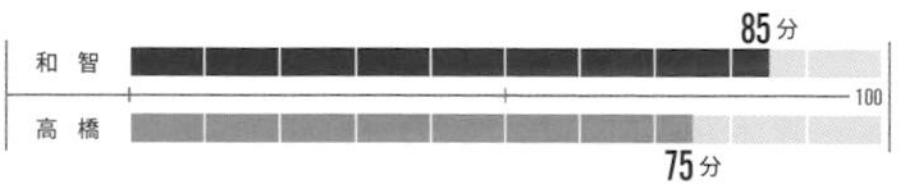

以格蘭菲迪旗下3所酒廠的原酒調和而成。

GRANT'S FINEST

［700ml 40%］

自1887年創業以來，歷經5代家族經營的蘇格蘭威士忌品牌。格蘭擁有格蘭菲迪、百富酒廠，更以格蘭為品牌，於市場推出調和威士忌產品。全球銷量排名第四。輕盈及滑順表現更是Grant & Sons的強項。和格蘭菲迪的單一麥芽威士忌一同品嚐比較或許會蠻有趣的。實際售價約為1,000日圓，相當合理且有其價值。

黑樽

BLACK BOTTLE

製造商	Burn Stewart公司
隸屬集團	Gordon Graham
日本進口業者	—
主要麥芽原酒	Ardbeg、Bowmore、Caol Ila、Bunnahabhain、Deanston等

www.blackbottle.com

艾雷麥芽威士忌的結晶。

BOTTLE IMPRESSION

在聖地艾雷島現存的8所酒廠中，除『齊侯門』外，黑樽對外強打使用『雅柏』、『拉弗格』、『波摩』、『卡爾里拉』、『布萊迪』、『布納哈本』、『拉加維林』其他7所酒廠的麥芽原酒。在尚未品嚐前，已可想見每一原酒的個性在相互撞擊下，將會交織出超乎預期的口感。究竟會投出怎樣的變化球呢？我就在既期待、又怕受傷害的情緒中，開封了酒瓶，而完全跳脫預期的表現堪稱是超越極致。被視為艾雷威士忌代名詞的煙燻味、碘酒味及海潮味隨處可見，讓人有股「啊！果然如此」的心情，若是想要努力聞出個所以然的話，才會稍稍感覺到，應該是「那個」吧，或許是事前太過期待，因此讓我有種被騙的感覺。不過，在口感佳的蘇格蘭威士忌中，黑樽的高水準表現仍非常有資格進入硬派殿堂。其後，『波摩』的表現突出，這或許也是讓人想繼續品嚐看看的「誘因」。推出黑樽的是創立於1879年的Burn Stewart Distillers，Burn Stewart公司在蘇格蘭威士忌產業中幾經興衰、沉寂後，終於在1990年想出了將艾雷島的麥芽威士忌進行全面性調和的點子，並成功重返檯面。黑樽所使用雖然都是熟成7年的原酒，但酒瓶上並未標示出確切年份。目前酒商僅以此支威士忌迎戰市場。帶有些微穀物般甜味的滑順、堅果風味的濃郁都讓黑樽的表現優於平均值，但卻缺乏能夠刺激酒迷內心深處的元素及癖性。沒辦法，誰叫它是調和威士忌呢…。

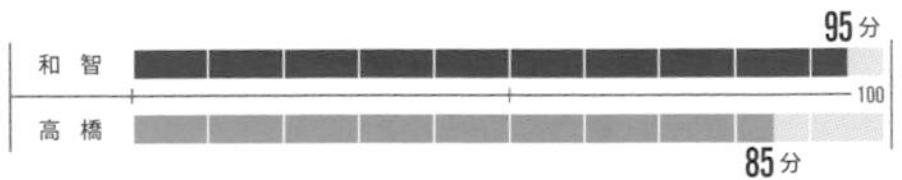

硬派之酒。

BLACK BOTTLE
[700ml 40%]

將Burn Stewart Distillers所銷售的艾雷麥芽威士忌作為基酒調和而成的威士忌，能夠提供與單一麥芽威士忌截然不同的風味及口感。更令人開心的是，可以2,500日圓左右的價格購得此酒款。建議可與卡爾里拉、波摩、拉加維林、布納哈本、布萊迪等單一麥芽威士忌飲用比較或調和品嚐。

六海島

THE SIX ISLES

製造商	Ian Macleod公司
隸屬集團	—
日本進口業者	—
主要麥芽原酒	將Islay、Jura、Arran、Mull、Skye、Orkney島的麥芽威士忌予以調和

www.ianmacleod.com

調和6海島的麥芽威士忌。

威士忌狂熱份子的專屬酒款。

BOTTLE IMPRESSION

若讀者也是喜好蘇格蘭威士忌之人，那麼一定想過希望哪天能夠「排列出所有的艾雷島產威士忌，逐一品嚐」的奢侈夢想。雖然在概念上有些許差異，但THE SIX ISLES集結了「艾雷島（Islay）」、「吉拉島（Jura）」、「艾倫島（Arran）」、「默爾島（Mull）」、「斯凱島（Skye）」、「奧克尼島（Orkney）」，這些分散於蘇格蘭各處的島嶼麥芽威士忌，調和出集大成的威士忌。完成此任務的，是相當知名的獨立裝瓶業者Ian Macleod，裝瓶作業則由William Maxwell公司負責。雖然說這些同樣都是位於島嶼上的酒廠，但卻看不出其中共通的特徵及特質，因此無法預期結果，更彷彿是碰運氣、充滿投機心態的構想。由於艾雷島及奧克尼島有著多間酒廠，業者究竟是選用哪一間的麥芽威士忌調和成THE SIX ISLES，也成了消費者拿來做為推理遊戲的材料。

酒色淡薄若有似無，在注入杯子時便會衝出一股強勁的臭味（這實在稱不上是香味），在口中時的表現更加強烈。優點則是帶有煙燻味及泥煤味。若要更具體形容的話，會是煙、焦油、正露丸空瓶、消毒水、捻熄香菸的菸灰缸。若不鑽過這些元素的洗禮，就無法抵達位在深處的廣闊甜美世界。讓我將甜美世界中的味道一一列出。黑醋栗或藍莓等，生長於高緯度果實；賣剩，即將開始變爛的櫻桃；便宜的巧克力片；蜂蜜；煮到過焦的黑糖；金柑果皮；杏桃果醬；蜜糖蘋果；從波本桶切下的煙燻木屑；以火堆燃燒的松樹葉；烤焦的番薯；混有薄荷的楓糖漿…等等。很厲害吧！這可是將形容威士忌「癖性就是個性」的箴言完全具體化表現的最佳案例。當手中的這瓶酒只剩一半時，我毫不猶豫地追加購買，以備不時之需。

THE SIX ISLES

［700ml 43%］

無需攤開蘇格蘭的地圖，蘇格蘭威士忌酒迷便可理解這是將6個島嶼的麥芽原酒調和而成的威士忌。邊品嚐此酒，邊猜想著究竟加了哪間酒廠幾%的原酒也相當有趣。3,000日圓左右便可購得，這是支將6種單一麥芽威士忌呈現出同樣風味，完全超乎預期的威士忌。

ANCIENT CLAN

ANCIENT CLAN

製造商	Tomatin
隸屬集團	—
日本進口業者	國分
主要麥芽原酒	Tomatin等

粗糙就是賣點。

和溫順背道而馳的口感。

BOTTLE IMPRESSION

此威士忌為日本寶酒造及大倉商事所擁有，位於高地區北部『湯瑪丁』酒廠所推出的調和威士忌。想當然爾，絕對是以『湯瑪丁』作為基酒。開封後，第一口就可以感受到超乎預期的酒精風味。我雖然不是很清楚這風味究竟是來自熟成年份較低的麥芽威士忌，還是穀物威士忌的酒精表現，但其中的煙燻味恰到好處，讓整體表現頗為強勁。這樣的風味在過去雖然被稱為是正統的蘇格蘭威士忌，但隨著市場打出輕盈&滑順風味，強調這才是既都會又現代的趨勢後，ANCIENT CLAN的煙燻表現竟也入列非常濃烈的類群。讓我不禁認為，「原來這樣的程度也…」，所以要在此跟讀者特別說明一下。味道表現上，來自酒精所有的辛香味、苦味、酸味皆相當粗糙，一點也不圓潤，不如把它硬說成是高地區風格的粗曠表現吧！稍待片刻，當辛香味消失之際，存在於其後的西洋梨、小蘋果、杏仁般的甜味及酸味混合為一，非常爽口。

加水後，以辛香組成的尖銳感悄悄消失，餘韻帶有沉穩苦味及太妃糖般的甜味，悠長地留在舌尖上。對於那群對最近的蘇格蘭威士忌頗為失望的酒迷們，真的可以品嚐看看這支把粗糙作為賣點的酒款。雖然想要表現出柔和，但實際上呈現出來的卻是有點搞砸的粗糙。

ANCIENT CLAN
［700ml 40%］

酒商定價1,600日圓，實際價格則落在1,000日圓左右，相當有吸引力，但目前尚不太能掌握這支威士忌的發展方向。

INVER HOUSE

INVER HOUSE

製造商	Inver House Distillers公司
隸屬集團	—
日本進口業者	三陽物產
主要麥芽原酒	Knockdhu、Speyburn、Pulteney、Balblair、Balmenach

既紳士又溫順的表現。

BOTTLE IMPRESSION

品嚐INVER HOUSE時，完全感受不到被稱為是蘇格蘭威士忌象徵的單純煙燻味或帶有青苔味的泥煤表現，正因如此才能讓極度的滑順口感更加突出。推出此威士忌的Inver House Distillers是創立於1964年的美資企業，最剛開始雖然是在低地區以穀物威士忌的蒸餾事業起家，目前則已是蘇格蘭境內的獨立調和威士忌企業。在充滿歷史及傳統的蘇格蘭市場，可說是後勢竄起的新生代，業者也正因此希望藉由獨特的瓶身設計吸引消費者。香味帶給人的第一印象就彷彿是將臉整個埋進剛烤好的酵母麵包中，帶有獨特的清爽麵包味。帶有果香的甜味雖然突出，但整體平衡表現良好，並未完全倒戈至甜味。毫不帶刺、高尚風味四溢，呈現的是爽口的基調。餘韻表現上有著尚稱不上是苦味、巧克力味的微焦風味。就算不加水，以純飲方式品嚐，也能在杯中感受到滿滿的酵母麵包香氣。

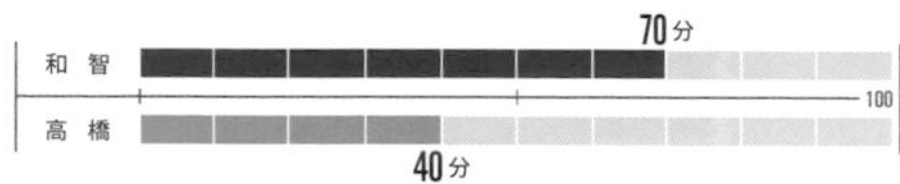

在蘇格蘭威士忌中令人印象深刻的溫順感，非常適合作為酒吧的招待酒。

INVER HOUSE
[700ml 40%]

對於不習慣或不敢喝蘇格蘭威士忌的讀者，建議選擇INVER HOUSE進入威士忌世界。在眾多柔和風格的調和威士忌中，INVER HOUSE的溫和及滑順非常值得一提，甚至會讓品嚐者忘卻酒精度數。絲毫沒有唯我獨尊的口感，因此無論是作成雞尾酒、加水品嚐、或是純飲，我可以掛保證，絕對沒有令人討厭的餘韻。我個人是希望這支威士忌在表現上能夠強勢一些。售價為1,000日圓左右。

LONG JOHN

LONG JOHN

製造商	LONG JOHN Distillers公司
隸屬集團	—
日本進口業者	三得利
主要麥芽原酒	Tormore、Ben Nevis、Laphroaig等

來自班尼富的口感。

BOTTLE IMPRESSION

稍嫌平淡的微微甜味，以及熱帶水果尚未成熟，那既青澀又帶些許熟成的香味及風味。煙燻味非常薄弱，但卻能不斷地感受到海風氣息以及其中的甜味。當層層累積的風味跨越高點時，接踵而來的是來自非酒精的辛香味及些許苦味。其後，如焦味較淡的焦糖沉穩風味現身，卻又不全然都是由那沉穩主導整體表現，因為其中還可以察覺到木質感。

基酒雖說除了使用有創始者John McDonald獨自創立的『班尼富』酒廠威士忌外，其他還調和有斯佩賽區的『托摩爾』等，共計30種的麥芽威士忌與穀物威士忌，呈現出來的口感溫順，感覺不出其中也調和來自艾雷島，癖性鮮明的『拉弗格』，強烈的碘酒味及個性，讓LONG JOHN缺乏了重重一擊的勁道，頂多只能說是品質還不錯的高地區類型威士忌。

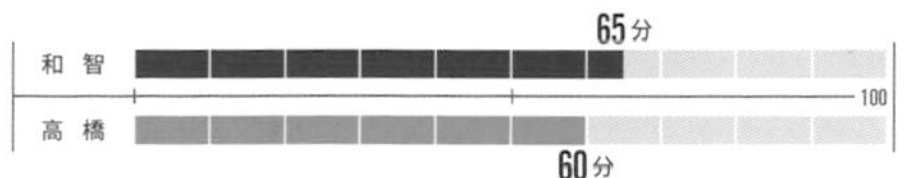

John McDonald的遺產。

LONG JOHN
[700ml 40%]

我不禁回想起在2012年造訪班尼富酒廠之際，有機會品嚐到熟成年份約5年的麥芽威士忌中，低年份麥芽酒的新鮮風味。我確信，在這支調和威士忌中，絕對存在有類似上述熟成年份不高的原酒。LONG JOHN不僅是支富含高地區特色風味的威士忌，更流露著McDonald家族的血統。實際售價約為1,400日圓。

NEVIS DEW

NEVIS DEW

製造商	Ben Nevis公司
隸屬集團	—
日本進口業者	—
主要麥芽原酒	Ben Nevis等

久仰了！Nevis之露（私釀酒）。

低年份麥芽威士忌的口感。

BOTTLE IMPRESSION

1989年，由日本Nikka Whisky公司收購，位於西高地Fort William近郊的『班尼富』酒廠除了有單一麥芽威士忌外，另有由Nikka調酒師調和的『Fort William』，以及由當地調酒師調和的『班尼富』酒款。由於其中的『班尼富』酒款與單一麥芽威士忌同名，為避免消費者混淆，業者進而更名為『NEVIS DEW』，也就是圖中所看到的酒款。

口感滑順，煙燻味淡薄。伴隨著較強烈苦味的香草香味、口感和酒精的刺激感共同現身，並在口腔中擴散。含入少量酒液於口中時，味道及香氣的表現上雖較為濃郁，但若含入一大口時，表現反而變淡。可能是來自穀物的甜味中帶有更強烈的苦味，並同時存在木質的濃郁。香氣中的酸味感覺像似西洋梨，但強度表現卻趨於平均之下，若要一語評論這支威士忌的話，那麼會是雖然不差，但缺乏個性吧，當然也就沒有所謂的勁道了！在摩托車越野競技中，每年（現在也是）都會在Fort William附近為舞台，舉辦世界最具權威的「蘇格蘭越野摩托車6日競技賽（Scottish Six-Days Trial；SSDT）」，而我在1970年代時，有幸兩度受到出賽隊伍的邀請前往採訪，回想起賽程最後一天，在Fort William古城的頒獎慶典上所提供的當地產『班尼富』威士忌，不禁感到無比懷念。

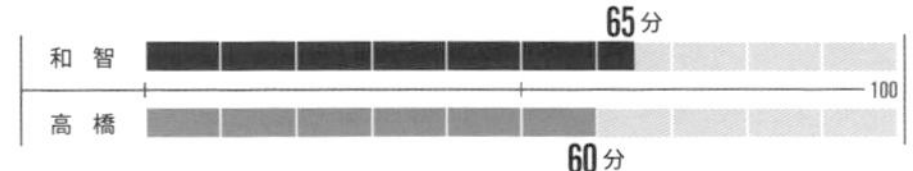

NEVIS DEW

［700ml 40%］

基本上，目前市面上常見，低熟成年份威士忌的穀物威士忌占比較高，使得這些威士忌缺乏如單一麥芽威士忌的勁道。當然，NEVIS DEW也是同屬圓潤口感的威士忌。加水後會失去威士忌本身的口感，因此建議加水量勿超過20%。實際售價為1,000日圓，是讓飲酒之人相當歡欣的價格，與Ben Nevis 10年比較品嚐的話，將可發現調和威士忌帶來的不同樂趣及風味。

MARRY BORN

MARRY BORN

製造商	Hodder公司
隸屬集團	Peter J. Russell公司
日本進口業者	重松貿易
主要麥芽原酒	Talisker等

低熟成年份的大眾酒款。

BOTTLE IMPRESSION

此威士忌由成立於1892年的獨立調和威士忌業者Hodder所推出，是支多少帶有癖性（就調和威士忌角度而言）的酒款。雖然感受得到如檸檬或萊姆般，柑橘類的果香，但整體表現仍偏向不帶黏稠濃郁感的潔淨風格。明明是以斯凱島個性派單一麥芽威士忌『泰斯卡』為基酒調和而成……。口中那排山倒海而來，帶刺的獨特辣味表現不如預期，不知道是否因為熟成年份只有5年，時間太短暫所致，但就是讓人感覺缺少了些什麼。不過，如果將它定位成經濟實惠的調和威士忌，那也就別太強人所難了。焦糖般的濃郁、香草般的香甜、乳脂及味道上甜的表現就像是負責提味一樣，表現並不會特別顯著。添加些許的水雖然能讓甜味同時與焦糖焦味及苦味浮現，但水量過多時，只會讓味道變淡，突顯出稀薄的感覺，因此建議加水比例別超過20%。此外，從整體表現來看，煙燻味雖然薄弱，但不斷品嚐後，卻能夠感覺到泥煤味。

在這邊多嘴一下，瓶身標籤上有著創業者硬是要放上去、不必要的文字敘述，然而，乾淨的瓶身設計讓人感覺不出這是威士忌商品。價格便宜，卻讓我印象深刻，甚至非常對味！

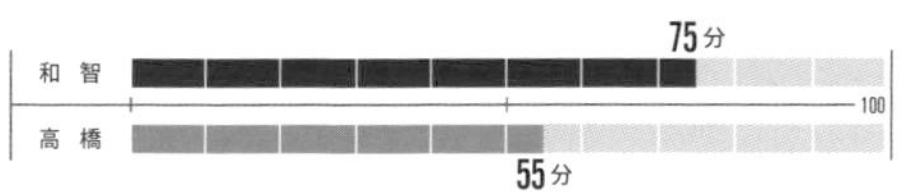

加水上限為20%。

MARRY BORN

［700ml 40%］

負責規劃／銷售的Hodder是間創立於1941年的威士忌調和公司。標籤設計甚至會讓人誤以為是雅致的葡萄酒商品，非常具水準。我不知道標籤中「believe me」所指究竟為何，但品嚐後，終可了解到這支威士忌的味道。雖然幾乎感覺不太出泰斯卡原酒的存在，但實際售價不到1,000日圓，只能說太感激了，當然就更不能錯過囉！

克雷摩

CLAYMORE

製造商	A.Ferguson公司
隸屬集團	—
日本進口業者	—
主要麥芽原酒	不詳

威廉・華萊士的雙刃劍

BOTTLE IMPRESSION

此款為懷特馬凱旗下的A.Ferguson公司所推出，歷史較短的調和威士忌。品牌名稱的CLAYMORE，指的是蘇格蘭傳統雙刃劍。雙刃劍不夠銳利，是必須以「敲砍」為攻擊方式來打擊對手的武器。日本地酒中，也有如『關孫六（関の孫六）』、『妖刀・村正』之類的酒名，只能說業者們命名的品味半斤八兩。從酒名來看雖是讓人感覺無聊乏味，但品嚐之後會發現口感有著絕妙的重量及鈍感，餘韻中感受不到一絲絲「銳利的感覺」。

色澤呈現較深的黃褐色。在非常平淡的口感中，雖然可以感覺到酒精的辛香味，但卻也存在著刻意添加，有如溶劑般的人工感。焦糖的甜、穀物的甜以及砂糖的甜久久揮之不去。這個甜或許是業者刻意營造出來的，但香氣中沒有濃郁、沒有苦味，不帶任何其他元素。添加些許水後，凝固於整體風味底層的香氣雖然浮現，但卻像是哈密瓜、香蕉、芒果等熱帶水果收成進入尾聲的感覺，這實在稱不上是芳香。也因此讓味道只看得到表面，缺乏立體感、複雜度，在毫無深度的狀態下結束。

這支CLAYMORE是1977年僅限英國市場銷售的在地酒，據說是為了遞補『紅牌約翰走路』成了出口專用威士忌所企劃而成的替代商品。不過，如果要用CLAYMORE取代『紅牌約翰走路』的話，不禁會讓我腦中浮現那位羅伯特・伯恩斯（Robert Burns）在信件中曾經提到「在這個地方，威士忌是最讓人感到可悲的酒，會喝這酒的，都是這個地方最可悲的居民」，雖然說這句話是對穀物威士忌的抱怨，但從文字的含意來看，有著相同的意義。話說回來，此支威士忌是未標示年份的最基本酒款，希望再高一階的『15年』及『21年』千萬別也是這樣的表現才好。

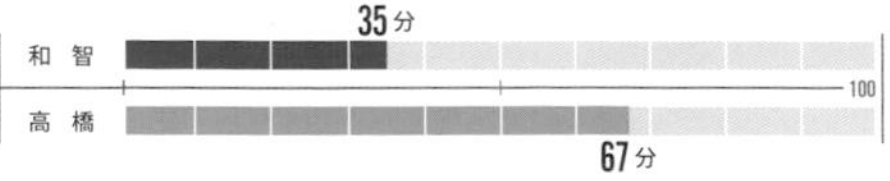

THE CLAYMORE

［700ml 40%］

梅爾吉勃遜（Mel Gibson）所主演的電影・英雄本色（Braveheart）中，主角威廉・華萊士（William Wallace）便是拿著「CLAYMORE」這樣的雙刃劍迎戰英格蘭軍隊。此酒是以8年的麥芽威士忌調和穀物威士忌而成。價格也如其名英勇，以974日圓的價格於日本販售。雖然此酒不太對我的口味，但大約1,000日圓的售價可是讓消費者買起來相當開心。

三隻猴子

MONKEY SHOULDER

製造商	William Grant & Sons公司
隸屬集團	—
日本進口業者	三陽物產
主要麥芽原酒	Glenfiddich、Balvenie、Kininvie等

www.monkeyshoulder.com

風味凌駕知名度的極品。

BOTTLE IMPRESSION

斯佩賽區梟雄William Grant & Sons公司擁有3間酒廠。從達夫鎮的『格蘭菲迪』酒廠及相鄰的『百富』、『奇富（Kininvie）』酒廠選出27桶酒桶調和而成的，便是這支MONKEY SHOULDER。換言之，MONKEY SHOULDER是僅以3所酒廠所生產的27桶原酒進行調和，未添加穀物威士忌，（若要以日式風格形容的話）「純淨」的麥芽威士忌。不僅如此，『奇富』更是自開始營運以來，只推出過2次原廠酒款『Hazelwood』，其後便無消無息。市場上也幾乎看不到實品流通，因此對單一麥芽威士忌酒迷而言，理當可以體會此支威士忌的價值所在。

MONKEY SHOULDER的酒精感雖然稍強，但這是與穀物威士忌粗糙的刺激感相異，來自純正麥芽威士忌的本質，絕對不是刻意擠出的表現。華麗、花香及果香豐饒，更不斷表現出熟成感，伴隨著滑順口感，充斥於整個酒杯。仔細嗅察的話，可發現麥芽、西洋梨、蜂蜜、香草、黑醋栗以及苦味非常內斂的牛奶巧克力。口感表現與氣味結構相同，在香味悠長的麥芽甜味及來自木質的苦味悠長，餘韻之際都還能感受得到。

總結來說，MONKEY SHOULDER可說是將斯佩賽區該有的華麗以高尚、馥郁方式呈現的威士忌。價格雖然比廉價威士忌再高出一個等級，不過對於像是我這般，對酒非常挑剔的人而言，雖然看了價格，會心動想買來品嚐看看，但最後還是轉身看向知名的單一麥芽威士忌。然而，只要品嚐過一次那超水準的口感後，就會讓你有預感下次又可以品嚐到一樣美味的逸品。MONKEY SHOULDER據說是指酒廠的翻麥工人們因為必須使用非常多力氣作業，使得肩膀就像是猴子坐在上面一樣，肩膀痠痛非常嚴重之意。此支威士忌非凡的風味表現真的是讓人相當驚艷。

出類拔萃的麥芽調和表現。

MONKEY SHOULDER

［700ml 40%］

老實說，這是支比格蘭菲迪還要美味的威士忌。或許會有種讓讀者覺得猴子好像真的停留在肩膀上的怪異感，但無論如何，還是希望您嚐一杯看看。你會發現，完全打破既有的刻板印象，心中只剩感動。品嚐過後再看看酒瓶，你不覺得設計真的很棒嗎？不過，價格卻是個很大的問題。

SINGLE MALT WHISKY

單一麥芽威士忌的深淵

一般而言，說到蘇格蘭威士忌的話，就會聯想到佔有全球9成銷量的調和威士忌。約翰走路、起瓦士、百齡罈、順風、老伯、白馬、J&B、黑白狗等，許多為人所熟知的品牌都屬於調和威士忌。

與調和威士忌相比，單一麥芽威士忌雖然以數量僅占所有威士忌商品1成的物以稀為貴及長年熟成兩項優勢自豪，卻也因此使價格出現較一般等級的調和威士忌昂貴的趨勢。

在當年蘇格蘭所生產的麥芽威士忌幾乎都是作為原酒，並用來後製成調和威士忌使用的時代裡，酒廠是沒有將原酒作為單一麥芽威士忌銷售的概念。通常都會委託擁有傑出調酒師、工作人員、裝瓶設備、且能夠進行充分倉管、企劃及銷售能力的威士忌業者進行後續作業，而被調和到恰到好處的威士忌便以蘇格蘭威士忌之名出口至全球。也因此過去有很長一段期間，酒廠都認為，只需秉持傳統，全心全力地專注在蒸餾威士

忌這件事上面就好了。

格蘭冠酒廠是第一間於蘇格蘭銷售單一麥芽威士忌的業者，但從行銷面來看，其實並不能說是成功。其後，打破蘇格蘭威士忌的銷售模式及常理，站在商業角度，第一間成功銷售蘇格蘭單一麥芽威士忌商品的企業，是目前也以獨立酒廠之名享譽業界的格蘭菲迪。最剛開始，格蘭菲迪以打破既定形象的三角酒瓶銷售單一麥芽威士忌，但斯佩賽區其他多數的酒廠皆認為「這樣的東西怎麼可能會熱賣？」，對格蘭菲迪的策略非常不以為然。1963年時，格蘭菲迪卻跌破眾人眼鏡，成功賣出100萬箱的單一麥芽威士忌，這也刺激到其他酒廠，其後進而誕生了許多單一麥芽威士忌商品。現在回頭想想，正因為當初有格蘭菲迪的成功，才能造就今日的單一麥芽威士忌新頁章。酒廠的自創品牌及生產偏高價的單一麥芽威士忌兩者結合後，其實就是以自我能力建構獲利體質。基於此法則，為了讓消費者更了解酒廠，業者透過開設遊客中心、推出一日參觀行程等方式，增加來自國內外的觀光訪客，並刺激消費。

現在凡舉斯佩賽周邊、艾雷島、吉拉島、艾倫島、歐克尼群島、低地區、南北高地區、坎培爾鎮等地的酒廠皆推出有口味相當多元的單一麥芽威士忌自有品牌，這些有著獨自風格表現的威士忌可是為酒迷們帶來無限樂趣。

回首1950～90年代，這些單一麥芽威士忌自有品牌的味道與今日同一酒廠所推出的酒款作比較，濃郁深沉的口感讓你會覺得是不是誤植熟成年份，和現在的威士忌存在著明顯差異。先不論究竟是哪一年代的威士忌最美味，單一麥芽威士忌的口感竟然會隨著消費者的喜惡及時代潮流，出現如此劇烈變化，可是我始料未及的。威士忌，正存在於一個極深的深淵中。

ISLE of JURA & ISLAY

吉拉島

由於吉拉島沒有機場，因此若要前往，只能從艾雷島搭乘前往菲歐林（Feolin）碼頭的渡輪。島上除了200名居民外，就只剩4,000頭紅鹿。望向島上的雙峰（Paps of Jura），短短2公里之遙，約莫10分鐘的船程，卻是海潮洶湧，整個航程幾乎處在逆向操舵的狀態。下船後，沒有任何的建物設施，以逆時針朝著JURA酒廠方向前進，30分鐘左右的車程便可抵達目的地。

喬治．歐威爾（George Orwell）在1947～48年期間，為了療養肺結核，更是移居吉拉島，並在此完成了近未來小說「1984」大作。書中述說著監視、審閱及極權主義社會，對後來的「發條橘子（A Clockwork Orange）」與「華氏451度（Fahrenheit 451）」等作品有著深遠影響。我向吉拉酒廠的經理提出「想去看看喬治．歐威爾的住處」，但在聽聞經理表示「從酒廠面朝東北，從沒有柏油路開始算起，約2小時可以抵達」後，便打消念頭。

說也神奇，吉拉酒廠的參觀行程竟然是免費的，這或許也是對遊客遠道而來的一種補償吧。若想要入住環境還不錯的住宿，酒廠旁就有附浴缸的飯店，夜晚還可以享受星空滿天的饗宴。四周圍完全沒有住戶人家，這或許也是為了讓旅人好好地感受遠離世俗，寂靜的夜晚吧。

艾雷島

對威士忌酒迷而言，艾雷島這個漂浮於蘇格蘭西部的島嶼，正可謂是天堂。來自西邊的雲氣帶來雨和霧，讓太陽露臉的時間相對短暫。碼頭（停泊處）吹著來自大西洋的海風，波浪拍打著酒廠的酒窖倉庫。在這個僅有淡路島大小的狹窄區域中，竟然座落有8間酒廠，令人大感不可思議。不僅如此，每間酒廠的威士忌皆有著自我風味，完全沒有相似之處。艾雷島，這個生產著綻放光彩威士忌的島嶼，被賦予蘇格蘭威士忌珠寶盒之名也不為過。複雜口感的極地拉加維林、煙燻巨人的拉弗格、島上實力最堅強的雅柏、不就此善罷甘休的伏兵卡爾里拉、艾雷的酒精風格代表波摩、再次燎原的烽火布萊迪、尚不知實力強弱的新人齊侯門、以及昔日光輝罩頂的波特艾倫。即便說蘇格蘭再怎麼地大物博，能集結如此堅強角色的，也就只有艾雷島了，堪稱是威士忌的明星陣容。

Portnahav

BUNNAHABHAIN
CAOL ILA
ISLE OF JURA
KILCHOMAN
BRUICHLADDICH
BOWMORE
LAPHROAIG
ARDBEG
LAGAVULIN
PORTELLEN
吉拉島
艾雷島
Glenbatrick
Ardmenish
Leargybreck
Feolin Ferry
Craighouse
Ardhn
Cabrach
Ardnave
Sanaigmore
Leckgruinart
Carnduncan
Aoradh
Gruinart Flats
Aruadh
Machir
Foreland
Lyrabus
Blackrock
Bridgend
Balulive
Port Askaig
Keills
Ballygrant
Bar
Cattadale
Cluanach
Gartnatra
Ronnachmore
Gartbreck
Port Charlotte
Laggan
Ardtalla
Trudernish
Kintour
Glanegadale
Kintra
Cornabus
Cornmore
Risabus
Lower Killeyan
Inerval
A846
A847
B8016
B8017
B8018

波摩

BOWMORE

Morrison Bowmore Distillers Ltd (Suntory Ltd) ／ School Street, Bowmore, Isle of Islay ／ 英國郵遞區號 **PA43 7JS**
Tel:01496 810441 ／ E-mail:info@morrisonbowmore.co.uk

主要單一麥芽威士忌 Bowmore Leagend, 12年, 15年, Darkest, 18年, 25年 **主要調和威士忌** Rob Roy, Black Bottle

蒸餾器 1對 **生產力** 220萬公升 **麥芽** 添加20～25ppm泥煤 **儲藏桶** 波本桶及雪莉桶

水源 Laggan河

在艾雷島眾多酒款中表現中庸，富含深度的單一麥芽威士忌。建議先從12年開始品嚐，將其風味刻劃於腦海中。

波摩酒廠位處艾雷島西部，正好與重新再起的布萊迪酒廠隔著海灣相望。除了齊侯門外，有7間艾雷島上的酒廠都位處於極有可能被大西洋風浪拍擊，非常靠近海岸線的位置。雖然知道這應該是考量到船隻在搬運作業上較為方便，但我們不得不承認，將熟成酒窖建造於會被浪花拍襲處，卻也孕育出艾雷島特有的碘酒味及海水鹹味。由於波摩不像拉弗格、卡爾里拉及雅柏般，將強烈性格完全釋放，因此讓我先入為主的認為，波摩的表現應該會趨向中庸、不帶個性、不上不下，但品嚐後卻發現自己大錯特錯。泥煤味保持著適中調性的同時，更讓花香、果香、海水鹹味及碘酒味處於平衡狀態，可說是將艾雷島的威士忌之美發揮到淋漓盡致。

在時代的變遷下，消費者對酒的喜惡也會隨之改變，這是無法避免的趨勢。在其他品牌強烈地表現自我個性的同時，波摩相較之下表現顯得高尚。

波摩透過目前所雇用的人力，讓自家的地板式發芽佔整體需求量的4成，與其他酒廠相比，比例較高，而剩餘的6成則是委託波特艾倫（Port Ellen）的麥芽廠，以機器設備生產出酚值落在20～25ppm的麥芽。究竟人工作業及機器運作會對威士忌的口感產生怎樣的影響不得而知，不過，波摩將9成的心力全部放在單一麥芽威士忌的生產上，更是繼麥卡倫、格蘭利威、格蘭菲迪，擁有全球排名第四的銷量佳績。

自1989年起，取得35%股權的三得利集團（Suntory）開始參與經營，1994年時更取得百分之百經營權，以Morrison Bowmore Distillery之名，於這塊土地繼續營運。從靜謐的艾雷島首都波摩市的棧橋往山丘望去，一間圓形建築的教堂會映入眼簾，右側掛有日本國旗，從此處可以連同防波堤，一覽整座波摩酒廠。

[參觀行程]

標準行程費用為5英鎊。復活節至8月的營業時間為9:00～17:00（週一至週六）、12:00～16:00（7、8月的週日）、9月～復活節為9:00～17:00（週一至週六）、9:00～12:00（週六）

[交通指南]

從艾雷島中心，波摩大街朝海邊前進，由於酒廠位處突出位置，因此相當好辨認。面向斜坡上的圓形教堂，酒廠就位在右側的底端。

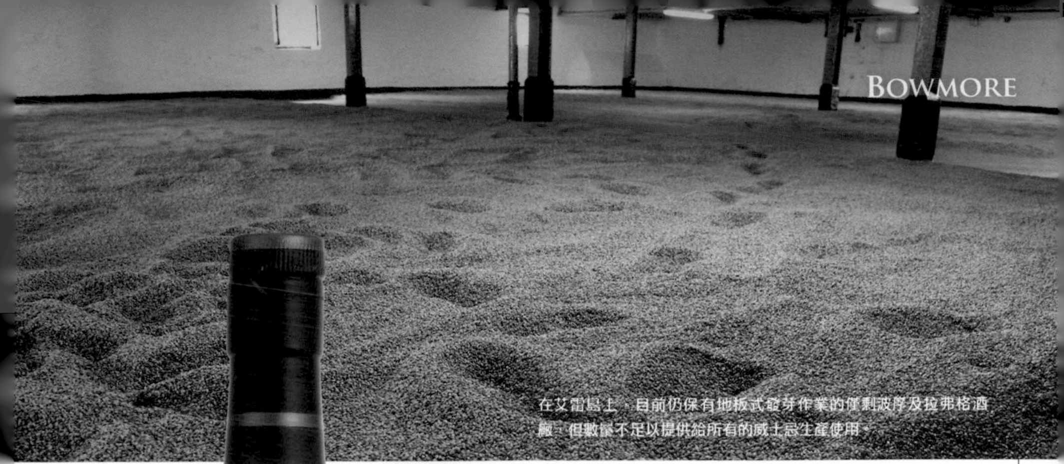

在艾雷島上，目前仍保有地板式發芽作業的僅剩波摩及拉弗格酒廠，但數量不足以提供給所有的威士忌生產使用。

能夠深度了解艾雷島的威士忌。

WACHI RECOMMEND BOTTLE

TAKAHASHI RECOMMEND BOTTLE

BOWMORE 12年

[1,000ml 40%]

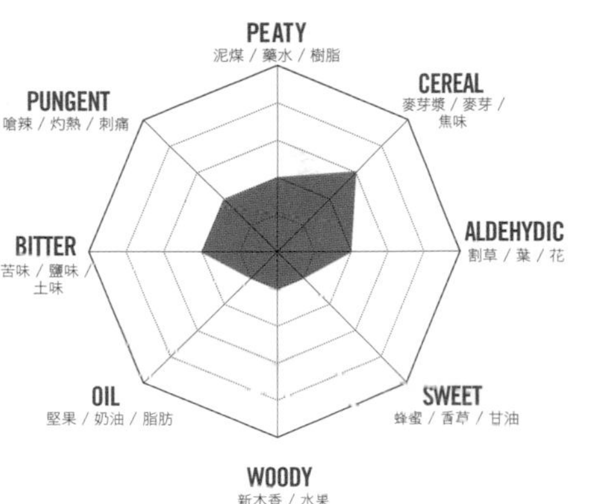

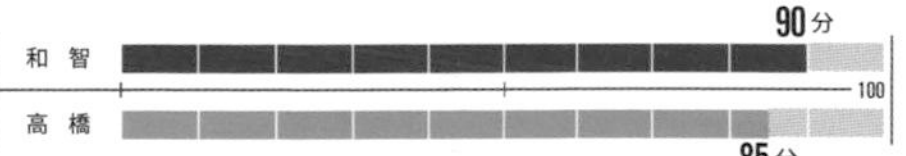

BOTTLE IMPRESSION

想要了解波摩究竟是怎樣的威士忌，就絕對必須先買這支12年（酒商定價3,700日圓，實際售價為2,800日圓～）來品嚐看看。因為我認為，12年是波摩最基本的酒款，也最充分表現出酒廠特徵。實際上，12年也的確是波摩所有威士忌裡面，銷量最好的一支。艾雷島的酒原本是格拉斯哥的調和威士忌業者William Mutter為了調和用基酒，進而在島上設置了酒廠。波摩在日本能夠繼麥卡倫，擁有第二名的銷量，是因為它不像雅柏、拉弗格、卡爾里拉般強烈。在樹葉灰燼、花香及果香之後，帶出了泥煤風味，口感表現適中。雖然有人將波摩如此雅致的熟成表現歸類成艾雷威士忌的入門酒款，但我希望各位能理解，它可是支充滿絕佳洗練風格的極品。建議在品嚐完一瓶後，穿插嘗試其他數款個性強烈的威士忌後，再回頭購買一次波摩12年。如此一來，讀者們更可理解我所言甚是。因此，我認為應將波摩歸類為能夠表現艾雷島風格的絕佳酒款，而非只是普通入門款。

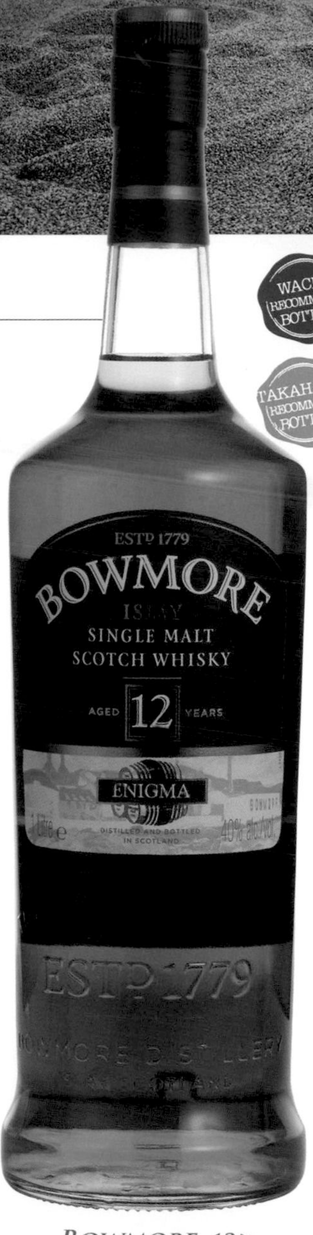

特別的原桶強度威士忌。

難以取得威士忌時代下的酒款。

BOWMORE 16年

［700ml 57.5%］

1998年蒸餾、2014年裝瓶的16年威士忌。是「Old Malt Cask」系列中，波摩酒廠版本。從二度充填的豬頭桶中，裝瓶成294支，有著特別原桶強度的威士忌。日本是由Japan Import System公司負責銷售。

BOWMORE 34年

［750ml 42.6%］

由Hard Brothers公司企劃，波摩34年的原桶強度威士忌。1966年蒸餾、2000年裝瓶的珍貴酒款。煙燻、泥煤及豐饒的熟成感。有機會請務必品嚐看看。

好似漂浮於海上船艦的波摩酒廠。大西洋應該沒有海嘯、大浪、龍捲風吧？令人羨慕的靜謐之地＝艾雷島。

艾雷島，被稱為「赫布里底（Hebrides）的鑽石」之島。
1156年，從維京人手上奪下主權後，戰士的後裔們便居住於此。
整座島被泥煤覆蓋，成了天然的威士忌工坊。
也正因如此，麥芽生產公司「Malt Star」選擇建立於此。
對艾雷島而言，今天是難得的晴天。
嚴苛的氣候風土、海風、泥煤、麥芽、
以及時間與人們造就了美味的威士忌。
嚴冬之際，日照僅短短2小時，劇烈的冷熱溫差，
造就出只有這座島才有，獨特風味的蘇格蘭威士忌。
遙遠的艾雷島，酒迷們心中的麥加。
看來，是該再找時間重返島上了。

BOWMORE 10年

［700ml 56%］

以莎士比亞戲劇「Tempest（暴風雨、颱風之意）」為名，波摩威士忌的基本酒款之一。這支威士忌或許也象徵著艾雷島的劇烈氣候及激烈的口感表現。該系列為自2010年起於全球限量發行的酒款，日本也於2011年及2012年推出上市。相隔2年後，2015年日本又配給到1,800瓶的數量。酒商定價6,700日圓，實際售價也相去不遠。嚐起來有鹽的味道。

BOWMORE 15年

［700ml 43%］

酒商或許是為了呈現來自雪莉桶，較深的色澤，因而命名「DARKEST」的吧！酒商定價6,700日圓，實際售價為5,900日圓～。

BOWMORE 18年

［700ml 43%］

極為纖細的香味。帶有些許的泥煤香。乾枯的草木。口感圓潤，建議不要加水，直接純飲。酒商定價8,000日圓，實際售價為6,800日圓～。

BOWMORE 15年

［700ml 50%］

標準酒度100度（Proof）＝酒精濃度50度。在波摩的酒款中，這支是繼Tempest Small Batch（小批量生產的風暴威士忌）（55.3%）及20年（50.2%），同列高酒精度數的酒款，是以海邊碼頭的印象生產製造而成，以波本桶進行熟成。

比12年還要昂貴的10年威士忌。

色澤極濃、DARKEST。

年輕與熟成的調和。

50度的15年威士忌。

BOWMORE，單桶11年。

3R的波摩三重奏。

BOWMORE 11年

［700ml 57%］

以「Jewels Of Scotland」為名，由Lombard公司所企劃，酒桶編號No.22516的威士忌。日本境內是由蘇格蘭麥芽威士忌販賣株式會社負責銷售。

BOWMORE 16年

［700ml 53.3%］

由Three Rivers公司所企劃，「淑女與獨角獸（The Lady and The Unicorn）」系列中的波摩16年威士忌。瓶身標籤是以文藝復興以前的歐洲繪畫風格為概念。1993年蒸餾、2010年裝瓶。

3R的第6波恐龍系列。

25年所累積的實力，搭配輕盈調性的標籤。

BOWMORE 1996 18年

［700ml 57.1%］

恐龍（Dinosaur）系列第6波。碘酒、煙燻、海浪味表現實在無可挑剔。含入口中時，可感受到蜂擁而至的柑橘及西洋梨風味。酒體厚實，餘韻悠長。以豬頭桶熟成，僅252瓶。

BOWMORE 1987 25年

［700ml 58.7%］

The Perfume系列第4波。1980年代時，由於波摩缺乏質地佳的酒桶，因此被評論為有著香水般的味道。在入口前便可嗅到香味，是支會讓人留下深刻印象的威士忌。香氣為碘酒，煙燻味，其深處更藏有芬芳。口感則屬辣口・芬芳。若能大手筆地同時品嚐60年代、70年代、以及現代波摩作比較的話，那麼便可清楚掌握箇中差異。

超越時空之酒。

BOWMORE 1957

［700ml 40.1%］

參考1950年代單一年份酒的概念，以海鷗作為標籤設計。選用銀色作為配色，呈現高級調性。1957年1月14日蒸餾的861支限定瓶中的第368支，是收藏價值極高的波摩單一麥芽威士忌。

實力堅強的原廠單一年份酒。

BOWMORE 1968

［700ml 43.4%］

對於如此高的熟成年份，我實在找不出言語形容，不過此支可是波摩貯藏於自家酒窖的密藏威士忌，僅銷售給即便昂貴也願意買單的波摩酒迷們。雖然不清楚這些消費者買來後是會開瓶品嚐、還是束之高閣收藏，但世界上想必還是有這種能夠立馬掏錢出來購買的人物吧…！37年威士忌。

有幸能相遇嗎…？

WHITE BOWMORE 45年

［700ml 42.8%］

以6種波本桶熟成的特別酒款。732瓶中的第485瓶。有著哈密瓜、芒果、木瓜、香草等熱帶水果的香味，同時殘留有濃厚的泥煤及煙燻味。聽說餘韻悠長到令人無法置信。

MASH TUN

被加工成木頭風格的不鏽鋼製糖化槽使用的是銅製上蓋。與其他酒廠相比，波摩在保養及室內環境維護上可說是相當到位。

酒廠內備有6座發酵槽，此處的整理整頓作業也非常確實。4分之3的發酵槽埋藏於地板下方。

盛岡蘇格蘭屋的私藏品。喜愛威士忌的熱忱，讓收藏量已可比擬規模相當的博物館。

在回顧日本進口威士忌的歷史進程上，盛岡蘇格蘭屋的珍藏酒款可是有著舉足輕重的地位。在關老闆賢伉儷多年的努力及熱情累績下，成功收藏了許多的波摩年度單一麥芽威士忌。若是這般年份的威士忌，無論是旋轉瓶蓋或者軟木塞，想當然爾，天使肯定會毫不留情地前來分享。這也讓店家在預防揮發上必須採用特殊的封口方式。

OLD BOTTLE

從熟成年份來看或許沒有那麼長遠，但這個年代的蒸餾風味中卻是帶有令人驚艷的熟成調性，香氣華麗，可以感受到水果、蜂蜜的存在，餘韻更是極為綿長。現在應該已經沒有辦法生產出這樣的威士忌了。紅色＋咖啡色，是現在已經找不到的色澤。雖然我也不知道，是不是因為當年有著質地相當好的雪莉桶，才能熟成出此般顏色。我只知道，一旦在深不見底的威士忌迷宮中迷失的話，那麼將會令人無法自拔。若有機會能夠品嚐味道看看，或許會是不錯的經驗。

若讀者以為所有的波摩威士忌都是長長的瓶身設計，那可就錯了。在236年的歷史中，波摩還存在著相當多形狀不同的酒款。1964年曾推出過復刻版的不對稱酒款。1799年成立，蒸餾於1979年的復刻版雖然沒有右邊較傾斜的不對稱設計，但仍是充滿手工風味，750ml、56%的單一麥芽威士忌。此外，過去所推出的12年威士忌酒瓶有著不帶流行、特別的穩重氣質，也是相當獨一無二。

1964年紀念瓶，14年威士忌。

「Sherriff's Bowmore」1970年代中期以前的8年威士忌。

1979年時要價1萬日圓。12年威士忌。

1970年代的7年威士忌。於英國販售。

3座的直立型罐式蒸餾器，容量為30,900公升。蒸餾器軀幹的保養相當確實，因此閃閃發亮。

酒窖中，有2棟採取著重熟成時間的舖地式貯藏法、層架式的則為1棟，等待著進入裝瓶作業。

布萊迪

BRUICHLADDICH

The Bruichladdich Distillery Co Ltd ／ Bruichladdich, Isle of Islay, Argyll ／ 英國郵遞區號 PA49 7UN
Tel:01496 850190 E-mail:info@bruichladdich.com

主要單一麥芽威士忌 Bruichladdich Peat, Rocks, Waves, Organic, 12年, 16年, Bourbon, 18年, Port Charlotte, Octomore

主要調和威士忌 N/A **蒸餾器** 2對 **生產力** 150萬公升 **麥芽** 最常蒸餾的是3～5ppm、Port Charlotte為40ppm、Octomore為80＋ppm **貯藏桶** 美國及法國製造的橡木桶、波本桶、雪莉桶及葡萄酒桶

水源 設備使用來自酒廠後方丘陵的湖水。瓶裝則使用奧特摩農場的水。

拋棄傳統用色，搖身蛻變成嶄新的海洋藍。調酒重任從吉姆．麥克文傳承至亞當．漢內。

讓一度倒閉的布萊迪酒廠起死回生，波摩精銳蒸餾師吉姆．麥克文當決定70歲從崗位引退時，指名將重任交棒給年輕的亞當．漢內（Adam Hannett）。隨著退休之日的來臨，不僅是工廠經營，吉姆．麥克文還需將規劃出貨日期、裝瓶、試味道等所有工作全數交至亞當．漢內手上。自從布萊迪在2001年重新站起以來，光是看麥克文為市場所推出的酒款類型，我不禁被他那嶄新的創造力所感動。12年的2nd Edition、16年的波本陳桶、18年的Second Edition、20年的3rd Edition、21年、40年、1998年的Sherry Edition Manzanilla、3D The Peat Proposal、Black Art 2nd Edition、Blacker Still 1986、Golder Still 1984、The Classic Laddie、The Organic、Peat等等。麥克文對威士忌的熱情，讓布萊迪目前流通於市面的酒款多達15種，實在令人欽佩。即便目前布萊迪已被全球大企業併購，但企業主也相當敬重麥克文的能力，繼續將酒廠的管理及經營委任麥克文處理。我實際買來品嚐的僅有12年、Scottish Barley及Peat三支威士忌。12年及Scottish Barley嚐起來不帶泥煤味，僅有Bruichladdich Peat這支的泥煤表現約莫是波摩威士忌的80%。品嚐之後，就能夠充分理解要在8間酒廠林立的艾雷島表現出自我獨特值是件多麼困難的任務。

此外，布萊迪將「有機」的概念帶入威士忌產業的創舉也是為人津津樂道。就讓我們將目光轉移到非常有特色的蒸餾器上吧！布萊迪是使用被稱為維多利亞式的直立型蒸餾器，這種蒸餾器較容易將酒精除外的雜味排除，生產出辛口且潔淨的新酒。同時也讓人無限期待，這樣的罐式蒸餾器在經過麥克文的創造力加持後，能夠造就出怎樣的威士忌。

[參觀行程]

標準行程費用為5英鎊。復活節～9月的營業時間為9:30～17:00（週一至週五）、10:00～16:00（週六）、10月～復活節為9:00～17:00（週一至週五）、10:00～14:00（週六）＊2013年秋季，酒廠加速進行遊客中心、宣傳室、設計室等設施建設，雖然可以肯定已順利竣工，但建議仍需事前聯繫詢問。

[交通指南]

布萊迪酒廠位於從艾雷島中心的波摩市看去，Indaal灣對岸，夏洛特港（Port Charlotte）北側A847號公路的海岸邊。由於路上車輛不多，因此經常可見羊群的蹤跡。

為艾雷島威士忌帶來新氣息的海洋藍不單只是酒瓶色，或許也意味著布萊迪的進步與革新。

艾雷島的新浪潮。麥克文的靈魂蘊藏其中。

BRUICHLADDICH
[700ml 50%]

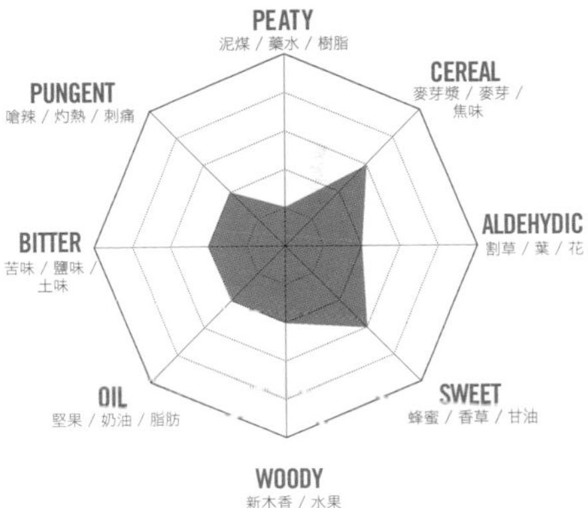

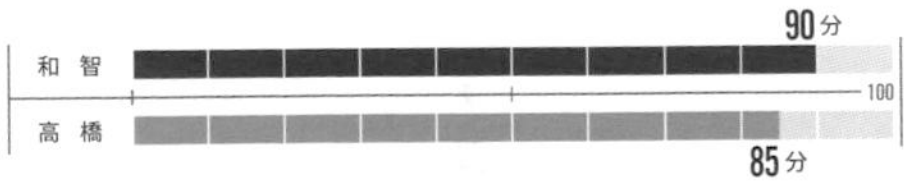

BOTTLE IMPRESSION

BRUICHLADDICH SCOTTISH BARLEY（The Classic Laddie）50%。雖然沒有明確記載熟成年份，但猜測應為4～5年款。百分之百使用蘇格蘭大麥，對過去經典存在的布萊迪抱持尊敬之情所生產而成的單一麥芽威士忌。酒瓶寫有「PROGRESSIVE HEBRIDEAN DISTILLERS」，意指對傳統的堅持、對時代的挑戰。在前味表現上，香氣中雖然帶有清新元素，卻也溫順不失優雅。不具刺激味，屬不會讓人感覺沉重的輕盈類型。餘韻的表現及長度適中。沒有泥煤味，除了包覆有來自麥芽的甜味外，極新鮮的柑橘、哈密瓜、葡萄柚的果風表現中更夾雜著香草風味的焦糖感。順帶一提，這支布萊迪的酒體相當厚實。圖中酒款的濃度雖為50%，但其後調整為46%，與相同酒精濃度的「Peat」及「Organic」一同販售。不知是麥克文的策略方針、或是時代趨勢所致，時常可見布萊迪在產品上推陳出新、調整設計及酒精度數、以及變更名稱。我也因記憶力不是甚佳，就在還沒決定喜愛酒款的同時，又有新產品亮相，實在讓人不知所措。實際售價約為4,500日圓。

黑色藝術。

BRUICHLADDICH BLACK ART

[700ml 49.2%]

追求頂級風格，強調花香及雅致，可說是不帶泥煤味的極致威士忌。酒商定價30,000日圓。

單桶21年。

BRUICHLADDICH 21年

[700ml 57%]

Natural Malt Selection系列，木桶編號3812號的威士忌。這可是1992年蒸餾、2003年裝瓶，熟成年份高達21年的超珍稀布萊迪單一麥芽威士忌。

一窺糖化槽內部，可以看到設計複雜、形狀帶弧度的金屬製長耙在傘狀齒輪的帶動下，將麥汁均勻攪拌。

巨大的木製發酵槽之下，還隱身著容量3倍大的槽體。酒廠就是在這樣的木槽中進行發酵，生產威士忌。

圖片中，前方被俗稱為醜女貝蒂（Ugly Betty）的連續型罐式蒸餾器是拿來製造琴酒用。後方威士忌用的蒸餾器形式則與斯卡帕酒廠相同。

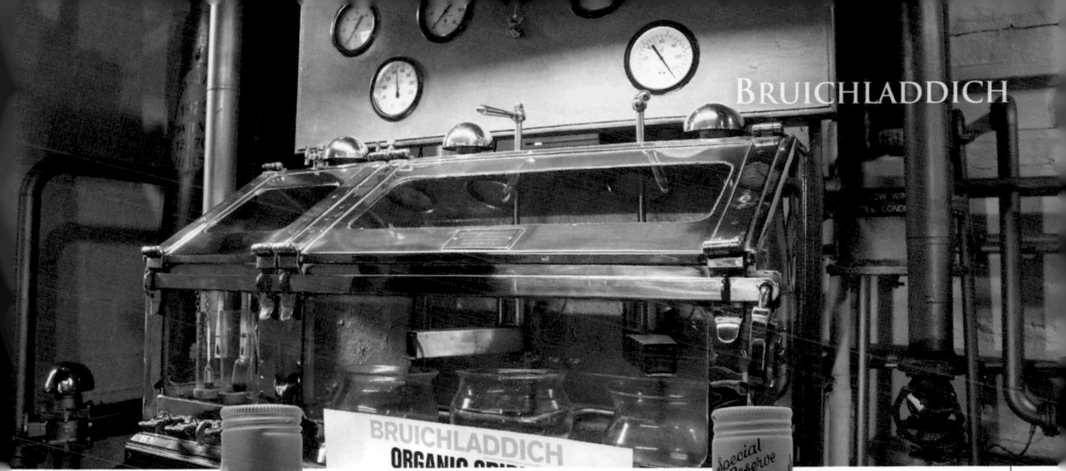

BRUICHLADDICH

過去的基本酒款。

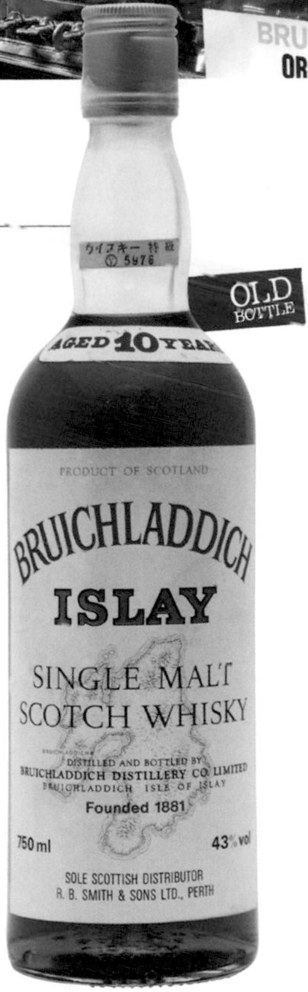

BRUICHLADDICH 10年

[750ml 43%]

1975年由Century Trading公司進口，以10,000日圓的價格推出上市。1981年之後，改由日商岩井（現今的雙日（Sojitz）株式會社）進口，價格相同為10,000日圓。據說麥克文非常崇敬以往的風味，因此努力重現當年的布萊迪風格，終讓此品牌再次步上軌道。

麥克文所追求的目標。

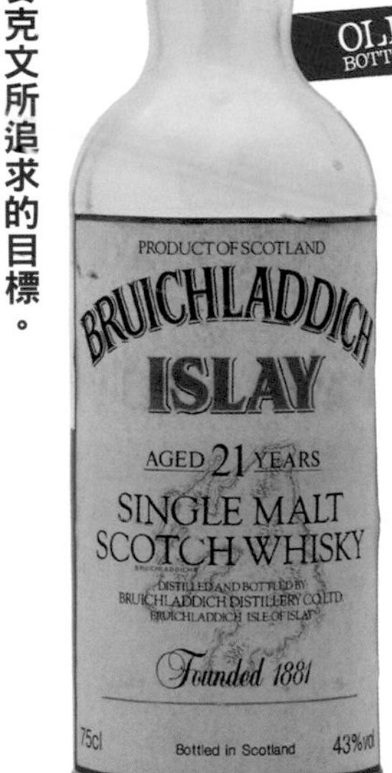

BRUICHLADDICH 21年

[750ml 43%]

1990年，日商岩井以30,000日圓價格推出的21年威士忌。酒瓶形狀及整體標籤設計幾乎沒有改變，15年威士忌則以15,000日圓販售。布萊迪酒廠的母公司Invergordon在1994年被JBB集團併購後，便隨之關廠。其後在麥克文及Murray McDavid公司的努力下，終於重現於世人眼前。

在完成新酒的裝桶後，會貼上申報酒稅用的貼紙，搬運至酒窖，以自古傳承至今的舖地式貯藏法進行熟成 。

共計10層的層架式堆疊是非常講究效率的貯藏方法。雖然能在有限空間內進行大量的酒桶熟成，但上層及下層的風味不盡相同。

CAOL ILA

Diageo plc ／ Port Askaig, Islay, Argyll ／ 英國郵遞區號 **PA46 7RL**
Tel:01496 302760 E-mail:coalila.distillery@diageo.com

主要單一麥芽威士忌 Caol Ila 12年, 18年, 酒廠限定的原桶強度酒款 主要調和威士忌 Bells, Johnnie Walker, White Horse

蒸餾器 3對 生產力 360萬公升 麥芽 添加30～35ppm泥煤 貯藏桶 波本桶

水源 南蠻湖（Loch Nam Ban）

艾雷島四大快速球投手之一的「卡爾里拉」少了卡爾里拉，就沒有資格述說泥煤。

1846年，由赫克托．韓德森（Hector Henderson）所創立，卡爾里拉酒廠經營權於1863年轉移至格拉斯哥的調和威士忌公司—Bulloch Lade旗下。1972年加入帝亞吉歐集團後，酒廠投入100萬英鎊的經費，增設6座蒸餾器，並於1974年開始運作。利用直立型罐式蒸餾器，進行13公噸發酵醪的蒸餾作業。在蘇格蘭境內，僅有卡爾里拉酒廠以海水進行冷卻。使用來自南蠻湖的水源，將30～35ppm的煙燻麥芽交給波特艾倫（Port Ellen）麥芽廠，利用所在位置能夠看到吉拉島雙峰的蒸餾器進行新酒生產，並只使用波本桶進行熟成。19世紀所建造的工廠建物及酒窖都讓人想像著當年的情景。集團會繼續保留此酒廠的理由為二，除了考量製作調和威士忌時，需要具備擁有艾雷島獨特泥煤基酒的威士忌，另還能夠生產高地區風格的原酒。

卡爾里拉的CAOL在蓋爾語中是指「海峽」、ILA是指「艾雷島」的意思。無需刻意打開地圖確認，我們都知道那指的就是艾雷島與吉拉島間狹窄且湍急的海峽。若要穿越海峽，渡輪的船頭往往不是朝向對岸，而必須偏向上游，行駛期間更以逆向前進的狀態享受海上航程。

卡爾里拉雖然過去多半被威士忌巨擘帝亞吉歐用來作為調和用原酒，但於1989年推出，花與動物（Flora & Fauna）系列的單一麥芽威士忌獲得極高評價。品嚐過12年威士忌後，讀者便可理解，艾雷島的強勁對手可不單只有拉弗格與雅柏。拉加維林及卡爾里拉也都是屬於會不斷出拳攻擊的技巧派選手。一旦愛上此風味後，將會無法自拔，一輩子成為卡爾里拉的俘虜，但這不也是飲酒的樂趣之一？

[參觀行程]

很可惜，這間廠跟我們實在沒什麼緣份，即使第二次拜訪艾雷島，還是很不巧地遇到「今日謝絕訪客參觀！」。通常是可以透過E-mail事先預約，6英鎊的行程不只會送卡爾里拉的試酒杯、70cl的單一麥芽威士忌以及拉加維林酒廠參觀行程的3英鎊優惠券，還能夠試飲。

[交通指南]

從艾雷島中心的波摩市出發，走A846號公路的農用道路至阿斯凱克港的渡船口。布萊迪酒廠位於距離渡船口約1.5公里的山路突起處，從險峻的山丘上能夠俯視整個卡爾里拉酒廠。

卡爾里拉酒廠似乎沒有很積極地吸引遊客造訪，不過所謂「無三不成禮」，讓我還是想親眼看看酒廠內的蒸餾器。

艾雷之聲，逸品。

CAOL ILA 12年
[700ml 43%]

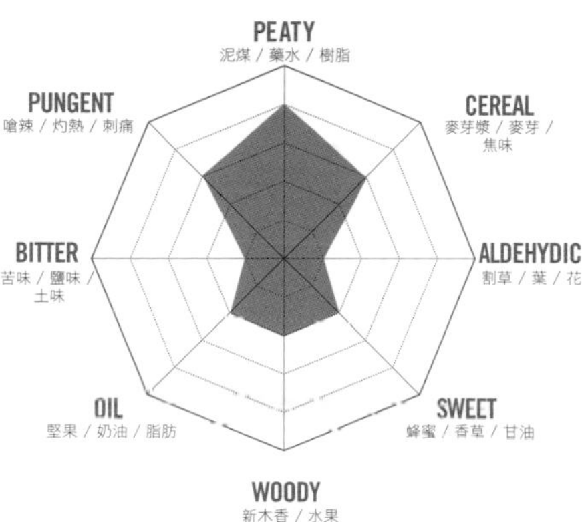

BOTTLE IMPRESSION

CAOL ILA 12年。2002年起開始銷售。堪稱是「艾雷之聲（The Sound of Islay）」的銘酒。簡單的表現中，雖然絲毫感受不到華麗元素，但卻駐足著一位不斷出重拳的拳擊手。泥煤煙燻風味十足，辛香味的嗆辣口感讓人舒心無比。這支威士忌雖然同時存在著海岸邊海藻所帶出的碘酒味及香味，但銳利的辛辣仍主導著大方向。也可以感受到鹹味，然而整體表現並沒有想像中複雜。酒體中等。酒色呈現香檳金的偏淡色澤。酒瓶則是呈現薄鹽漬橄欖的顏色。卡爾里拉被貝爾、白馬、約翰走路等品牌作為調和威士忌用的基酒。1927年被併入帝亞吉歐集團旗下後，近年隨著市場對帶有泥煤味的麥芽威士忌需求量增加，酒廠的地位也愈趨重要。在艾雷島中更堪稱擁有相當堅毅，充滿個性的硬派威士忌。沒喝過卡爾里拉，又哪有資格談論艾雷島？酒商定價5,500日圓，實際售價為4,200日圓～，雖然稱不上是經濟實惠，但絕對是家中酒櫃不可少的威士忌。

18年限定款。

不含泥煤的14年威士忌。

CAOL ILA 18年

［700ml 43%］

歷經18年的熟成，充滿泥煤及煙燻味的表現比12年威士忌來的更加圓潤，帶有奶油、乳脂、椰子以及甜美的成人表現。餘韻悠長，其中帶有令人舒心的胡椒及泥煤味。酒商定價12,500日圓。

CAOL ILA 14年

［700ml 43%］

卡爾里拉而言，此支威士忌可說是品牌的基本原形，存在意義重大。首先，藉由這支14年，便可實際感受到艾雷之寶＝卡爾里拉的標準風味。酒色為帶透明，如白酒般的色澤，海水鹹味、辛香味、煙燻味及甜味融合為一，複雜的口感大大滿足酒迷們的味蕾。

道格拉斯．萊恩公司推出的48度、13年威士忌。

CAOL ILA 13年

［700ml 48.4%］

道格拉斯．萊恩（Douglas Laing）公司的Old Particular系列中，木桶編號第DL!0310號，總數141瓶酒中的其中一瓶。2000年12月蒸餾、2014年裝瓶。瓶身還寫著「能夠喝到13年威士忌的你，實在幸運」。

46度，Connoisseurs系列的13年威士忌。

CAOL ILA 13年

［700ml 46%］

高登麥克菲爾公司所推出的卡爾里拉單一麥芽威士忌。1999年蒸餾、2013年裝瓶的13年Connoisseurs Choice。

僅118瓶的48度卡爾里拉。

CAOL ILA 29年

［700ml 48.4%］

由Three Rivers公司推出，「The Dance」系列的29年卡爾里拉，裝瓶數為118瓶。雖然熟成年份相當驚人，但標籤卻一樣採用輕鬆調性的設計。

54度的15年單桶威士忌。

CAOL ILA 12年

［700ml 53.9%］

由The Whisky Exchange公司所企劃，艾雷島的卡爾里拉酒廠於1991年1月11日蒸餾、2006年1月20日裝瓶，限定瓶數272瓶的15年單一麥芽威士忌。瓶身標籤上同時寫有蓋爾語及英語，設計非常簡約，顏色則是卡爾里拉色。

80年代Bulloch Lade公司給義大利市場的威士忌。

CAOL ILA 12年

［750ml 40%］

此為盛岡蘇格蘭屋的收藏酒款。負責裝瓶的是位於格拉斯哥的Bulloch Lade公司。於1957年買下卡爾里拉，1980年代推出單一麥芽威士忌。1972年起納入帝亞吉歐集團旗下，另還有推出「B&L」及「Old Rarity」調和威士忌。

布納哈本

BUNNAHABHAIN

Burn Stewart Distillers ／ Port Askaig, Isle of Islay, Argyll ／ 英國郵遞區號 **PA46 7RP**
Tel:01496 840646 E-mail:－

主要單一麥芽威士忌 Bunnahabhain 12年, 18年, 25年 **主要調和威士忌** The Famous Grouse,Black Bottle, Cutty Sark

蒸餾器 2對 **生產力** 250萬公升 **麥芽** 一般添加1～2ppm泥煤 **貯藏桶** 波本桶、雪莉桶

水源 瑪加岱爾（Margadale）河及Staoisha湖

艾雷島上教父級王者的代表酒款—船長的12年威士忌。

布納哈本是生產艾雷島風味最淡威士忌的酒廠。而布納哈本位於阿斯凱克港（Port Askaig）北邊4公里，緊貼在海岸線上。在前往布納哈本途中，風味南轅北轍的卡爾里拉也位處相同的海岸線懸崖邊。酒廠是William Robertson和James Greenless在1881年成立，1963年新增了2座蒸餾器，讓產能瞬間倍增。1920～30年代受到北美市場銷量不振與禁酒令的影響，讓持有的高地酒廠（Highland Distillers，現在的愛丁頓寰盛集團經營陷入困境，選擇於2003年售予邦史都華公司（Burn Stewart）。邦史都華公司投入10萬英鎊大舉整修設備，不再將布納哈本侷限於順風、威雀等品牌的調和威士忌使用，全力發展單一麥芽威士忌市場，將心力集中於麥卡倫、高原騎士、格蘭哥尼，以及布納哈本的生產及銷售。

另一方面，由於拉加維林、雅柏自有的單一麥芽原酒生產不及，因此無法提供給其他業者，布納哈本也開始慢慢地自行生產泥煤味濃郁的麥芽原酒，作為未來單一麥芽威士忌及黑樽威士忌使用。布納哈本於一爐12.5公噸的麥芽加入熱水，生產出6萬6,500公升的麥汁，發酵槽的容量為7萬公升。罐式蒸餾器共計2對，外型為洋蔥形狀。自2014年起所生產的威士忌總量中，其中1成，也就是有25萬公升被製造成泥煤數值為35ppm的布納哈本，並調和成黑樽威士忌。剩餘的麥芽威士忌則以12年、18年及25年的布納哈本推出給消費者。布納哈本12年是以4分之1雪莉桶、4分之3波本桶進行熟成。18年的比例則為4比6，25年威士忌則是1比9的比例熟成裝瓶。布納哈本更分別於2010年及2013年推出30年與40年的Reserve酒款。

[參觀行程]

基本參觀行程費用為4英鎊。VIP行程為25英鎊。營業時間為3月～10月10:00～16:00（週一至週五），其他月份則需要事前預約。比起一般隨興參觀的遊客，VIP行程更適合威士忌酒迷，建議酒迷們好好享受參觀行程。

[交通指南]

從艾雷島中心的波摩市出發，沿A846號公路行駛，在抵達阿斯凱克港前約1公里處左轉，向北行駛約2.5公里後，即可看見位在海岸旁的布納哈本酒廠。

有著艾雷島最偏僻酒廠稱號的布納哈本充滿著神秘色彩。卡爾里拉及布納哈本靜靜地佇立於秘境之中，猶如走私者般的存在。

艾雷島的異類份子。

BUNNAHABHAIN 12年

[700ml 46.3%]

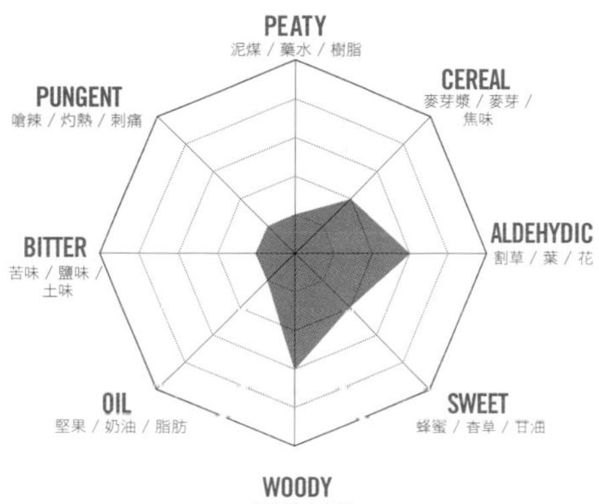

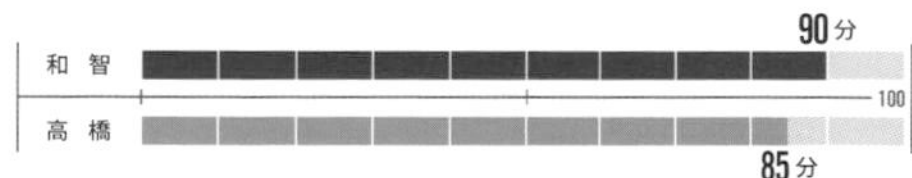

BOTTLE IMPRESSION

BUNNAHABHAIN 12年，酒精度數46.3度，酒體中等。聞起來帶有些許的蜂蜜及乾稻草香。口感表現上則帶有香草、麥芽甜味以及水果的酸甜。煙燻味稀薄，碘酒味及海水鹹味雖讓人感覺若有似無，其中仍帶有華麗元素。悠長餘韻結束之際，殘留於舌尖的濃郁就像是海風的存在。穩重成熟中帶有艾雷麥芽威士忌的DNA，可說是支相當秀逸的威士忌。酒商定價6,370日圓，實際價格為4,500日圓～，算是相當親民。布納哈本25年價格為30,000日圓。這次我倆皆給予高分的調和威士忌『黑樽（現在的布納哈本單一麥芽可是炙手可熱，對外宣稱提供給雅柏、拉加維林、卡爾里拉進行調和，但說實在地，還真不知道是不是真的有添加？）』實際售價為2,500日圓左右，可說相當實惠，建議可與布納哈本12年比較品嚐看看。若手邊還有拉弗格10年、卡爾里拉12年及波摩12年的話，那可真能開個愉快的品酒派對了！

80年代傾銷日本的12年威士忌。

BUNNAHABHAIN 1963年

［750ml 43%］

不知是否因船搖晃過度劇烈，讓瓶身的船長標籤歪了一邊。這支是於英國境內銷售的1963年威士忌。即便標籤歪斜，味道卻絲毫沒有改變。

布納哈本22年威士忌。

BUNNAHABHAIN 22年

［700ml 49.1%］

「Distilleries Collection系列」的22年威士忌，於2013年裝瓶。標籤描繪著蘇格蘭的自然風情，6年威士忌為右圖的酒款。22年的圖樣雖然不知究竟是日出還是日落，但應該是描繪著布納哈本酒廠的海岸線吧！以煙燻麥芽進行蒸餾。

布納哈本6年威士忌。

BUNNAHABHAIN 6年

［700ml 57.8%］

6年的標籤雖和左邊酒款為相同的風景，但隨著時間差，光線表現讓兩張圖彷彿在訴說著完全不一樣的風景。6年款的威士忌酒色呈現較輕盈的淡金黃色，於2014年裝瓶。瓶身標示著麥芽添加有泥煤的註記，是相當美麗的繪圖。

80年代的BUNNAHABHAIN 12年

BUNNAHABHAIN 12年

［750ml 43%］

當年是由日食（目前已破產）代理進口，售價為12,000日圓。托不含泥煤威士忌的福以及船長標籤的高人氣，讓這支威士忌在美國榮登銷量榜首

物美價廉的「The Selection」系列。

BUNNAHABHAIN
9年
[700ml 43%]

由Kingsbury公司所推出，「The Selection」系列中的布納哈本酒廠威士忌。以酒桶編號第1266及第3694號的原酒調製了1,611瓶的威士忌。

「Archives」的12年。

BUNNAHABHAIN
12年
[700ml 40%]

由ACORN公司所推出，「Archives」系列的布納哈本酒廠限定版。於1990年蒸餾，酒瓶編號No.000088。

2種木桶裝瓶的24年威士忌。

BUNNAHABHAIN
24年
[750ml 43.6%]

Ian Macleod公司所企劃，1989年蒸餾、2014年裝瓶，令人充滿驚奇的24年威士忌。選出編號No.5829及No.5832的豬頭桶，裝瓶數為441瓶。

「Dance Series」的12年威士忌。

BUNNAHABHAIN
12年
[700ml 40%]

於2014年裝瓶推出，有著華美插圖的「Dance Series」，布納哈本酒廠的單一麥芽威士忌。

雅柏

ARDBEG

The Glenmorangie Co (Louis Vuitton Moet Hennessy) ／Port Ellen, Islay,Arsyll ／英國郵遞區號 **PA42 7EA**
Tel.01496 302244 ／E-mail:website@ardbeg.com

主要單一麥芽威士忌 Adrbeg 10年, Blasda, Uigeadail, Corryvreckan **主要調和威士忌** Ballantine **蒸餾器** 1對

生產力 110萬公升 **麥芽** 添加45～55ppm泥煤 **貯藏桶** 波本桶外加上些許雪莉桶

水源 Uigeadail湖及Airigh Nam Beist湖

讓威士忌酒迷俯首稱臣的強烈個性表現，能讓威士忌偏執狂的「雅柏信徒」欣喜若狂的酒迷之酒。

雖然沒有多采多姿的變化球，但存在有怪者、豪傑，富含男人超個性派群聚的艾雷島單一麥芽威士忌群。其中，以專投快速球，百分之百表現出強烈個性勁道及富含存在感的麥芽威士忌就屬雅柏。如同酒廠在蓋爾語中意指的「小小海岬」，雅柏酒廠蓋在艾雷島南岸，波特艾倫東邊約6公里處，突出於大西洋的海角邊。

蘇格蘭海岸的漲退潮差異極大。滿潮時，酒廠建物的地基會被海浪不斷拍打，海水退去後，漂浮於海水中的海藻會留在岩石上，慢慢地進行腐化。這個味道就是一般所說的「海岸氣味」，雖然有些人會將海浪香等字眼作出高雅的詮釋，但海水照理來說是沒有味道的。該類型的氣味以威士忌專業用語表達的話，被稱為「碘酒味」，伴隨帶著鹽分，吹拂而來的重重海風，滲入存放有桶裝麥芽威士忌的酒窖，一點一滴地侵入酒桶之中。威士忌酒迷們深信，這不斷在海岸邊上演的戲碼成就了熟成麥芽威士忌中，艾雷獨特的海岸氣味及海浪表現，可謂是威士忌的羅曼史。

根據資料記載，雅柏酒廠雖然最早是由Alexander Stewart於1794年始業，但正式創立是要等到1815年的MacDougall之手。其後僅有150年是在創業者手上經營，雅柏的命運如同其他蘇格蘭酒廠一樣，不斷上演著關廠及重新開業的戲碼。1997年被格蘭傑買下後，直至今日。雅柏酒廠的產能為115萬公升，與斯佩賽冠軍—格蘭利威的1050萬公升相比可是望塵莫及。其中由於還要提供給百齡罈作為基酒使用，因此能夠拿來作為單一麥芽商品的酒量可說少之又少。

最開始的發麥作業是向艾雷島的競爭對手——帝亞吉歐集團旗下的波特艾倫（Port Ellen）提出需求，買進酚值（煙燻程度）調整至45～60ppm的麥芽。由於雅柏的產量僅有拉弗格290萬公升、波摩200萬公升的一半，因此這樣的規劃或許是最具經濟效益的上上之策。酒廠水源來自Uigeadail湖，

雅柏的風味讓人喜惡分明。到底能否再買進第二支雅柏？就要看你有無成為雅柏信徒（Ardbeggian）的緣份了。

這也讓象徵著雅柏威士忌的煙燻元素得以表現淋漓盡致。Uigeadail湖的湖水呈現深黑，前往當地親眼所見時，更是讓我完全認同。Uigeadail湖原本就是由泥炭層的凹陷處積水而成。被充分煙燻過的麥芽以這黑色的湖水進行糖化、發酵及蒸餾，成就出最終酚含量達23ppm驚人數值的威士忌。雅柏的蒸餾設備為1座不銹鋼製糖化槽、6座奧勒岡松木製發酵槽，以及各1座的酒汁蒸餾器（Wash Still）與烈酒蒸餾器（Spirit Still）。此外，烈酒蒸餾器上還加裝有淨化器（Purifier），提升蒸餾精度，令人出乎意料之外的是，泥煤風味中竟帶有若有似無的花香及水果甜味，那微微的香甜隨著酒液在酒桶內沉睡的時間，出現顯著增加，熟成到與泥煤味合而為一。這支威士忌在裝瓶後，由於泥煤表現實在太過強烈，讓雅柏有著「The Peaty Paradox」的暱稱。換言之，在這個暱稱背後，意味著雖然泥煤表現極為強勢，但其中的甜味及濃郁同樣讓人無法忽略！

被雅柏威士忌這極端世界禁錮的酒迷、愛酒之人們有著「雅柏信徒」之稱。這群份子看在較成熟的調和威士忌愛好者，或是只喝極度內斂的斯佩賽單一麥芽威士忌的酒迷眼中，被形容成是某種類型的偏執狂。這些信徒非常了解，自己對雅柏的偏執以及那無與倫比的愛，雅柏就是支會讓人深陷泥沼的威士忌。不過以產能來看，若要讓全世界充滿雅柏信徒，恐怕還需要相當時日呢。

[參觀行程]

標準參觀行程費用為5英鎊，是能夠充分享受位處絕佳環境的酒廠參觀行程。鄰近的餐廳可以享用蘇格蘭料理或輕食。遊客中心設備等建物的風格典雅且沉穩華麗，非常適合用來作為參觀行程前後的休憩使用。此外，停車場、休憩所、洗手間等設備都可以感受到雅柏酒廠的好客之情。

[交通指南]

從艾雷島中心的波摩市出發，行駛30分鐘左右的農用道路後可以抵達艾倫港的渡船口，途中應該就能看到雅柏酒廠的招牌。

讓偏執狂欣喜若狂的最強威士忌。

ARDBEG 10年
[700ml 46%]

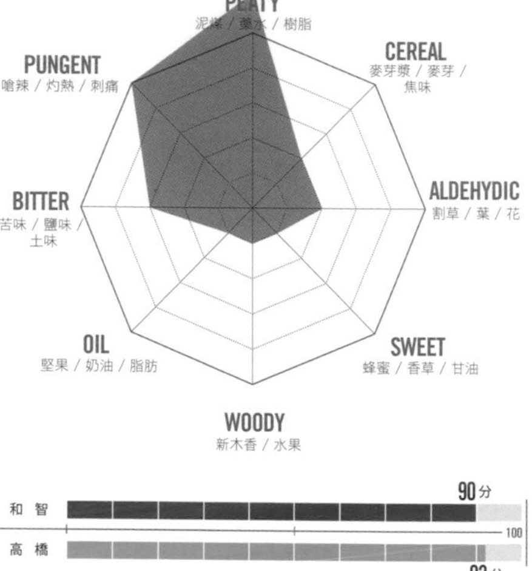

和智	90分
高橋	92分

BOTTLE IMPRESSION

這支威士忌的泥煤味及碘酒味可說是艾雷威士忌中最極端的右翼分子。明顯的泥煤味在逐漸收斂後，接著會感受到碘酒臭（香?）與香菸味，其中還蘊藏著刺激感，其後是極微量的柑橘果香，以及伴隨著少到讓人幾乎感受不到的太妃糖甜味。此外，油脂味、海水鹹味與辛香味混而為一的口感，讓人留下既深沉又豪華的印象，引誘著酒迷們進入雅柏的獨特世界…。對於曾經品嚐過這支威士忌的人在讀了我的感想後，一定也會認為「沒錯！就是這個味道！」，但對未曾接觸過雅柏的人而言，我很懷疑，他們在讀了這些評語後，是否會想嘗試看看。不過可以跟各位讀者說的是，此款酒並不適合較少接觸威士忌之人品嚐。就跟沒開過車的人千萬別想坐上藍寶堅尼（Lamborghini）的Countach、沒騎重機的人千萬別想駕馭杜卡迪（Ducati）、不曾參與過國際拉力賽事的人千萬別想登上巴黎的達卡拉力賽（Dakar Rally）、喜愛肉類之人要他吃臭魚乾、不喜蔬菜之人要他吃山菜天婦羅。在這個世界當中，有很多你認為理所當然的事物，但若不曾親身體驗，還是無法理解其箇中道理，雅柏威士忌就是這類型的事物。實際售價為3,600日圓～。

酒精度數54度的快速球。

ARDBEG UIGEADAIL
[700ml 54.2%]

威士忌初學者千萬別輕易嘗試的右翼酒款。在嚐遍酸味及甜味後，讓放蕩之人俯首稱臣的最後救心丹，雅柏難道真是這群份子的救世主？酒中的魅力讓你在深陷其中後，就無法逃脫。

烈酒蒸餾器上有著16,957公升的標示。蘇格蘭過去法律雖然規定，2,000公升以下的罐式蒸餾器不合法，但最近法規變得較為寬鬆。

將磨碎後的碎麥芽添加熱水，在糖化槽中透過攪拌設備，混合轉動原料，有助糖分萃取。

發酵槽多半會使用奧勒岡松或落葉松等素材，現在有更容易進行容器清洗作業的不鏽鋼製材質。

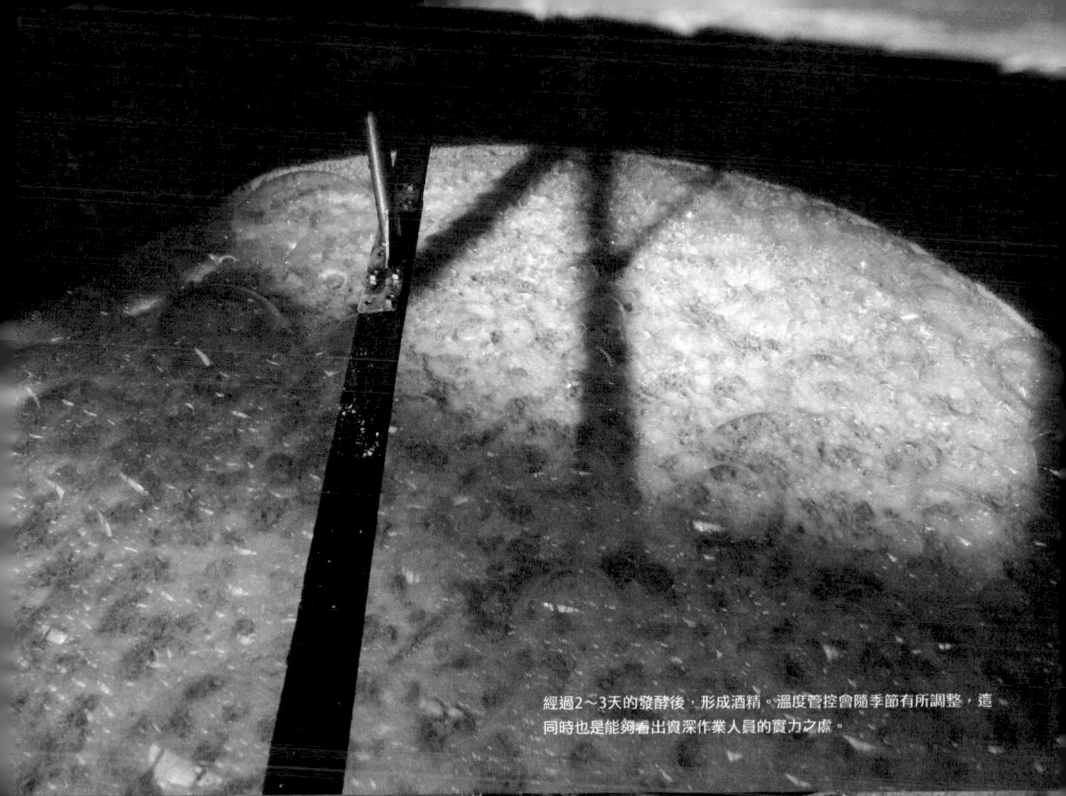

經過2～3天的發酵後，形成酒精。溫度管控會隨季節有所調整，這同時也是能夠看出資深作業人員的實力之處。

蒸餾完成的烈酒（New Spirit）大量從蒸餾器中流出。為了將初段酒（foreshots）與末段酒（feints）分離再利用，會進行分段擷取作業。

1980年代後半，藉由格蘭傑之力重新站起的雅柏酒廠，

既是艾雷麥芽威士忌復活的狼煙，

更代表著近現代單一麥芽威士忌風靡市場的預兆。

從非常具水準的遊客中心便可窺見艾雷島觀光繁盛的榮景。

如今，帶有強烈個性的雅柏威士忌腳下可是有著許多的虔誠信徒。

除了齊侯門酒廠外，其餘位處艾雷島的酒廠皆臨海而居。或許其中有考量裝載上船的便利性，但眾人皆知，最重要還是背負著形成海水鹽味這個關鍵口感。

ARDBEG 10年
［750ml 40%］

此支是雅柏為1980年代的英國市場所推出，透明瓶身的威士忌。雅柏於1979年被加拿大集團Hiram Walker買下。現在的雅柏雖然仍能夠讓品嚐者感受到衝擊，但讓人相當好奇，酒廠在改使用無風扇的窯爐（kiln）後，到底是怎麼讓麥芽與泥煤煙霧徹底結合，蒸餾出原本的口感？

ARDBEG 10年
［750ml 40%］

這支是跟右邊酒款一樣，同為1980年代的綠色酒瓶設計。與現今雅柏的顏色、尺寸、標籤設計更為貼近。不同於現在的雅柏帶給人重力衝擊，過去的雅柏是能夠讓人感受到帶熟成感的悶拳。

ARDBEG 21年
［700ml 49.6%］

「Old Malt Cask」系列中的單一麥芽威士忌。2000年蒸餾、2014年裝瓶，277瓶威士忌中的其中1瓶。根據瓶身資訊，是以二次充填的豬頭桶進行熟成，是支能夠充分掌握相關訊息的威士忌。

ARDBEG 2002年

［700ml 55.3%］

以「雅柏委員會（ARDBEG Committee）RESERVE」為名的酒款。以非冷凝過濾、無染色方式生產而成，是支富含存在感的2002年威士忌。未記載熟成年份。最近的雅柏重新反省著1980年代關廠期間的種種，並在格蘭傑的援助下，發表多支既嶄新又具挑戰性的酒款，藉此抓住酒迷的心。

ARDBEG 15年

［750ml 53.4%］

由於是在1973年蒸餾，因此可推測是百分之百使用自家產麥芽的時代。然而，裝瓶是在一度關廠又重新開業的1988年。標籤設計帶有濃郁的土壤氣息，既簡單又樸素。酒液的顏色因年代久遠，是帶點紅的深褐色，可惜我尚無緣品嚐。

一般若要探訪酒廠時，會從尋找塔型屋頂（Pagoda）開始。
塔型屋頂是英國埃爾金的建築師——Charles Doig受大雲酒廠請託，
為了改善碎麥芽製程的抽風效果，於1889年想出的設計。
很可惜，蘇格蘭最古老的塔型屋頂因祝融已不復見。
實際上，地板式發芽費時費力且需龐大經費，
目前僅剩百富、高原騎士、波摩、拉弗格、
齊侯門及雲頂6間酒廠採行此工法。
再者，百分之百自家生產的，更只有雲頂酒廠，
其他幾乎都是由波特艾倫的製麥業者提供。
也因此，塔型屋頂就好比過往鄉愁的象徵，
至今仍繼續高聳在酒廠的屋頂之上。

雅柏酒廠白色石灰牆上的塔型屋頂。很可惜地，1980年初過後，發芽作業時就不曾再看過燃燒泥煤所產生的煙霧繚繞天際。

拉弗格
LAPHROAIG

Beam Global UK Ltd ／ Port Ellen, Isle of Islay ／ 英國郵遞區號 **PA42 7DU**
Tel:01496 302418 E-mail:visitor.centre@laphroaig.com

主要單一麥芽威士忌 Laphroaig 10年, 10年（原桶強度）, Quarter Cask, 18年 **主要調和威士忌** Teacher's

蒸餾器 酒汁蒸餾器3座、烈酒蒸餾器4座 **生產力** 285萬公升 **麥芽** 添加35～40ppm泥煤

貯藏桶 波本桶及雪莉桶 **水源** Kilbride河的蓄水池

女中豪傑——Elizabeth Bessie Williamson所釀造的男人之酒，極度強烈的個性表現，要有喝下消毒水、中藥的勇氣。

在日本若要同時論及知名度與銷量，那麼就是拉弗格及波摩莫屬了。酒廠的歷史起源自1810年，正式開業為1815年。從過去直至今日曾經易主5次，但在1954年之前，都是由與創業者Johnston家族有血緣關係之人所經營。1954年時，最後一任的創業家族成員Ian Hunter將家族經營了200年以上的酒廠交給如同自己左右手的Elizabeth Bessie Williamson經營。這名威士忌產業的首位女性經營者最大的豐功偉業便是採用田納西威士忌酒桶熟成，成功讓拉弗格躍上國際。在Bessie的帶領下，過去一直隱身在溫和&滑順的調和威士忌影子之下，如同黑子（在歌舞伎中，穿著全黑服裝，協助演出者的輔佐員。）存在的單一麥芽酒終於能夠獨自展現於舞台之上。1972年Bessie即將退休之際，將原先僅有2座的直立型酒汁蒸餾器增加至3座、燈籠型烈酒蒸餾器增加至4座，讓設備規模足以應付大量生產。糖化槽採全過濾式的不鏽鋼材質設計。發酵槽則是混搭奧勒岡松製及不鏽鋼製，共計6座。不可遺忘的地板式發芽則使用從自家所擁有的平原採集而來的泥煤。不過，拉弗格引以為傲的自產麥芽僅能供給整體所需量的15%，因此剩餘的部分是向其他業者採購。拉弗格的泥煤含有大量青苔，風味複雜的表現讓你無法單純區分這究竟是煙燻味還是泥煤味，其中更帶有碘酒的味道，從藥水臭味開始，還有黏著劑、柴油、止咳藥水、消毒水的複雜表現。這樣癖性強烈的風味表現讓人喜惡分明，這世界上更有不少為此風味著迷的威士忌酒迷，英國王室相當頭痛的人物查爾斯王儲便是那其中一人，1994年更親訪酒廠，受封皇室徽章。

為因應市場需求，目前透過增設供給體制，讓酒款種類不斷增加，但建議讀者先從10年酒款慢慢品嚐起。

[參觀行程]

標準參觀行程費用為3英鎊。頂級行程需預約，費用為25英鎊。全年無休，開放時間為9:30～17:30（週一至周五）、10:00～16:00（週六及週日）。拉弗格酒廠是我認為絕對必須造訪的前十名行程之一。

[交通指南]

從艾雷島中心出發，沿著A846號公路南下朝波特艾倫前進便可看到酒廠招牌。喜歡行駛在泥土路的讀者則可以選擇B8016號路線。

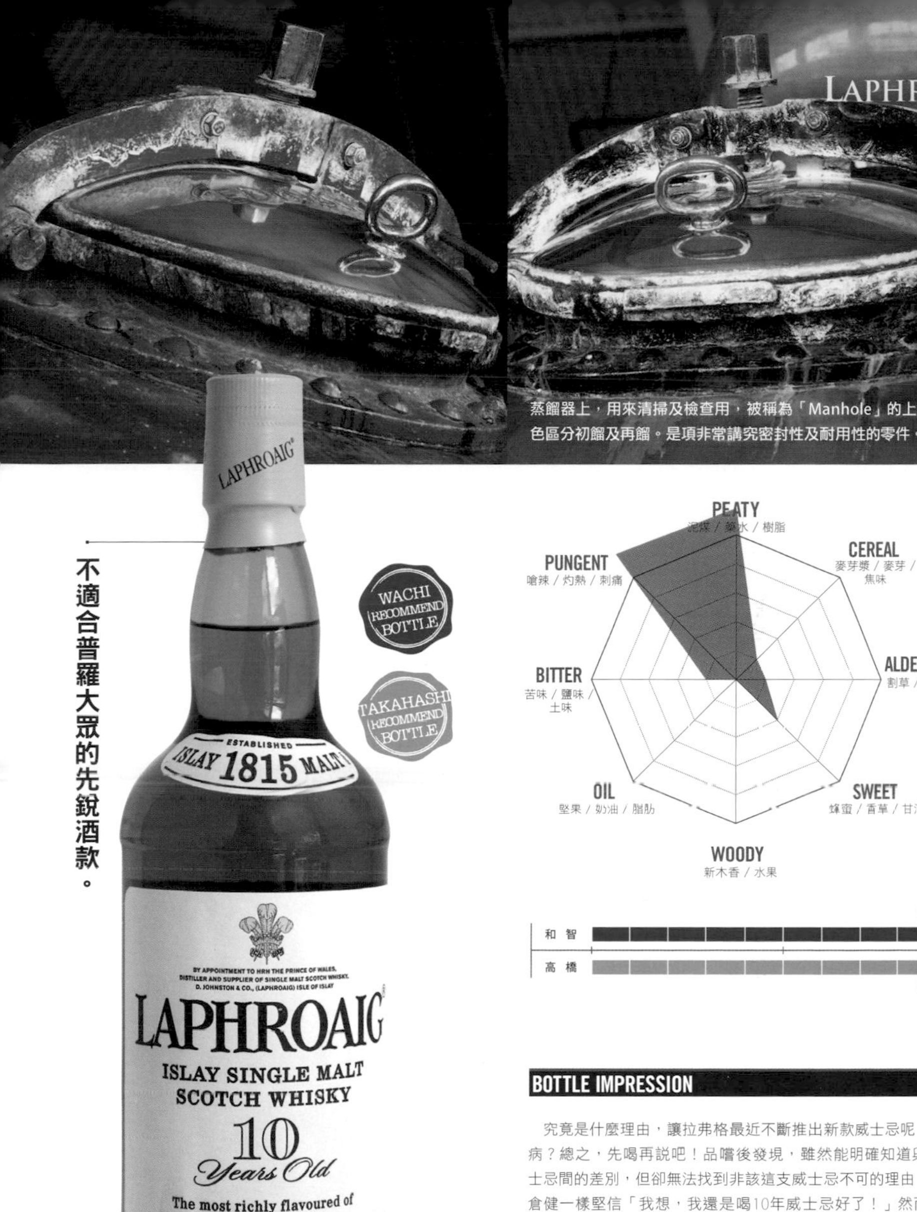

蒸餾器上，用來清掃及檢查用，被稱為「Manhole」的上蓋。以顏色區分初餾及再餾。是項非常講究密封性及耐用性的零件。

不適合普羅大眾的先銳酒款。

PEATY 泥煤／藥水／樹脂
CEREAL 麥芽漿／麥芽／焦味
ALDEHYDIC 割草／葉／花
SWEET 蜂蜜／香草／甘油
WOODY 新木香／水果
OIL 堅果／奶油／脂肪
BITTER 苦味／鹽味／土味
PUNGENT 嗆辣／灼熱／刺痛

	分數
和智	90分
高橋	90分

LAPHROAIG 10年
[750ml 43%]

BOTTLE IMPRESSION

究竟是什麼理由，讓拉弗格最近不斷推出新款威士忌呢？是職業病？總之，先喝再說吧！品嚐後發現，雖然能明確知道與10年威士忌間的差別，但卻無法找到非該這支威士忌不可的理由。像是高倉健一樣堅信「我想，我還是喝10年威士忌好了！」然而，這支LAPHROAIG 10年可是將拉弗格酒廠的特徵集結於一體的酒款。表現強烈的煙燻味夾帶著海水味及青苔的碘酒味，這2、3項癖性混合後，將味道本身的特徵全部抹滅。但在某一瞬間卻又能夠感覺到帶著些微甜味的果香穿越鼻腔，平衡表現優異，然而，最根本深處其實是尖銳的油脂表現。雖然這支威士忌不適合普羅大眾，但我也是喝了3分之1後才有辦法做出具體評論。與雅柏相同，對威士忌初學者而言，LAPHROAIG 10年屬於門檻較高的酒款。只喝過加水、加蘇打水威士忌的人若直接純飲拉弗格的話…。不對任何堅持妥協的威士忌當然就不適合所有人品嚐，拉弗格正是保留著老蘇格蘭人所愛，毫不掩飾的原始之味，想要愛上這風味，就必須了解它，感受它。

能夠讓人伸手舉杯品嚐的拉弗格。

熟成及低年份表現恰到好處。

品嚐完10年拉弗格後的推薦酒款。

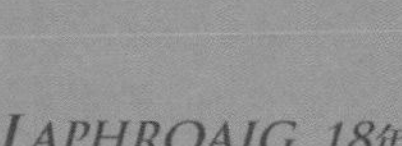

LAPHROAIG 18年

[700ml 48%]

與10年相比，18年更具成人風味。油脂、華麗、泥煤味不斷繚繞其中。酒體飽滿，可以感受到其中蘊藏的力量。酒商定價14,500日圓，實際售價則為9,000日圓～。酒色呈現充滿透明感的白金色，添加一些水品嚐也不會破壞它應有的表現。

QUARTER CASK

[700ml 48%]

斟入杯子的同時，便可感受到它的甜味及揮發而出的香味。與10年威士忌相比，麥芽表現較為薄弱。刺激感相對降低，雖然也可說成較好入喉，總之，這或許更能輕鬆享受威士忌。所謂的4分之1桶除了熟成較快，也更容易裝載於馬車，據說是相當方便的尺寸。未標示熟成年份。

TRIPLE WOOD

[700ml 48%]

以三種不同酒桶進行熟成的麥芽威士忌。未標示熟成年份。從這支威士忌可以看出，不對消費者迎合諂媚，是拉弗格一貫的姿態。實際售價為6,200日圓～。

熟成19年的陳年威士忌。

威士忌修行者Samaroli的拉弗格。

LAPHROAIG 19年

［750ml 47%］

於1969年蒸餾的19年熟成酒款。帆船繪圖讓瓶身設計充滿動力，想必那醉醺的感受也美妙無比吧！

LAPHROAIG 1970年

［750ml 54%］

由義大利業者Samaroli所推出的Natural Strength Single Malt。於1970年蒸餾，R.W. Duthie公司負責銷售。

16年的單桶威士忌。

「格外特別」的16年。

「Old Malt Cask」系列的13年威士忌。

LAPHROAIG 11年

［700ml 54%］

由道格拉斯．萊恩（Douglas Laing）公司推出，「Old Malt Cask」系列中的拉弗格酒款。1992年蒸餾、2003年裝瓶，540瓶威士忌當中的其中1瓶。採非冷凝過濾、無染色方式生產。

LAPHROAIG 16年

［700ml 48.3%］

道格拉斯．萊恩公司「Old Particular」的單一麥芽原桶系列，從特選的熟成桶中製成限定瓶數進行銷售。

LAPHROAIG 13年

［700ml 54.8%］

2000年蒸餾、2014年裝瓶。這同樣也是從單一原桶中選出酒桶進行裝瓶的「Old Malt」系列，生產數量僅277瓶。

保證熟成超過10年以上。

非調和的15年陳年威士忌。

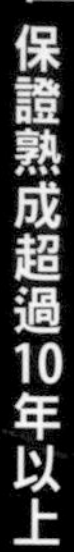

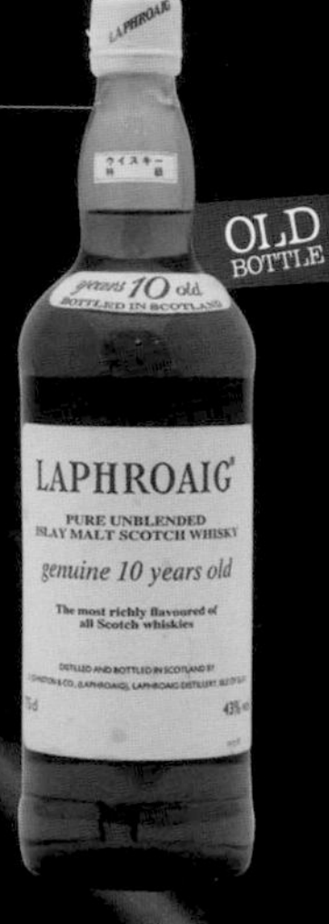

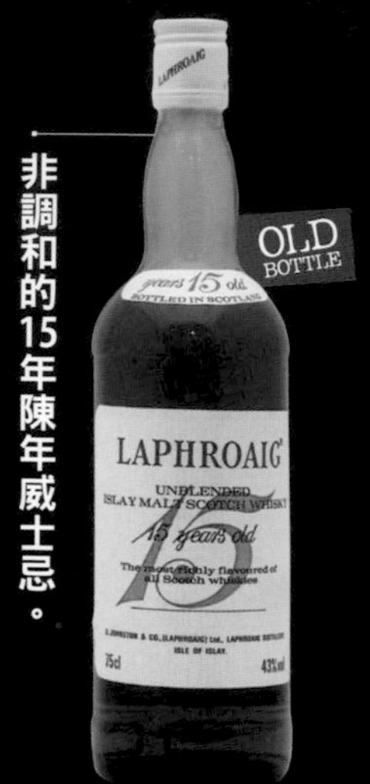

LAPHROAIG 10年

［750ml 43%］

1980年代有著「GENUINE＝純正」之名的酒款。或許是因為使用純麥芽威士忌的關係吧？我曾在1970年代品嚐過10年威士忌，除了煙燻及泥煤味久久不曾散去外，熟成風味洋溢的濃郁口感讓我至今仍難以忘懷。

LAPHROAIG 15年

［750ml 43%］

「大紅色字體」強打著完全沒有進行調和的單一麥芽威士忌。此款為拉弗格於1980年代出給歐洲市場的酒款，強調華麗的香氣表現，與目前拉弗格威士忌的酒色不太相同。

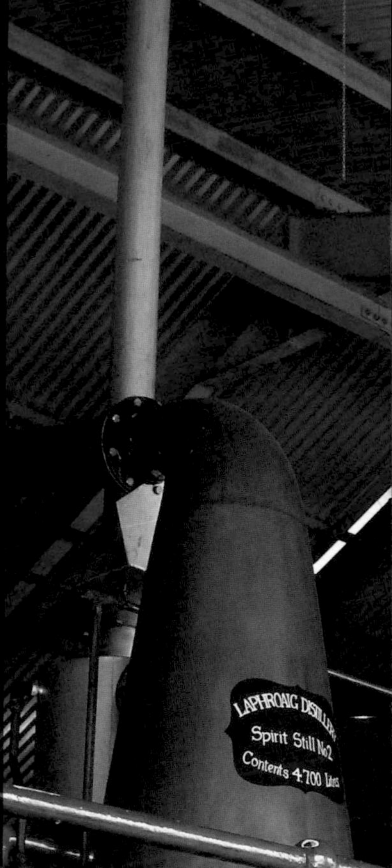

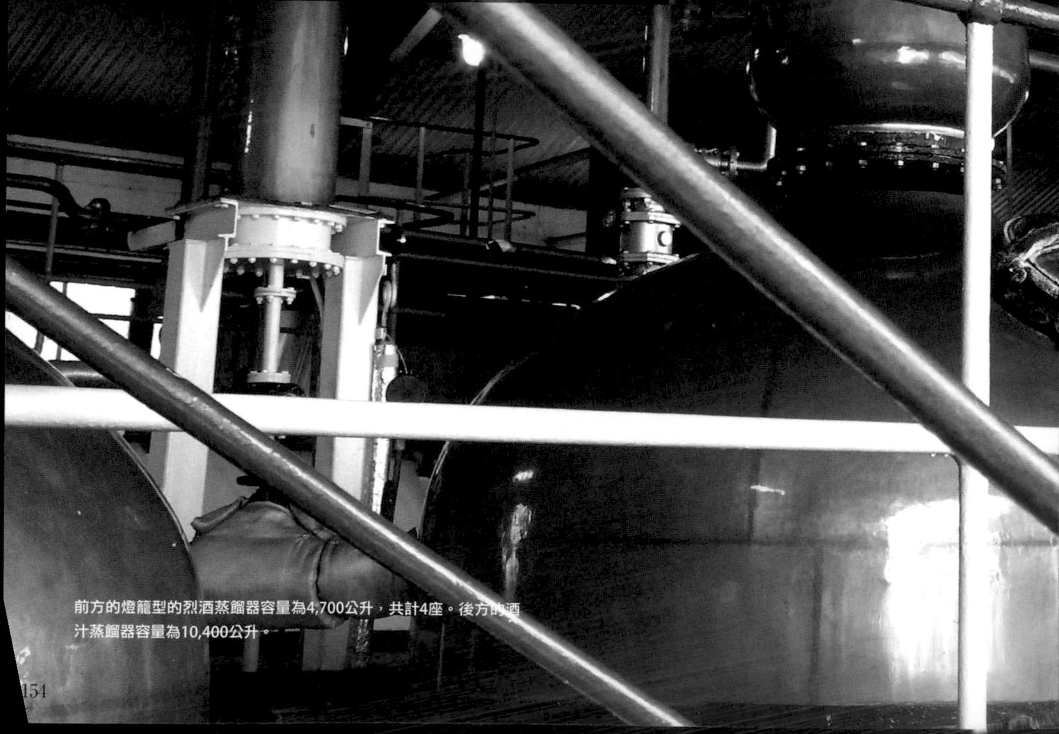

前方的燈籠型的烈酒蒸餾器容量為4,700公升，共計4座。後方的酒汁蒸餾器容量為10,400公升。

整齊並列的燈籠型及直立式蒸餾器，

猶如是讓威士忌誕生，

酒神巴克斯（Bacchus）神殿中的儀式地點。

使創造著重生之水、生命之水的地點更充滿莊嚴，

為了將帶有Bessie Williamson女士靈魂，

令人無法忘卻的聖水傳遞至世界更多的信徒手中，

蒸餾器今天將會持續地運作發熱。

3棟舖地式設計的酒窖，另還有5棟層架式酒窖，總計有60,000桶的熟成酒桶沉睡於此。

大多數酒廠的窯爐已都成為裝飾用，但拉弗格的窯爐卻仍持續運轉中。每天進行發芽作業時，會不斷竄出煙霧。

艾雷島南端，從海岸方向看去的拉弗格酒廠全景。酒廠更備有桌椅，讓遊客在海浪拍打之際能夠充分欣賞。

被曝曬室外的酒桶並非已經廢棄，經過重製後，還會被拿來做為第二、第三次的利用。使用時間可達20～100年。橡木材質可是非常堅固。

齊侯門

KILCHOMAN

Kilchoman Distillery Co Ltd／Rockside Farm, Buruichladdich, Isle of Islay／英國郵遞區號 **PA49 7UT**
Tel:01496 850011／E-mail:info@kilchomandistillery.com

主要單一麥芽威士忌 Kilchoman首賣（2009年），2009年秋季上市。

主要調和威士忌 N/A **蒸餾器** 1對 **生產力** 10萬公升 **麥芽** 添加40～50ppm泥煤

貯藏桶 波本桶及雪莉桶 **水源** Allt Gleann Osamail河、農地內泉水

2005年6月於農場中成立，艾雷島最新的迷你酒廠究竟目標為何？

齊侯門是Anthony Wills與Mark French在2005年6月創立。這間艾雷島睽違124年後，新設立的酒廠位處距離行駛了數公里的林道單線道後的島嶼西側，也就是位於蘇格蘭最西邊的洛克賽德農場（Rockside Farm）之中。周圍放養著牛羊，農場旁還有農場附設馬術學校，學生們會行走穿越於此，可說是充滿牧羊氣息，屬於相當典型的農場酒廠（Farm Distillery）。齊侯門的烈酒蒸餾器規格僅有2,070公升，容量極小。酒廠更將農場設備加以改裝使用，麥芽原料更是收成自該牧場，以小規模的地板式傳統工法進行發芽。其中一半的需求量則向波特艾倫（Port Ellen；製麥業者Malt star）訂購50ppm的麥芽。這次我在採訪過程中，正巧看到開放式卡車要將麥芽從車廂搬出的過程。對多風多雨的蘇格蘭而言，業者的行徑可說相當大膽。

2006年的一場火災燒毀了窯爐設備，目前齊侯門是從煙囱狀的建物進行排氣。酒廠內設有3,230公升的直立式酒汁蒸餾器及2,070公升的鼓出型烈酒蒸餾器，總計2座，皆由斯佩賽的蒸餾器業者Forsyth生產。每爐一次可以處理1公噸的麥芽，擁有90,000公升的年產能。與高地區南部的艾德多爾（EDRADOUR）同屬最小規模的酒廠。齊侯門的裝填作業8成採用波本桶，2成則採用歐羅洛索雪莉桶。齊侯門更在Port Charlotte設有自己的酒窖倉庫，裡頭存放有6,000只酒桶進行熟成。裝瓶則是商借布萊迪酒廠的設備進行作業。

齊侯門創立至今已超過10年，讓我不禁想品嚐看看10年的威士忌。不過話說回來，年份尚低的酒廠將「未熟成酒」改詮釋成「新鮮」風味的手法實在令人讚嘆。我也相當期待，今後的齊侯門酒廠將採取怎樣的策略付諸實行。

[參觀行程]

標準參觀行程費用為6英鎊。商店中售有伴手禮及書籍。營業時間為4～10月10:00～17:00（週一至週六）、11～3月10:00～17:00（週一至週五）

[交通指南]

如果直接將郵遞區號輸入衛星導航系統的話，那麼會被帶到距離相差有5公里之遠的錯誤位置，因此需特別注意。如果是從波摩鎮出發，沿著海灣以逆時針方向朝8018號公路北上。由於是只有一線車道的林道，因此駕駛起來會有點不安。總之，要拜訪蘇格蘭最西端、年產量只有10萬公升的酒廠並非那麼容易，有時甚至還需要一點運氣。

KILCHOMAN

果香&新鮮。

KILCHOMAN MACHIR BAY

[700ml 46%]

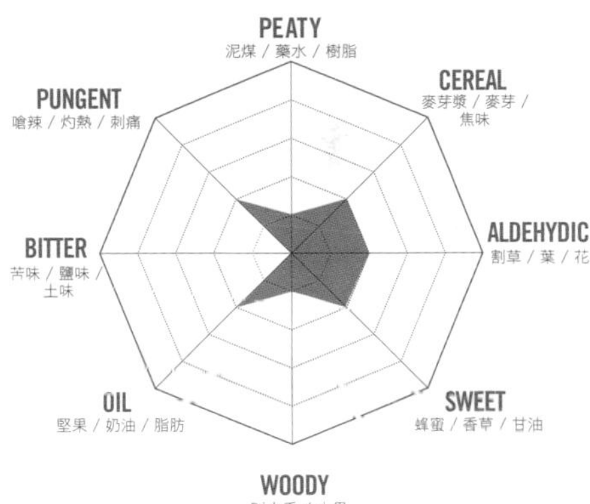

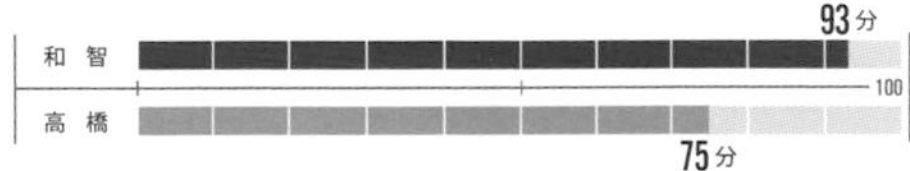

BOTTLE IMPRESSION

創立於2005年的齊侯門，在2009年時推出「馬希爾海灘（Machir Bay）」威士忌，因此只能使用熟成年份未達5年的原酒。在蘇格蘭威士忌業界普遍認為，時間未達10年以上的熟成表現會不高不低，但齊侯門卻選擇逆向操作，利用酒心（Middle Cut）的魔術讓煙燻、果香&新鮮風味全部呈現，手腕令人懾服。這支威士忌在北美市場極受歡迎，5萬瓶全數售罄。實際上，我們在酒廠購入1瓶後，便在當天一飲而盡，和重口味的艾雷威士忌風格存在些許差異。強烈酸味、花香、海水鹽味、辛香味表現皆相當薄弱。口中的煙燻味伴隨著輕盈的感覺，到了中途一度消失，但又在來自麥芽的甘甜華麗表現結束後，在餘韻階段重新浮現。以波本桶進行3年的熟成後，再以歐羅洛索雪莉桶進行為期半年的熟成。品嚐過後，深覺是該拋棄「年份太低的威士忌不好喝！」觀念的時候了。由於酒廠的出貨量稀少，在大型量販店雖然有可能無法購得，但實際售價大約為6,000日圓。各位以熟成年份至上的仁兄們，是否也該來品嚐品嚐呢？

拉加維林
LAGAVULIN

Diageo plc ／ Port Ellen, Isle of Islay, Argyll ／ 英國郵遞區號 **PA42 7DZ**
Tel:01496 302749 E-mail:lagavulin.distillery@diageo.com

主要單一麥芽威士忌 **Lagavulin 12年原桶強度, 16年, 酒廠版Lagavulin** 主要調和威士忌 **White Horse**

蒸餾器 **2對** 生產力 **230萬公升** 麥芽 **添加35～40ppm泥煤** 貯藏桶 **波本桶及雪莉桶**

水源 **Sholum湖**

醇厚中帶有豐潤、華麗中蘊藏滑順，是支能讓心翱翔天際的麥芽威士忌
沒品嚐過拉加維林，就別想對艾雷島的威士忌高談闊論。

拉加維林創立於1816年，創辦者John Johnston集結了艾雷島西部濕地地區十間非法酒廠，使其合法化經營。隔年，Archibald Campbell雖創立了阿德莫爾酒廠（1817年成立於艾雷島的酒廠，與斯佩賽的阿德莫爾酒廠不同），但其後被併入拉加維林旗下。1867年，Peter Mackey將拉加維林收購，用來生產調和白馬威士忌的基酒，1924年時雖將酒廠名稱變更為白馬，但3年後轉售其他生產蒸餾酒的業者，目前隸屬於帝亞吉歐集團旗下。

過去，品嚐威士忌的人十之八九都不愛單一麥芽威士忌的強烈性格表現。然而，隨著時代變遷，藥味、油脂味、鹽味、焦味搖身一變，成了充滿個性的魅力元素。1970～1980年代，每週只運作2天的酒廠在面對來自全球拉加維林酒迷日益漸增的需求量，改成每週運作7日產能全開的體制。消費者的採購範圍從有著輕盈口感的低地區威士忌至芳醇風味的斯佩賽威士忌，接著逐漸轉變為充滿泥煤、辛香且煙燻風味的島嶼威士忌。

拉加維林使用來自Sholum湖的湖水，不鏽鋼製糖化槽可生產21,000公公噸的麥汁、落葉松製的發酵槽共計10座、罐式蒸餾器共計4座。拉加維林在蒸餾製程上所花費的時間為10小時及5小時，是一般酒廠的2倍，也因此讓拉加維林的威士忌呈現豐潤、圓滑的傑出表現。16年的長年熟成貯藏所使用的是二手的美國橡木桶。一般而言，當酒桶再度使用的話，能讓威士忌變得柔和、豐潤且帶有甘甜風味。

拉加維林在蓋爾語係指「磨坊所在的窪地（the hollow of the mill）」。放晴之日能於東側看到坎培爾鎮所在的金泰爾半島，朝南可以看見愛爾蘭，位處讓人心曠神怡的絕佳位置，在這裡更能夠想像，這條海上路徑就是威士忌的傳遞之路。

[參觀行程]

標準參觀行程費用為5英磅。酒窖實地參訪行程費用為15英磅。開放時間：4～6月9:00～17:00（週一至週五）、9:00～12:30（週六）、7～10月9:00～17:00（週一至週六、7～8月平日營業至19:00）、12:30～16:30（7～8月週日），拉加維林是我心中絕對必須造訪的前十名酒廠之一。

[交通指南]

從艾雷島中心的波摩市朝艾倫港方向前進的路上便能看到招牌，非常好辨識。

位於艾雷島等地8間威士忌酒廠中，拉加維林無論從哪個層面比較都毫不遜色，是我個人最喜愛的冠軍酒廠。

艾雷島上，表現極端複雜的酒款。

LAGAVULIN 16年
［700ml 43%］

BOTTLE IMPRESSION

LAGAVULIN 16年。品嚐一口後便可知道，果然還是遵循著艾雷島應有的路線，酒體厚實高尚的口感讓我無比欣喜。藥味、樹脂、泥煤香、焦掉的麥芽糊、麥芽臭、苦味、鹽味、脂肪⋯，口感表現雖然奇特，但這些驚人元素卻能集結轉化成美味，讓人覺得不可思議。將加水比例壓在20%以下，品嚐後可以感受到整體的立體表現。LAGAVULIN 16年可說是艾雷島威士忌中，有著最複雜風味的酒款。這同時也是我個人相當喜愛的威士忌，在我家的酒櫃中絕對可以看見它的身影。LAGAVULIN 16年更是我在與其他威士忌進行試飲比較時，相當重要的一支。酒商定價8,000日圓，屬較高單價，實際售價為6,000日圓～。當有什麼好事發生的時候、情緒相當低落的時候、雖然平淡但想感受幸福的時候，LAGAVULIN 16年絕對是陪伴你的最佳夥伴。

此外，從拉加維林推出了如LAGAVULIN 12年原桶強度、12年SPECIAL RELEASE 2011年、DISTILLERS EDITION 1994年、MANAGERS' CHOICE 15年等多數酒款便可得知，酒廠本身的庫存量肯定相當驚人。同時也期待無論是數量或是價格，這些威士忌在日本都能更符合消費者的期待。

LAGAVULIN 37年

［700ml 51%］

全球限定1,868瓶的37年威士忌。身為拉加維林忠實酒迷的我雖然對這支威士忌有著高度興趣，但在看到378,000日圓的驚人標價後…，就在天人交戰之際，威士忌隨之售罄。是取用2種原桶於1976年裝填入橡木桶的酒款。

白馬標誌同入其中的彩色標籤設計。

LAGAVULINS 12年

［750ml 43%］

出給英國市場的單一麥芽威士忌。白馬的標誌被印刷於標籤下方，綠色瓶身搭配上「綠色標誌」。由白馬酒廠（White Horse Distillers）負責企劃。

白馬公司所企劃之威士忌。

LAGAVULINS 12年

［750ml 43%］

玻璃瓶身上有著白馬浮雕，標籤上畫的是白馬酒廠。1890年代，作家William Black 更在敘述中讚揚其風味「有如牛奶般」，由義大利波隆那（Bologna）的Montenegro公司負責銷售。

怡和洋行買來推廣至日本市場的酒款。

LAGAVULINS 12年

［750ml —］

由怡和洋行（Jardine Matheson）負責進口，推廣至日本市場的威士忌。雖然該酒款有著白標（White Label）之稱，但隨著歲月變遷，成了圖中那般顏色。

流經酒廠旁的水道。正如同拉加維林在艾雷島地名「磨坊所在的窪地」含意，清流靜謐地流動著。

波特艾倫

PORT ELLEN

Diageo plc ／ Port Ellen, Isle of Islay, Argyll ／ 英國郵遞區號 **PA42 7AH**
Tel:— ／ E-mail:—

主要單一麥芽威士忌 1976年, 1998年 主要調和威士忌 — 蒸餾器 —

生產力 — 麥芽 添加泥煤 貯藏桶 — 水源 Leorin湖

創立於1820年的酒廠受1980年代景氣不振的衝擊，轉型為麥芽廠力求生存。

波特艾倫酒廠是因傑出企業家John Ramsay看好出口至北美及英格蘭的商機，在開始生產威士忌的同時，更開啟與格拉斯哥間的渡輪航線，建設保稅倉庫，大舉整頓海灣，也因此讓波特艾倫成了第一款直接出口至北美地區的蘇格蘭單一麥芽威士忌。據說更因John Ramsay的洞燭先機，曾讓發明連續蒸餾器的伊尼亞．柯菲（Aeneas Coffey）在酒廠內進行實驗。

1925年被Distillers Company（帝亞吉歐集團前身）併購，換手多位經營者後，波特艾倫隨之進入長時間的關廠階段。1967年重新營運後，罐式蒸餾器增加至4座，並在蒸餾室旁建設大型的發麥工廠，讓波特艾倫除了能滿足自身的需求外，還可提供給卡爾里拉、拉加維林等酒廠使用。然而，就在1980年代全球不景氣的影響下，讓波特艾倫無法再經營下去，酒廠便於1983年停止蒸餾，轉型為專業麥芽廠力圖生存，目前隸屬於UDV帝亞吉歐集團旗下。每週生產400公噸的麥芽，以滿足艾雷島各酒廠、默爾島、吉拉島及日本酒廠的需求。

帶有草本、海藻味，油味、煙燻味、藥味、胡椒等口感，充滿力道的波特艾倫威士忌仍可在市場上看的到，若不介意那昂貴的價格，還是有機會將其納為己有。為了四處尋找市面上僅剩的波特艾倫，威士忌酒迷們可是聚精會神地在網路、拍賣會及歷史悠久的酒舖穿梭，因此有興趣的人可是要欲購從速。話說回來，帝亞吉歐集團於2009年推出了PORT ELLEN 30年、高登麥克菲爾公司則推出了Connoisseurs Choice的PORT ELLEN 1982年，另也有其他獨立裝瓶業者推出了數款少量的PORT ELLEN。

順帶一提，艾倫（ELLEN）是19世紀艾雷島島主Walter Frederick Campbell再娶的女性之名。目前現存的單一麥芽威士忌酒廠中，以人名命名的除波特艾倫外，就僅剩富特尼酒廠了。

[參觀行程]

無參觀行程及遊客中心。

[交通指南]

從艾雷島中心沿A846號公路南下行駛20公里，酒廠靠近渡船口的位置。

出自Silvano Samaroli之手的威士忌。

PORT ELLEN 1976年

[700ml —]

1976年蒸餾，極具爭議性的威士忌。該年度的裝瓶非常珍貴，價格不在考量範圍選項的讀者們務必買來品嚐。

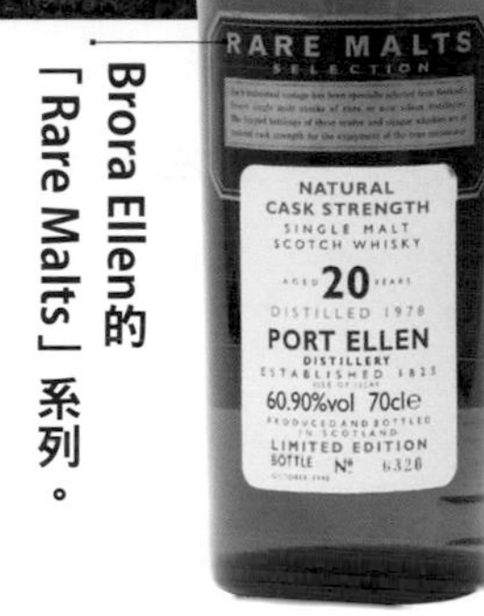

Brora Ellen的「Rare Malts」系列。

PORT ELLEN 20年

[700ml 60.9%]

於1978年蒸餾，現今已遍尋不著的波特艾倫，編號No/6326的限定版本。此款為20年單一麥芽威士忌，原桶強度。

3R公司的29年威士忌。

PORT ELLEN 29年

[700ml 55.5%]

1982年蒸餾、2012年裝瓶，限量150瓶當中，讓人垂涎欲滴的一瓶。由Three Rivers公司負責銷售。

28年……。

PORT ELLEN 28年

[700ml 55.7%]

同樣是1982年蒸餾，但卻等到2011年才進行裝瓶。此支也是限定180瓶當中，作為樣本拍攝用的一瓶。28年可說是相當驚人的熟成年份。

珍稀。

PORT ELLEN 32年

[700ml 57.9%]

1982年蒸餾、2014年裝瓶。139/263瓶。酒桶編號No.S14021，直接寫出：熟成年份超過32年！標籤上還印刷有鑽石圖案。是以豬頭桶的波本桶熟成的逸品。

吉拉

ISLE OF JURA

Whyte & Mackay Ltd ／ Craighouse, Isle of Jura ／ 英國郵遞區號 **PA60 7XT**
Tel:01496 820385 ／ E-mail:sue.tours@jurawhisky.com

主要單一麥芽威士忌 Isle of Jura 10年, 16年, 21年, Superstition, Prophecy **主要調和威士忌** Whyte & Mackay Special

蒸餾器 2對 **生產力** 220萬公升 **麥芽** 通常不添加泥煤

貯藏桶 波本桶及些許的雪莉桶（為呈現昔日單一麥芽威士忌的風味）

水源 Bhaile Mhargaidh泉水、Market Loch湖水

遵循明確策略，吉拉島上富含自我個性的眾酒款，和艾雷島品牌比較過後，便可知我所言為何。

1946～1948年期間，喬治．歐威爾（George Orwell）為了撰寫《1984》（與村上春樹的「1Q84」不同）一書，於吉拉島上北部草木叢生的Barnhill閉關，讓該島一舉成名。相較於島上200名的居民，吉拉島棲息著4,000頭的紅鹿。在開放狩獵期間，德國及美國等地的狩獵者皆會蜂擁而至。

吉拉酒廠的位置與艾雷島阿斯凱克港（Port Askaig）的距離僅2公里之遙。島上充滿沉穩氣息的雙峰距離之近，更是讓人有伸手可及的錯覺。要前往吉拉島，只能從艾雷島搭乘渡輪。相隔兩島之間的艾雷海峽潮流相當洶湧，充滿湍急的海流及漩渦，可以想見，在動力交通工具尚未發明之前，要航行於此是件多麼困難的事。然而，即便兩島僅一海之隔，如此接近的島嶼所生產的威士忌風格卻是南轅北轍，分別是相當男性與相當女性的表現。充滿男性特徵的當然就是艾雷島，展現出強勁力道，反觀吉拉島的泥煤味稀薄且表現沉穩，實在令人想不透怎會有如此大的反差。

吉拉酒廠於1810年成立自Archibald Campbell之手。然而，無例外地，這間酒廠也重覆著被收購出脫的命運，直到1993年被懷特瑪凱集團買下後，營運至今日。讓吉拉威士忌風評逆轉是在1999年一次非常偶然的機會。

這一年，酒廠發現原桶的品質比往年來的差，對此，調酒師李察．派特森（Richard Paterson）選擇將這些原酒移裝至品質正常的首次充填波本桶中，讓原本品質表現平庸的麥芽原酒脫胎換骨，搖身一變成為質量非凡的威士忌。隨後，酒廠便以95%波本桶、5%雪莉桶的比例進行熟成。以半過濾式糖化槽進行糖化，6座不鏽鋼製發酵槽進行發酵。發酵而成的麥汁是用2對罐式蒸餾器蒸餾，但蒸餾器的頸部長度竟達8公尺，相當高大。吉拉酒廠每年可生產175萬公升的威士忌，其中的4成皆作為單一麥芽威士忌商品銷售。

［參觀行程］

真開心！標準行程竟然是免費的。營業時間為4～9月10:00～16:00（週一至週五）、10:00～14:00（週六）、10～3月11:00～14:00（週一至週五）

［交通指南］

從艾雷島的阿斯凱克港橫渡海峽。由於海流湍急，渡輪是斜一邊地行駛前進。下船後，以順時針方向於A846號公路行駛5公里。該路段為毫無人煙的單線道路，旅館也只有一間。

ISLE OF JURA

輕盈風格。

JURA ORIGIN 10年
［700ml 40%］

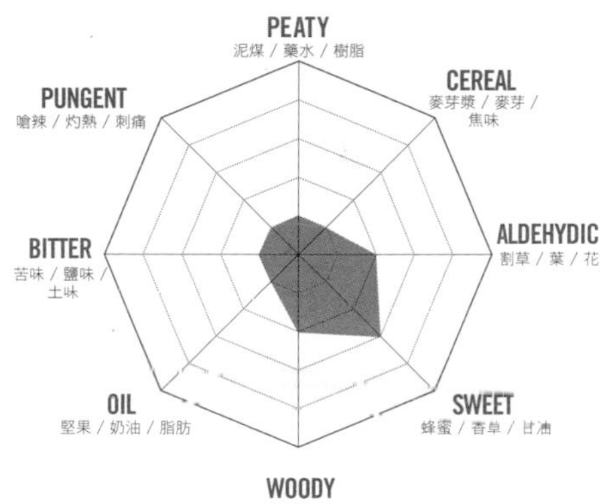

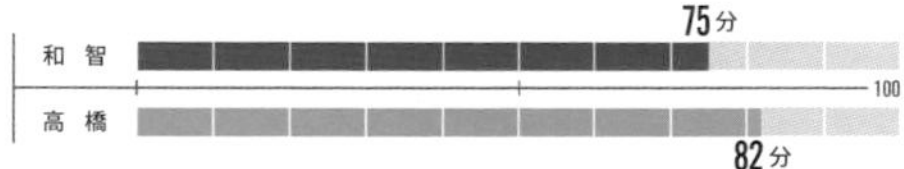

BOTTLE IMPRESSION

JURA 10年。前味可以形容成針葉林，特別是松科喬木雲杉般的香味，同時夾雜著類似樹脂或乙醇的化學味，還有著些微的刺激感。表現清新帶有活力，屬泥煤表現薄弱的輕盈類型，更讓人有些許辛口的印象。表現辛香，來自麥芽的甜味中，持續有極淡的花香及果香的酸味。殘留於舌尖上那些許的濃郁主要是來自美國橡木的香草香，餘韻則像是新鮮的蜂蜜。綜觀吉拉的系列商品，有ISLE OF JURA 5年、10年OLD ORIGIN、16年、18年PREMIUM SELECTION、21年、21年的200th ANNIVERSARY、1996年、BOURBON BOUTIQUE BARRELS、JO 1995年、ELIXIR 12年、PROPHECY、SUPERSTITION等酒款，如此堅強的陣容竟然只佔酒廠整體麥芽酒產能的4成，剩餘的則作為懷特瑪凱等調和威士忌的基酒使用，因此皆被穀物威士忌酒廠Invergordon買去。

順帶一提，10年單一麥芽威士忌的酒商定價6,800日圓，實際售價落在3,200日圓左右，SUPERSTITION的實際售價約4,500日圓，16年單一麥芽威士忌則是6,000日圓左右。

極具實力的威士忌。

吉拉威士忌的成大集之作。

JURA SUPERSTITION

[700ml 43%]

這支威士忌帶有淡淡的泥煤香，孕育出煙燻風味。舌尖上會出現如南國水果般的觸感。蜂蜜與辛香味交互混合，帶出複雜表現。此酒款使用熟成10年的麥芽原酒，在製造過程中，更是秉持著實際的威士忌生產經驗所完成的威士忌。口感表現絲毫不虛張聲勢。酒瓶中央的標誌是源自蓋爾的幸運之印，這可不是迷信，而是美味。

JURA DIURACHS' OWN 16年

[700ml 40%]

品嚐後，首先感受到的是非常薄弱的花香，接著是混合著麥芽、胡椒、油脂、焦糖、巧克力的複雜濃郁口感，最後水果甜味餘韻悠長。味道的表現完美極致到可稱為是吉拉威士忌的成大集之作。

熟成24年。
搭配設計輕鬆的標籤。

ISLE OF JURA 24年

［700ml 40%］

1988年蒸餾，熟成24年後進行裝瓶，瓶身搭配著讓人放鬆的插畫設計，是由Three Rivers公司所推出，以「The Soap」系列為名的單一麥芽威士忌產品。

清新的7年。

ISLE OF JURA 7年

［700ml 46%］

買下道格拉斯．萊恩公司名為PREMIER BARREL的酒桶後，裝至陶瓷瓶中銷售的威士忌。瓶身3處以上印刷有SINGLE BARREL的文字。

上等的18年。

ISLE OF JURA 18年

［700ml 57.5%］

高登麥克菲爾公司所企劃，吉拉酒廠的18年單一麥芽威士忌。酒桶編號No.3201，獨一無二的酒款。由Japan Import System公司負責銷售。

CONNOISSEURS的14年威士忌。

ISLE OF JURA 14年

［700ml 46%］

這支威士忌與左邊的18年同樣由Japan Import System所推出，令人熟悉的Connoisseurs Choice系列，地區不同，業者也會改變瓶身標籤的顏色。

原廠的陳年威士忌。

ISLE OF JURA 8年

[750ml 43%]

Charles Mackinlay公司於1960年代重啟吉拉酒廠。這支威士忌於1967年蒸餾，由合同酒精公司進口至日本國內，當年售價10,000日圓。該酒款更是成就現代女性風格威士忌的原型。

原廠的10年單一麥芽威士忌。

ISLE OF JURA 10年

[750ml 43%]

與左邊的8年威士忌相比，這支10年威士忌除了沒有「PURE」的文字，「威士忌特級」的日文貼紙更被貼得歪斜，標籤的圖樣也有一點模糊掉了。是合同酒精公司於1986年，以8,000日圓的價格於日本國內銷售。

CAMPBELTOWN of KINTYRE PENINSULA & ISLE of ARRAN

金泰爾半島上的坎培爾鎮

若要前往坎培爾鎮，必須先從艾倫島搭乘渡輪至金泰爾半島右上邊角的Claonaig，但我卻選擇不直接前去，反而是先前往Kennacraig，預購明天前往艾雷島的票券。總之，就是B8001號公路朝西北方前進。順利購得票券後，走在保羅．麥卡尼（Paul McCartney）於披頭四時代的最後一張專輯中，歌曲《The Long and Winding Road》所描述的A83號公路，向南前進約40公里。有別與歌曲的悲傷氛圍，沿途風景秀麗，景色變化得宜，且車流量稀少。以兜風路線來看的話，屬於上等路徑。目的地坎培爾鎮是金泰爾半島最大的城鎮，過去出產了質地極佳的煤礦，同時也擁有豐富的水產資源，更林立著超過30座的酒廠窯爐。其熱鬧繁榮的程度可説是蘇格蘭境內首屈一指，非常引人注目。

然而，面對1920年代美國的禁酒令、全球不景氣及煤炭資源枯竭使得原料價格不斷攀升等因素影響，坎培爾鎮的酒廠也開始出現倒閉潮。

時至今日，過去竹鶴政孝學習釀造威士忌的赫佐本（Hazelburn）及格蘭哥尼等品牌歷經長年的沉寂後，在雲頂酒廠的資金贊助下，終於再度敞開大門，開始全新的生產。

此外，金泰爾半島還有一處不可遺忘的酒廠，那就是斯高夏。斯高夏酒廠也還繼續位處這個城鎮的高台，生產著與雲頂不同風味的威士忌。

坎培爾鎮，這個過去與未來相互交錯，在奇妙的寂靜中，同時存在著悲傷與活力的城鎮。就算不是威士忌酒迷，也絕對值得前去造訪。

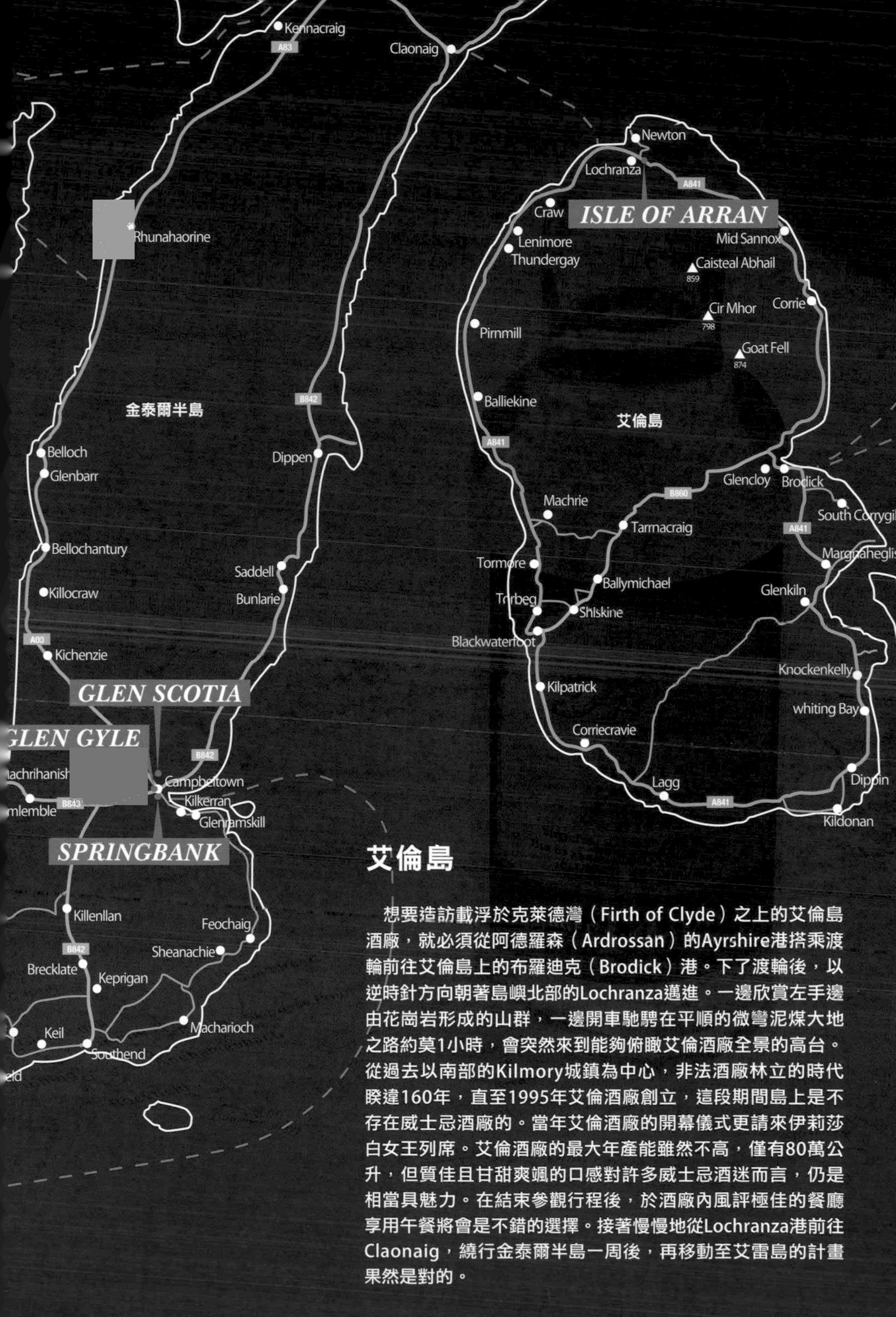

艾倫島

想要造訪載浮於克萊德灣（Firth of Clyde）之上的艾倫島酒廠，就必須從阿德羅森（Ardrossan）的Ayrshire港搭乘渡輪前往艾倫島上的布羅迪克（Brodick）港。下了渡輪後，以逆時針方向朝著島嶼北部的Lochranza邁進。一邊欣賞左手邊由花崗岩形成的山群，一邊開車馳騁在平順的微彎泥煤大地之路約莫1小時，會突然來到能夠俯瞰艾倫酒廠全景的高台。從過去以南部的Kilmory城鎮為中心，非法酒廠林立的時代睽違160年，直至1995年艾倫酒廠創立，這段期間島上是不存在威士忌酒廠的。當年艾倫酒廠的開幕儀式更請來伊莉莎白女王列席。艾倫酒廠的最大年產能雖然不高，僅有80萬公升，但質佳且甘甜爽颯的口感對許多威士忌酒迷而言，仍是相當具魅力。在結束參觀行程後，於酒廠內風評極佳的餐廳享用午餐將會是不錯的選擇。接著慢慢地從Lochranza港前往Claonaig，繞行金泰爾半島一周後，再移動至艾雷島的計畫果然是對的。

艾倫

ISLE OF ARRAN

Harold Currie／Lochranza, Isle of Arran, North Ayrshire／英國郵遞區號 **KA27 8HJ**
Tel:01770 830 264 E-mail:visitorcentre@arranwhisky.com http://www.arranwhisky.com/

主要單一麥芽威士忌 The Arran Malt 12年 主要調和威士忌 Lochranza 蒸餾器 1對 生產力 80萬公升

麥芽 通常不添加泥煤 貯藏桶 波本桶及雪莉桶 水源 Easan Biorach河

蘇格蘭的迷你酒廠，誕生自美麗艾倫島，如瑰寶般的單一麥芽威士忌。

艾倫島自17世紀起就一直有著釀造威士忌的文化，威士忌更被視為島上特產，有著艾倫之水的稱號。過去這個南北長30公里、東西寬15公里的小島上就林立著50間的酒廠，但在1836年時，所有的酒廠消失無蹤。1995年，位在北方的Lochranza郊區的艾倫酒廠完工，並開始蒸餾生產。1997年更開設了遊客中心，讓威士忌成為艾倫島觀光重點之一的計畫得以實現，伊莉莎白女王更參與了酒廠的開幕儀式。

初任廠長Gordon Mitchell自酒廠成立以來，便打造好艾倫這個品牌的基礎，然在2013年過世後，由目前的James MacTaggart接任。艾倫酒廠所使用的大麥是以Optic種為主並混合Oxbridge種，同時添加些許的泥煤燻烤，再以半過濾式糖化槽進行糖化作業，搭配4座的奧勒岡松製的發酵槽予以發酵。酒廠的蒸餾器是帶有微微弧度的直立型式，由Mitchell設計，Rothes的Forsyth公司製作。從蒸餾器的特徵便可發現業者希望能在有限的室內空間生產優質威士忌的苦心。酒廠年產量為80萬公升，擁有2處酒窖倉庫，分別為鋪地式及層架式，各可存放、熟成3,000樽酒桶。酒廠主要以波本桶進行熟成，但卻也可看出艾倫不斷地摸索餘韻結束的呈現方式。舉例來說，他們嘗試使用瑪莎拉酒（Marsala Wine）及波特酒（Port Wine）的酒桶、加入首次充填的雪莉桶、以雪莉豬頭桶表現餘韻等，透過不斷擴充商品種類，探索威士忌的各種可能。自2004年起，更投入生產酚值為12ppm，帶有些許泥煤風味的酒款。艾倫是我認為近期可以多關注動向的新興品牌。

[參觀行程]

標準行程費用為7.5英鎊。營業時間為3～11月月10:15～18:00（週日為11:00）、11～2月的週一、週三、週六為10:00～16:00、週日為11:00～16:00。附導覽的行程需要1小時15分，費用為20英鎊。頂級行程需要2小時，費用為65英鎊。團體另有優待。

[交通指南]

從蘇格蘭本島的阿德羅森搭渡輪到布羅迪克，接著沿A841號公路朝北行駛30公里後，便能看見Lochranza及艾倫酒廠。沿途左側還可欣賞到Goat Fell山（874公尺）、Caisteal Abhail山（859公尺）及Beinn Tarsuinn山（825公尺）等群山的美麗風光。

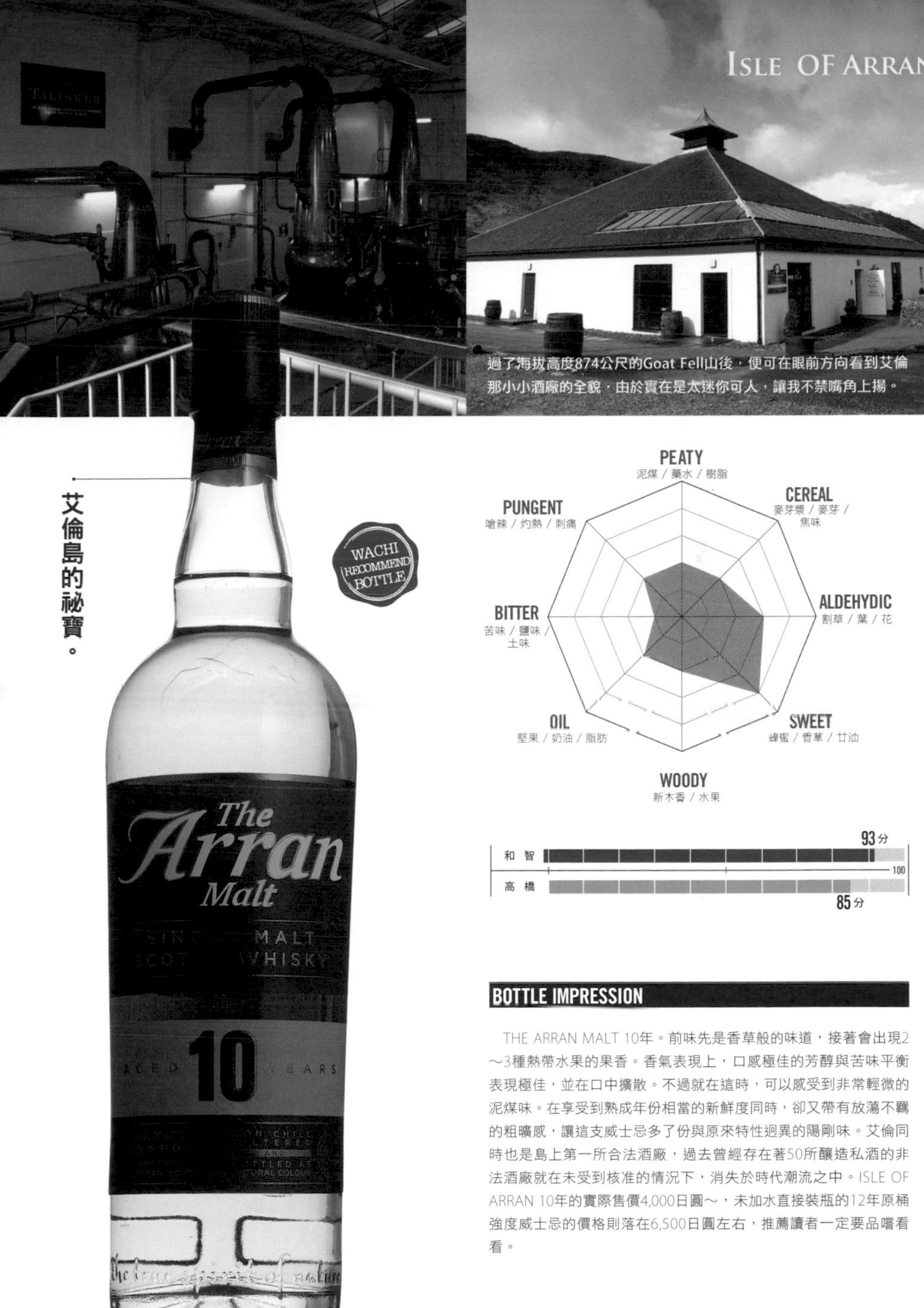

過了海拔高度874公尺的Goat Fell山後，便可在眼前方向看到艾倫那小小酒廠的全貌，由於實在是太迷你可人，讓我不禁嘴角上揚。

艾倫島的祕寶。

ISLE OF ARRAN 10年
［700ml 46%］

BOTTLE IMPRESSION

THE ARRAN MALT 10年。前味先是香草般的味道，接著會出現2～3種熱帶水果的果香。香氣表現上，口感極佳的芳醇與苦味平衡表現極佳，並在口中擴散。不過就在這時，可以感受到非常輕微的泥煤味。在享受到熟成年份相當的新鮮度同時，卻又帶有放蕩不羈的粗曠感，讓這支威士忌多了份與原來特性迥異的陽剛味。艾倫同時也是島上第一所合法酒廠，過去曾經存在著50所釀造私酒的非法酒廠就在未受到核准的情況下，消失於時代潮流之中。ISLE OF ARRAN 10年的實際售價4,000日圓～，未加水直接裝瓶的12年原桶強度威士忌的價格則落在6,500日圓左右，推薦讀者一定要品嚐看看。

ISLE OF ARRAN 9年
［700ml 55.8%］

信濃屋的北梶剛先生選擇了熟成年份為9年，平常較少看到的原酒。推出將2003年蒸餾的私人原桶於2014年裝瓶，數量限定的威士忌。這瓶為編號第1/331瓶。

ISLE OF ARRAN 12年
［700ml 54.9%］

Malts-of-scotland.com公司企劃，原桶編號No.14029，第236/612瓶威士忌。1996年蒸餾、2014年裝瓶的熟成17年威士忌。帶有稜角、充滿原創風格的瓶身設計讓人相當喜愛。

ISLE OF ARRAN 16年
［700ml 46%］

標籤中所描繪的插圖是「FRIENDS of OAK」系列中的菊花。1997年蒸餾、2014年上市，珍貴的第1/120瓶。

ISLE OF ARRAN 12年
［700ml 46%］

高登麥克菲爾公司「Connoisseurs Choice」系列的艾倫酒廠版威士忌。瓶身線條為深褐色。艾倫酒廠終於在1995年順利開廠，在法律規定熟成年份需達3年的條件下限，於1998年推出了首款威士忌。該威士忌為2000年蒸餾、2013年裝瓶推出上市。

9年的魔法之作。

有如化妝品般的新穎形狀。

帶有清新氣息的插圖標籤。

大眾熟悉的Connoisseurs Choice系列威士忌。

GLEN SCOTIA

Loch Lomond Distillery Co Ltd ／ 12 High Street, Campbeltown, Argylle ／ 英國郵遞區號 **PA28 6DS**
Tel:01586 552288 E-mail:info@lochlomondgroup.com http//www.glenscotia.com/

主要單一麥芽威士忌 Glen Scotia 12年, 17年　主要調和威士忌 Black Prince, Royal Escort

蒸餾器 1對　生產力 75萬公升　麥芽 通常不添加泥煤

貯藏桶 波本桶　水源 Crosshill湖

究竟是坎培爾鎮的餘香，還是新浪潮的全新花香？

斯高夏的口感平順，柔和且優雅的表現讓人有「沒錯！就跟雲頂以及朗格羅（Longrow）一樣，富含坎培爾鎮應有的基調！酒廠創立於1832年，自從Galbraith家族建立了家族企業的斯高夏後，酒廠歷經了襲捲業界的倒閉、關廠浪潮，經過了12次的易主、3次的關廠後，終於來到今日。在業界巨擘Loch Lomond集團旗下，斯高夏雖然強化了生產體制，但2014年時，酒廠連同Loch Lomond包含經營權，被售給其他業者。斯高夏雖是擷取井水生產威士忌，但另也同時使用有來自Crosshill湖的湖水。設備中除了有存在已久的鑄鐵製糖化槽，還有6座耐候鋼製成的發酵槽。蒸餾器屬於身形較胖的直立式，酒汁蒸餾器容量為11,632公升，同款式的烈酒蒸餾器容量為8,600公升，屬中型尺寸。過去雖然使用舊式的蟲桶（Warm Tub）冷凝裝置，但最近已改成為新式裝置。一般熟成會使用波本桶進行，貯藏及熟成採層架式，不過可以想見，現在酒窖空間應該是愈趨不足，是必須再增加新酒窖的時候了。

雖是有些多此一舉的內容，不過聽說1924～26年期間，斯高夏的經營者Duncan MacCallum遇到詐欺事件，身上背負著40,000英鎊的鉅額負債，使得他選擇投Crosshill湖自盡，因此流有他的鬼魂仍會現身酒廠的傳聞。對歷史悠久的蘇格蘭而言，當然會有不少鬼話之說。

GLEN SCOTIA 5年
［750ml 40%］

1950年以後，斯高夏成了格拉斯哥Gillies公司旗下的一員，相關內容更記載於標籤之中。國花標誌及Argyll家族的名稱同樣也可在雲頂威士忌的瓶身上看到。看來，Argyll真的是金泰爾半島極富盛名的領主呢！

［參觀行程］

若事前告知參訪意願的話，酒廠應該還是會敞開大門迎接。

［交通指南］

從Kennacraig沿著保羅．麥卡尼在《The Long and Winding Road》歌中所唱的A83號公路一路南下，這條公路更是能俯瞰坎培爾港口的丘陵地主要幹道。行駛上緩坡接著右轉，便可在右手邊看到酒廠的招牌。雖然是個小城鎮，但還保留著當年竹鶴政孝來學習釀造威士忌時，經常下榻的旅館。

仍佇立於坎培爾鎮高台的斯高夏酒廠正因秉持著真摯之情釀造著威士忌，才能讓酒廠能永續經營至今日。

坎培爾鎮的第二個性。

GLEN SCOTIA 21年
[700ml 46%]

	分數
和智	90分
高橋	87分

BOTTLE IMPRESSION

照片中的酒款雖然是21年威士忌，但由於我未曾親飲，因此無法提供評語。順帶一提，此支威士忌的實際售價落在13,000日圓前後。就讓我用對曾經品嚐過的GLEN SCOTIA 12年的印象來蒙混一下吧！說到12年這支威士忌，口感舒暢，如新鮮鳳梨般，果香及花香的纖細表現相當突出，在這些味道之後卻存在些許的辛香味，不太有煙燻味，另還附帶一些苦味。斯高夏和同為來自金泰爾半島，堅持傳統的雲頂個性完全迴異，積極主張金泰爾半島的另一種個性。不過，在與雲頂威士忌比較的同時，我想起了Loch Lomond公司的轉賣命運，在不斷被併購的結果下，讓人不禁對存在地位較薄弱的斯高夏酒廠（同時也是有著「蘇格蘭峽谷」壯大含意的名稱）產生了股憐惜之情，想多為它加油打氣。斯高夏另有提供基酒給Black Prince及Royal Escort生產成調和威士忌。

充滿豪氣的22年威士忌。

GLEN SCOTIA 22年

[700ml 53.3%]

Liquid Treasure與ACORN公司共同企劃的斯高夏酒廠單一麥芽威士忌。1992年蒸餾、2014年裝瓶的22年酒款。第1/162瓶。該系列都是嚴選經過長年熟成的優質威士忌。

被稱為直立式，頸部屬常見形狀的蒸餾器。由於頸部呈現筆直，因此不會接觸到爐體，據說能讓蒸餾出來的酒液充滿多彩風味。

入列金氏世界紀錄的珍貴酒款。

SPRINGBANK 50年

［750ml 38%］

竟然有50年的雲頂單一麥芽威士忌！1970年經倫敦的哈洛德百貨（Harrods）於日本三越百貨進行銷售。當時售價高達7,500英鎊，被金氏世界紀錄認定為最昂貴的蒸餾酒。

左邊的罐式蒸餾器採自行焚燒煤炭及蒸氣加熱並行的方式運作。
雲頂的爐體在蘇格蘭的酒廠中，可是非常有震撼力。

變形的瓶身。

SPRINGBANK 8年

［750ml 43%］

瓶身雖寫有CAMPBELTOWN ARGYLL SCOTLAND，但其實是借用地主Argyll家族之名。此支威士忌的特色在於圓弧的瓶身設計，似乎與Beinn Bhuide公司所推出的Argyll 12年單一麥芽威士忌使用相同設計的酒瓶呢！

相當秀逸的瓶身標籤。

SPRINGBANK 24年

［750ml 58.1%］

1828年由Mitchell家族所創立的雲頂酒廠在酒瓶標籤上繪入彩色的煤炭直火加熱工法及使用純正大麥製造，強調優良品質。1966年蒸餾，1990年於Milroy商店（Milroy's of Soho）以16,000英鎊販售的24年高地區西部威士忌。

坎培爾鎮的麥芽威士忌。

SPRINGBANK 8年

［750ml 43%］

當年日本是由木下商事進口，以5,000日圓價格售於市面的750ml長瓶身酒款。雲頂是目前坎培爾市區僅存2間酒廠中的其中1間。與當年有著50間酒廠的繁景相比，今日的情境實在令人唏噓。1970年代的雲頂10年威士忌，除了極具深度的熟成感外，更富含濃郁美味。

大S的原形。

SPRINGBANK 1964年

［750ml 43%］

被稱作大S的標籤設計在酒舖裡相當醒目。標籤上印有負責經營雲頂酒廠J&A Mitchell公司的名稱及蘇格蘭國花的薊花。此威士忌於1964年蒸餾，建議讀者可與左邊的8年威士忌比較，想必會對那酒色的差異大感驚訝吧！

在僅有2座的層架式酒窖中，雲頂、朗格羅、赫佐本這些品牌的原酒究竟是被以怎樣的區別方式進行熟成的呢？

酒桶置於9座的傳統舖地式酒窖內熟成。雲頂基本上採行裝填於波本桶後，最終再過桶雪莉桶的策略。

ISLE of SKYE

斯凱島

其實我相當苦惱，究竟要怎樣以笨拙的文筆來形容這個島嶼的壯麗風貌。有時大自然就是會以這樣令人感動的方式，創造出如此大規模的景色。海拔高度近1,000公尺的山群、聳立的海岸、壯大的瀑布、濕地等景色就出現眼前。若要好好享受這個島嶼，那麼選擇敞篷車、摩托車、Range Rover越野車、或是騎馬應該都相當合適。

007系列電影《空降危機》（Skyfall）中，飾演M夫人的茱蒂．丹契（Judi Dench）與詹姆士龐德駕乘著Aston Martin DB5前去決戰的畫面就是於斯凱島上拍攝。如此極具魅力的大自然在21世紀的今日竟然還保留完整的存在於這個世上。當然，我是為了一睹島上唯一一座酒廠「泰斯卡」的魅力才登門造訪，但就算沒有酒廠，相信島上的大自然還是會讓眾人心醉不已。雖然我是因為喜愛泰斯卡的威士忌，想親眼看看究竟是怎樣的酒廠以怎樣的方式製造威士忌的箇中秘密，進而造訪此地，不過光是馳騁在島嶼荒蕪風景之中，就讓我深深感受到，人類對於自然的那股荒涼原來是毫無招架之力。

在島上，蓋爾語仍是日常生活中會使用的語言，交通標誌更同時標有蓋爾語及英語。就文化層面來說，斯凱島仍保有蓋爾民族的意識。在造訪斯凱島期間，島上舉辦有緣自蓋爾文化的萬聖節活動，但與目前日本所看到，跟宗教毫無相干，商業氣息濃厚的變裝派對相比，可是天差地遠，是個非常敬重祖靈、自然且帶著嚴肅心情的祭典。

Duntulm
A855
Hunglader
Staffin
Stenscholl
Linicro
Elishader
Uig
A87
Rigg
Lusta
Eyre
A850
Flashader
Kensaleyre
B886
Bernisdale
A850
Skeabost
Lonmore
A855
A87
A863
Glengrasco
Portree
B885
Penifiler
Ose
D000
Bracadale
Struan
A863
Peinchorran
B8009
Drynoch
A863
Sconser
TALISKER
Carbost
Sligachan
A87
Luib
Dunan
Eynort
斯凱島
Kyleakin
A87
Broadford
Skulamus
Torrin
B8083
A851
Culnamean
Kirkbost
Kilmarie
Heast
Elgol
Duisdealmor
Ord
Tokavaig
Teangue
Achnacloich
Kilmore
Kilbeg
Calligarry
Armadale
Ardvasar
Aird of Sleat

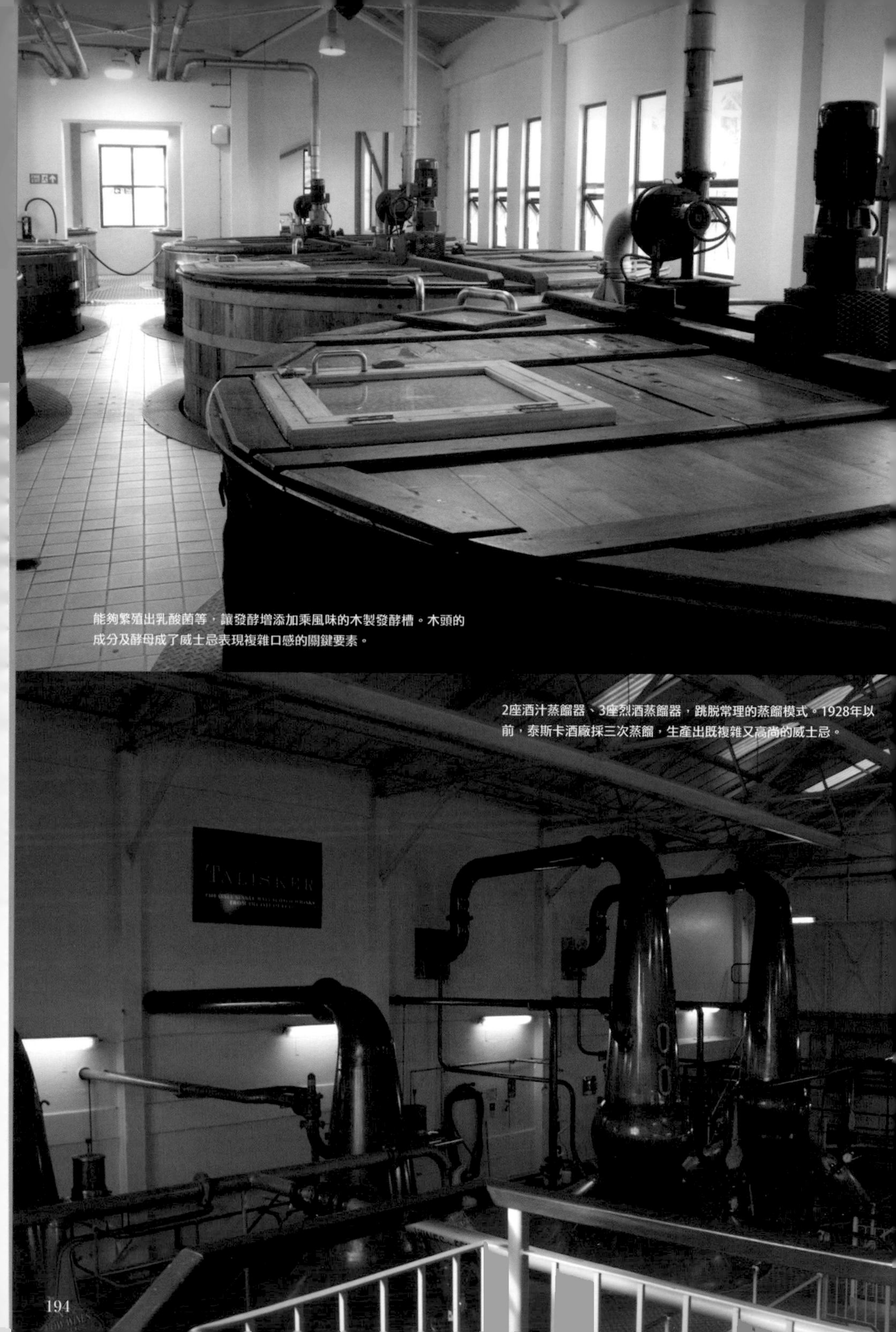

能夠繁殖出乳酸菌等，讓發酵增添加乘風味的木製發酵槽。木頭的成分及酵母成了威士忌表現複雜口感的關鍵要素。

2座酒汁蒸餾器、3座烈酒蒸餾器，跳脫常理的蒸餾模式。1928年以前，泰斯卡酒廠採三次蒸餾，生產出既複雜又高尚的威士忌。

熱餾器上非常具特色的U字形設計。這樣的設計是為了讓在此液化的蒸氣能夠重新流入爐內，並再次加熱，揮發飄散至上方。

ORKNEY ISLANDS

奧克尼群島

從蘇格蘭本島的瑟索（Thurso）渡輪搭乘處前往由70個島嶼組成，奧克尼群島中，主島（Mainland）的斯特羅姆內斯（Stromness）費時3小時，終於在晚間9點抵達。北海的海況不佳，船隻上下搖晃得非常嚴重。汽車駛離了伸手不見五指的渡輪口，以100公里的時速馳騁於山岳間1小時後，終於看見了柯克沃爾（Kirkwall）的街燈。這裡可不是蘇格蘭，是奧克尼人（Orcadian）所居住的維京之島。2014年秋季所舉辦的蘇格蘭獨立公投不知在這群人眼裡看來究竟代表著什麼？對奧克尼群島而言，是否會產生骨牌效應，進而與蘇格蘭分道揚鑣追求獨立呢？1468年，奧克尼群島被割讓出去，成了丹麥女王的陪嫁嫁妝。在主島的Kirkwall山丘上，有著經歷過私釀時代，表現叛逆的高原騎士酒廠與斯卡帕酒廠。我如此千里迢迢地造訪此島，就是為了親眼看看，那「高原騎士10年」及「斯卡帕16年」究竟是誰，以怎樣的方式生產而成。

隔日一早，駕車朝目的地邁進。在海拔高度幾乎為零的平坦島嶼的頂端，2間酒廠安靜地佇立於吹襲著強烈北海海風的位置。

第二次世界大戰時，為了防堵德國海軍的U型潛艦入侵，英國首相邱吉爾提出了讓廢船沉於海中，在島嶼之間建立起屏障。而今日仍然可以看到留在斯卡帕灣（Scapa Flow）的船隻殘骸。在街道中心佇立著以同為宗教人士，更因釀造私酒聞名的聖馬格努斯（St. Magnus）為名的大教堂。奧克尼群島的主島事到如今早已不屬於蘇格蘭。無論是街道景色、建築物都帶有濃厚的北歐異國風情。近年，高原騎士酒廠更以嘗試融合維京民族的元素，積極改變產品基調。

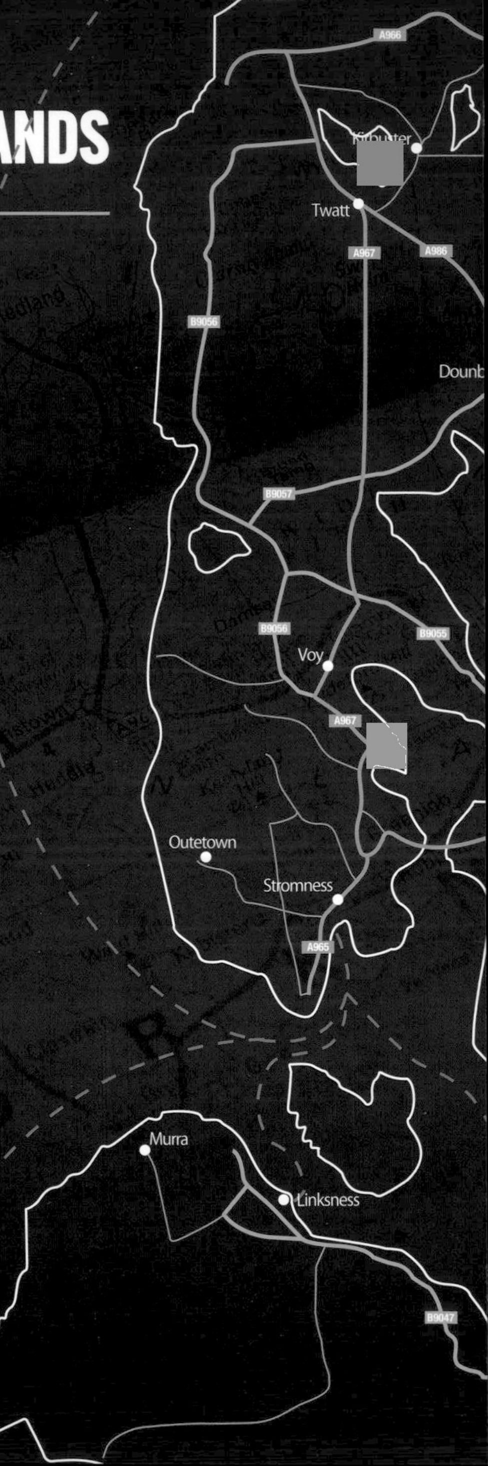

Westness
Brinyan
B9064
Evie
Tingwall
B9057
A966
主島
B9058
B9059
Balfour
Sandgarth
Work
Finstown
A986
A965
Berstane
Kirkwall
SCAPA
Greenigo
A964
Hobbister
Tradespark
HIGHLANDPARK
A961
Foubister
A960
North Dawn
B9052
Breahead
St Mary's
Cornquoy

斯卡帕的再餾爐為直立式，為的就是不讓揮發的酒精殘留，能夠瞬間直達頂端。據說這種方式能成就出多樣且爽颯的風味。

羅門式蒸餾器內部隔板已被拆除，蒸餾器本身呈現圓柱形。我過去未曾看過這類形狀奇特的蒸餾器，實在感謝斯卡帕酒廠給了我這樣的機會。

蘇格蘭威士忌的聖地——斯佩賽。坐落於菲迪河（River Fiddich）
與斯佩河（River Spey）交會處的橋樑
是由蘇格蘭籍的橋樑設計師Thomas Telford所設計。
從斯佩賽的中心克萊格拉奇村（Village Craigellachie）
步行距離約5分鐘。

斯佩河周邊

從斯佩河畔格蘭敦（Grantown-on-Spey）穿越埃爾金（Elgin），朝著東北的北海蜿蜒流去的斯佩河。超過50間蘇格蘭威士忌酒廠聚集的斯佩河周邊。過去，這個包圍著都明多（Tomintoul）、基斯（Keith）、達夫鎮（Dufftown）與亨特利（Huntly）的陸地孤島在鐵路、街道、空運的建設發展之下，搖身一變成了高爾夫球愛好者、狩獵者、鮭魚釣者及威士忌酒迷聚集的聖地。

從地理位置上來看，斯佩賽與英格蘭距離遙遠，以好水及大麥產地聞名，也因此讓這個地區酒廠林立。這裡多是位處深處的溪谷地形，讓中央的課稅官不易察覺，可說是釀造私酒的最佳場所。隨著稅制變遷，首間通過政府核准的格蘭利威、最先銷售單一麥芽威士忌的格蘭菲迪、日本市場銷量冠軍的麥卡倫、擁有最美酒廠之名的史翠艾拉、竹鶴前往學習的朗摩，以及斯佩賽先驅者的格蘭冠等知名酒廠櫛比鱗次。

不親身走訪一趟斯佩賽，無論你是在蘇格蘭還是在日本，都無法知道蘇格蘭威士忌究竟所言為何物。就讓我們起身，前進咱們愛酒之人口中的聖地——斯佩賽吧！

Lossiemouth
B9012
B9012
B9013
A941
B9013
43
31
A96
36
6
Elgin
42
20
37
A941
40
30
18
B9010
B9092
A96
B9091
B9039
B9090
A939
26
32
9
B9006
12
A940
B9007
28
35
16
38
INVERNESS
B851
49
Findhorn
A9
B9102
1
A82
A95
13
Daviot
B851
8
19
B851
B9154
24
B9007
Bridge of Avon
B9102
B9008
52
A939
B9009
2
Drumin
10
50
51
Knockandhu
B9136
11
B9153
B970
B9008
Tomintoul
A939
Aviemore
B9152
A9
Kingussie
B970
Newtonmore
46
A86
A9
45
Braemar
A889
A93
17
A9

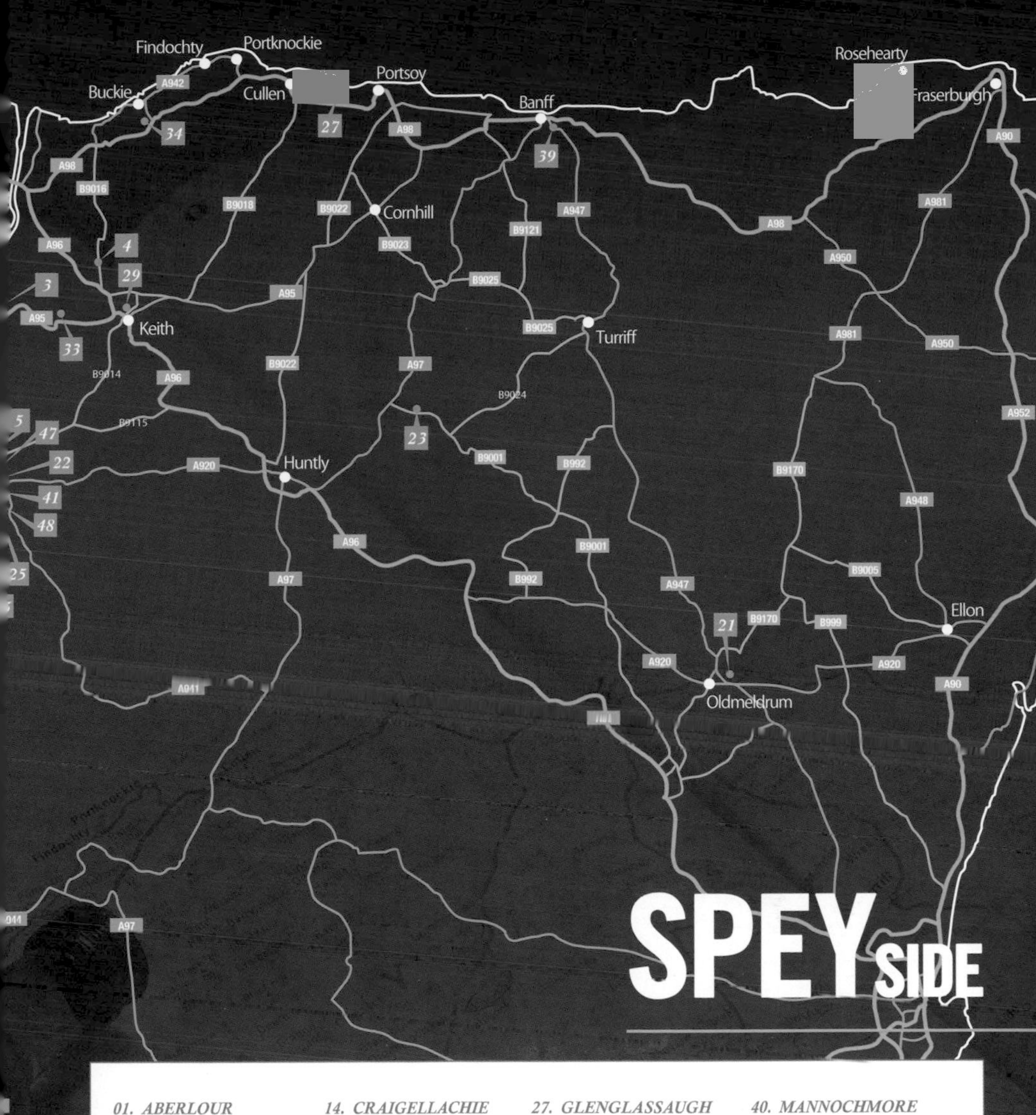

SPEYSIDE

01. ABERLOUR
02. ALLT-A-BHAINNE
03. AUCHROISK
04. AULTMORE
05. BALVENIE
06. BENROMACH
07. BENRIACH
08. BENRINNES
09. ROYAL BRACKLA
10. BALMENACH
11. BRAEVAL
12. CARDHU
13. CRAGGANMORE
14. CRAIGELLACHIE
15. DUFFTOWN
16. DAILUAINE
17. DALWHINNIE
18. DALLAU DHU
19. GLENALLACHIE
20. GLENBURGIE
21. GLEN GARIOCH
22. GLENDULLAN
23. GLENDRONACK
24. GLENFARCLAS
25. GLENFIDDICH
26. GLENGRANT
27. GLENGLASSAUGH
28. THE GLENLIVET
29. GLEN KEITH
30. GLENLOSSIE
31. GLEN MORAY
32. GLEN SPEY
33. GLENTAUCHERS
34. INCHGOWER
35. KNOCKANDO
36. LINKWOOD
37. LONGMORN
38. THE MACALLAN
39. MACDUFF
40. MANNOCHMORE
41. MORTLACH
42. MILTONDUFF
43. ROSEISLE
44. ROYAL LOCHNAGAR
45. SPEYBURN
46. SPEYSIDE
47. STRATHISLA
48. STRATHMILL
49. TAMDHU
50. TAMNAVULIN
51. TOMINTOUL
52. TORMORE

ABERLOUR

Chivas Bros Ltd (Pernod Ricard) ／ Aberlour, Banffshire ／ 英國郵遞區號 **AB38 9PJ**
Tel:01478 614308 E-mail:aberlour.admin@chivas.com

主要單一麥芽威士忌 Aberlour 10年, 15年, Aberlour a'bunadh

主要調和威士忌 Clan Campbell, House of Lords **蒸餾器** 2對 **生產力** 350萬公升

麥芽 添加2ppm泥煤 **貯藏桶** 波本桶及雪莉桶 **水源** 本利林（BenRinnes）的泉水

能夠親身體會何為豐潤的威士忌就在斯佩賽。充滿花香&果香的珠寶盒。

1823年，Peter Weir與James Gordon成立了亞伯樂酒廠。隨著1826年的酒稅法修正，開始了釀酒事業。雖然說官方正式發表威士忌是在1879年，但是否屬實不得而知。在業績不斷成長的同時，雖然藉由新增蒸餾器設備來提升品牌水準，但1974仍被保樂力加集團收購。

這間位處斯佩賽中心地帶的酒廠同時擁有來自本利林（Ben Rinnes）山脈的水源以及平地便利性等諸多特質，背負著百年品牌的責任，以生產富含風味的斯佩賽風格威士忌聞名全球。

亞伯樂的水源取自海拔高度840公尺的本林尼斯山，不鏽鋼製的糖化槽產能為13公噸，另外還有6座同為不鏽鋼製的發酵槽。2對的直立式蒸餾器每年能有350萬公升的產能。熟成上同時採用波本桶及雪莉桶，藉此成功創造出既複雜又豐潤的威士忌。

酒廠位於教會禮拜堂的用地內，被樹群包圍的狹窄大門又因坐落於街道彎角處，所以相當不易被發現，位置不起眼到讓我走過頭1、2次。

亞伯樂酒廠保留有維多利亞王朝時代的建築物風格，由知名建築師 Charles Doig設計建造，卻在1879年因祝融損毀。但無庸置疑地，事後再次重建，相當具美感表現的建築仍是非常值得前往造訪。就算是對威士忌毫無興趣之人，也可以好好欣賞的建物。佇立於散步步道上，光是遙望小河、樹木便可讓人洗滌心靈。

亞伯樂在蓋爾語指的是「潺潺小溪之口」。很可惜地，酒廠未提供日語的說明簡介，設施內更是全面禁止拍攝。

[參觀行程]

亞伯樂酒廠其實在2002年以前並沒有遊客中心，如今為了來自全球的威士忌酒迷們，在以10英鎊的費用觀賞完影片後，提供有參觀酒廠及試飲的行程。另外，除了每天舉辦的標準行程外，還有每週三、週四上午10點半僅舉辦一次，專業水準較高，費用為25英鎊的創業者行程，很可惜酒廠並未準備日語的說明簡介。

[交通指南]

亞伯樂酒廠離A95號公路有一段距離，就位在斯佩賽中央亞伯樂大道的西南方，是棟非常美麗的傳統建築。酒廠雖然在上坡路上，但由於入口狹窄不明顯，因此很容易走過頭。

集結熟成與芳醇為一體的威士忌。

ABERLOUR 10年
［700ml 40%］

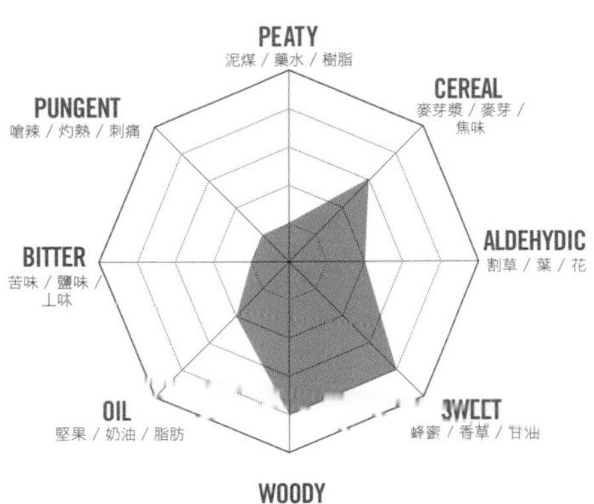

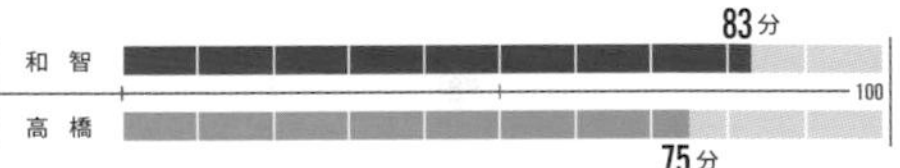

BOTTLE IMPRESSION

ABERLOUR 10年。含入口中的那一剎那，熱帶水果香及花香充滿整個鼻腔及口中。無特別突兀之處，感覺沉穩。整體雖然散發出好比萊姆葡萄般的芳醇感，但仍帶有一絲絲的香草香。據說這支威士忌在法國非常受到歡迎，或許是因為比起威士忌，它更像白蘭地的緣故吧！ABERLOUR 10年有著熟成年份以上的芳香及熟成表現，雖然缺乏泥煤感及刺激感，但酒體仍是飽滿的恰到好處。亞伯樂酒廠有5成產量是作為單一麥芽威士忌銷售，剩餘的則提供起瓦士兄弟集團旗下Clan Campbell或House of Lords品牌的調和威士忌使用。這支威士忌的實際價格落在3,000日圓左右。

每天習慣喝充滿刺激、泥煤風味、踹踢胃臟、賞臉頰巴掌、給舌尖帶來刺痛感…這類型酒款的諸位兄弟們，斯佩賽那沉靜、豐潤口感的威士忌也相當不錯呢！與ABERLOUR 10年相比，12年的整體平衡表現更加出色，餘韻中帶有辛辣味。然而，我尚無幸品嚐16年、18年與Warehouse No.1 Single Cask，因此無法提供心得感想。亞伯樂另有推出以a'bunadh（蓋爾語意指「原始風貌」）為名的威士忌。

頂級威士忌的世界。

ABERLOUR 8年

［700ml 43%］

1976年由BOND商會進口的方形威士忌，價格為8,000日圓。瓶身設計帶有美好時代的氛圍。

時代之寶。

ABERLOUR 12年

［750ml 43%］

1981年以售價10,000日圓推出市場的12年純麥威士忌。日本是由BOND商會負責進口。由Aberlour-Glenlivet負責蒸餾。

標籤設計猶如藥品成分列表。

ABERLOUR 5年

［700ml 43%］

2008蒸餾、2013年裝瓶的5年份威士忌。眾人熟知的Kingsbury公司所推出，「THE SELECTION」系列的亞伯樂酒廠單一麥芽威士忌。從酒桶編號No.8000016、8000017、8000018所裝瓶的972瓶威士忌。絕對的原桶強度，當然帶有非冷凝過濾、無染色工法應有的口感。

蘇格蘭風笛之音⋯。

ABERLOUR 19年

［700ml 56.8%］

1994年蒸餾、2014年裝瓶，熟成年份達19年，SPEYSIDE SINGLE MALT SCOTCH WHISKY「Distilleries Colletction」的亞伯樂酒廠版本。蘇格蘭人熟練地吹著蘇格蘭風笛的標籤插畫充滿氛圍，實在美好。

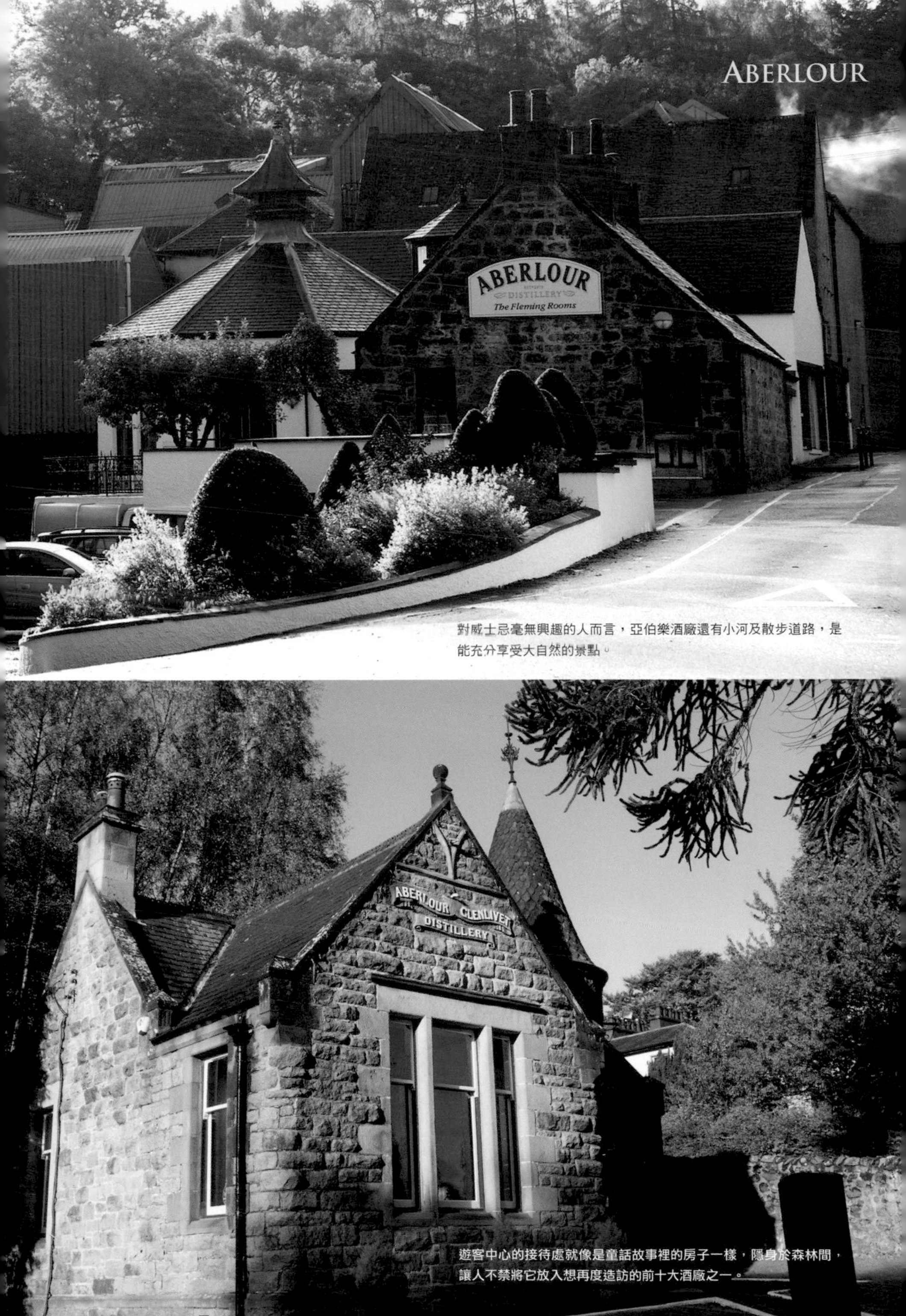

對威士忌毫無興趣的人而言，亞伯樂酒廠還有小河及散步道路，是能充分享受大自然的景點。

遊客中心的接待處就像是童話故事裡的房子一樣，隱身於森林間，讓人不禁將它放入想再度造訪的前十大酒廠之一。

歐特班

ALLT-A-BHAINNE

Chivas Bros Ltd (Pernod Ricard) ／ Glenrinnes, Dufftown, Banffshire ／ 英國郵遞區號 **AB55 4DB**
Tel:01542 783200 E-mail:—

主要單一麥芽威士忌 由於酒廠經營者的關係，歐特班並未推出原廠威士忌，但偶爾會在市面上看到獨立裝瓶業者的產品

主要調和威士忌 Chivas Regal, 100 Pipers, Passport **蒸餾器** 2對 **生產力** 450萬公升

麥芽 未添加泥煤 **貯藏桶** 波本桶 **水源** Rowantree與Scurran河

究竟是城堡要塞？還是無法逃脫的監獄？
其實，它是起瓦士集團旗下，生產調和用威士忌原酒的酒廠。

1975年，歐特班酒廠搖身一變，成了負責生產起瓦士調和用威士忌原酒的酒廠。在面對當年的不景氣，讓起瓦士不得不調整產能毫無上限的擴張策略。目前更導入電腦系統管理，讓需求人力降至最低。2002年接手經營的保樂利加集團於2005年重啟了停產的歐特班酒廠，讓酒廠專門生產起瓦士、黑牌約翰走路、100 PIPERS、帕斯波特等旗下品牌的調和用原酒。目前的歐特班仍無推出自己的單一麥芽威士忌。

歐特班酒廠的水源取自Rowantree河、Scurran河及本林尼斯的泉水，將不含泥煤的麥芽加工成每爐9公噸的醪後，再以8座不鏽鋼糖化槽及同樣數量、材質的發酵槽進行發酵。酒廠各有2座直立式及球式蒸餾器，年產能為450萬公升。熟成僅採用波本桶，酒廠本身無貯藏設備，皆集中於起瓦士的倉庫存放。

Allt-A-Bhainne在蓋爾語中是指「牛奶色的小河」。

我在此先坦承，可能是因為拍攝角度或地點不佳的關係，或許會讓讀者感覺酒廠充滿壓迫感，甚至難以提出「可否進去參觀一下內部」的請求。歐特班雖然已經完全沒有要再進行地板式發芽的計畫，但為了呈現懷舊氛圍，酒廠仍繼續保留著多年前建物屋頂上的4座窯爐。

歐特班酒廠雖未推出原廠的單一麥芽威士忌，但道格拉斯．萊恩等獨立裝瓶業者則有自行發行單一麥芽威士忌酒款，建議可與內含歐特班原酒的調和威士忌進行試飲比較，或許會有新發現。

[參觀行程]

既無遊客中心、也無參觀行程。或許可以嘗試提出需求看看？

[交通指南]

從達夫鎮（Dufftown）往西南方向前進，酒廠位處面向B9009號公路的山麓旁，從外觀實在看不太出是間酒廠。

MOON IMPORT公司的好品味。

道格拉斯．萊恩公司的代表系列產品。

ALLT-A-BHAINNE 16年

［700ml 46%］

前味那帶嗆、如花朵般的甘甜香味搔癢著鼻子。入口時，強烈的麥芽風味讓人無法與16年的熟成年份聯想在一起，反而是刺辣的辛香表現強烈。有著非常甘甜、香草、蜂蜜與水果的味道。酒色呈現亮麗的香檳金，酒體輕盈。

ALLT-A-BHAINNE 20年

［700ml 50%］

從原桶進行裝瓶的「The Old Malt Cask」系列可說是道格拉斯．萊恩公司的代表性商品。過去該公司雖以King of Scots等調和威士忌商品聞名，但自1990年代後半起，便改成自行銷售自家擁有的所有原桶威士忌。

奧羅斯克

AUCHROISK

Diageo plc ／ Mulben, Banffshire ／ 英國郵遞區號 **AB55 6XS**
Tel:01466 795650 E-mail:－

主要單一麥芽威士忌 Auchroisk 10年（Flora & Fauna系列） 主要調和威士忌 J&B

蒸餾器 4對 生產力 380萬公升 麥芽 未添加泥煤

貯藏桶 波本桶。若蒸餾液作為單一麥芽原酒使用時，則會以雪莉桶進行熟成。

水源 Dories泉水

年產能380萬公升，可貯藏26萬桶熟成桶的酒廠。

SINGLETON
［750ml 40%］

由於AUCHROISK的發音不易，業者認為「SINGLETON」較容易讓人聯想到單一原桶或單一麥芽蘇格蘭威士忌，進而使用此名稱。圖為1975年生產，極為珍貴的陳年威士忌。

奧羅斯克酒廠。這間讓人頗為陌生的酒廠是1972年由Justerini & Brooks公司成立，負責生產在美國名聲響亮的J&B威士忌的調和用原酒。

建築物的設計時髦俐落，就像是新興宗教的教堂。奧羅斯克酒廠所生產的威士忌質地精良，不僅有1986年所推出的單一麥芽威士忌，就連作為調和用威士忌的原酒更被讚賞，不過就是放進酒桶，就可讓味道出現劇烈改變，深受威士忌行家們的注目。

然而，在成為蘇格蘭威士忌大集團之一帝亞吉歐的一員後，奧羅斯克酒廠更活用酒窖的廣闊占地，容納、貯藏著集團旗下來自斯佩賽地區的酒廠所生產的265,000桶原酒。

奧羅斯克酒廠擷取Dories的優質泉水，將每爐11公噸的麥芽於不鏽鋼製糖化槽進行糖化，接著以8座的不鏽鋼製發酵槽予以發酵，其後再以8座燈籠型蒸餾器，每年生產著380萬公升的原酒。一般熟成雖使用波本桶，但單一麥芽威士忌用的原酒則會使用雪莉桶熟成。最後的2年期間甚至採用二次熟成工法等多元方式進行熟成。AUCHROISK在蓋爾語指的是「紅色溪流的淺灘」，奧羅斯克更是市場熟知，最早推出單一原桶威士忌的業者。

奧羅斯克酒廠雖用「SINGLETON」之名裝瓶銷售，但在2001年發生了命名權的問題後，便停止使用該名稱。暫且先不論這個爭議，奧羅斯克的單一麥芽威士忌雖無泥煤香，但卻是具備甜味、蜂蜜、果香、堅果及些許煙燻味，集斯佩賽特色於一身的知名傑作。讀者若有機會的話，還可真要親身品嚐。

［參觀行程］

很可惜地，酒廠並無提供遊客參觀用的建物設施。

［交通指南］

從基斯沿B95號公路向西前進，酒廠就位於左側。

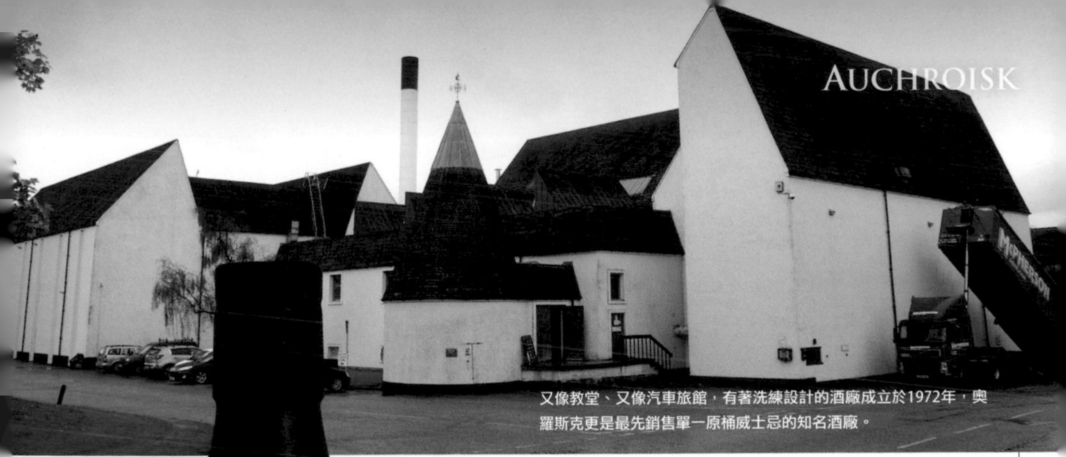

又像教堂、又像汽車旅館，有著洗練設計的酒廠成立於1972年，奧羅斯克更是最先銷售單一原桶威士忌的知名酒廠。

非常典型的威士忌酒款。

TAKAHASHI RECOMMEND BOTTLE

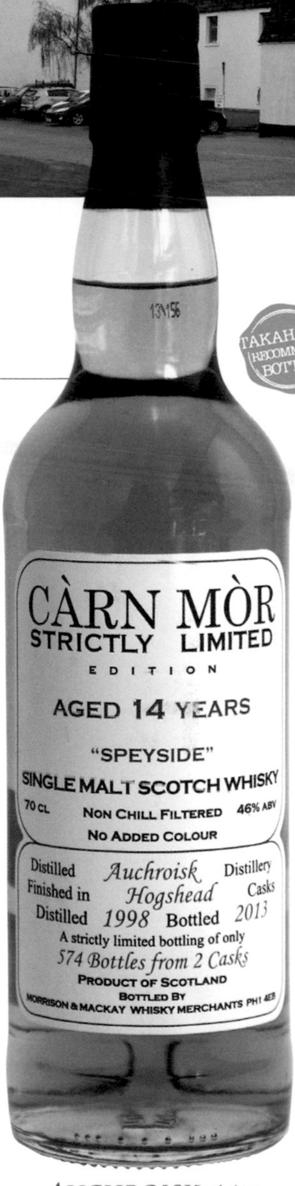

AUCHROISK 14年

［700ml 46%］

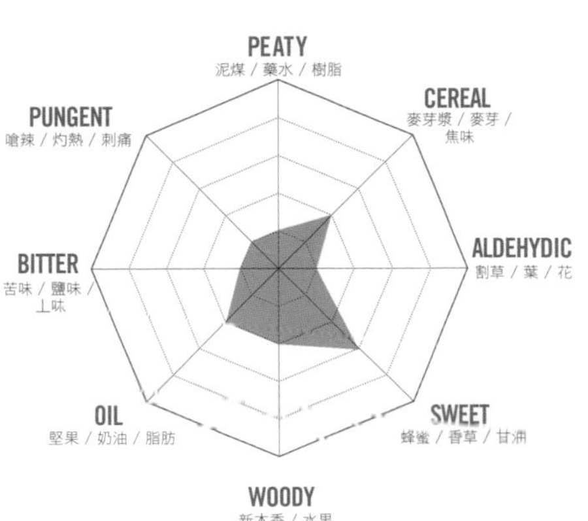

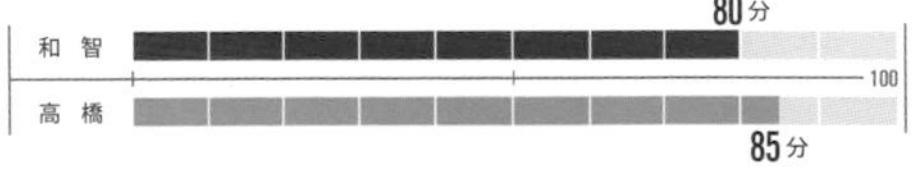

BOTTLE IMPRESSION

AUCHROISK 14年。最剛開始雖然會感受到些許的煙燻味，但整體帶甜。口感表現為果實、花朵、堅果及些許的麥芽味，不帶刺痛感、也沒有泥煤味及藥水味。擁有斯佩賽的優良特質，可以享受到完成度相當高的口感。酒體中等，即便加水也無損高尚的整體表現。可說是忠實呈現甘甜與芳醇，非常典型的威士忌酒款，更讓我擅自列入最鍾愛的前十大威士忌中。奧羅斯克另提供原酒供J&B作為調和威士忌使用。由於AUCHROISK的發音饒舌，在1986年雖曾以SINGLETON 12年之名進行銷售，但卻因達夫鎮酒廠也有完全相同的商品，奧羅斯克在一番競爭後敗陣，自2002年起停售自家的SINGLETON。在品嚐過這支威士忌後，或許會察覺到，世界知名品牌與該品牌威士忌的美味不成比例的事實吧！我認為，除了相信自己的味覺外，沒有其他的方法能帶領讀者清楚掌握威士忌的世界。目前花與動物（Flora & Fauna）系列的10年威士忌售價落在5,000日圓左右。

16年威士忌。

AUCHROISK 16年

［700ml 46%］

由高登麥克菲爾公司企劃，奧羅斯克酒廠於1996年蒸餾、2013年裝瓶，「Connoisseurs Choice」系列的限定款單一麥芽蘇格蘭威士忌。該系列一般而言共有70～80種酒款。

15年威士忌，究竟哪支美味呢？

AUCHROISK 15年

［700ml 46%］

1998年蒸餾、2014年裝瓶，限定120瓶的其中1瓶。該系列以生於蘇格蘭大自然的動植物為主題，瓶身畫有清新的插圖，同時是由ACORN公司社長的親戚親筆描繪。

奧特摩爾

AULTMORE

John Dewar & Sons Ltd (Bacardi Limited) ／Keith, Banffshire ／英國郵遞區號 **AB55 6QY**
Tel:01542 881800 E-mail:一

主要單一麥芽威士忌 Aultmore 12年 **主要調和威士忌** Dewar's White Label **蒸餾器** 2對 **生產力** 290萬公升

麥芽 未添加泥煤 **貯藏桶** 波本桶及雪莉桶 **水源** Foggie Moss泉水

身為調和威士忌銘品—帝王威士忌的基酒，表現出充滿壓倒性的存在感。

同為班里尼斯（Benrinnes）及達拉斯杜（Dallas Dhu）酒廠主人的Alexander Edward於1895年，在私釀酒時代的聖地建造了奧特摩爾酒廠。1923年納入Oban & Aultmore Glenlivet Distilleries旗下後，雖擴大經營，但2年後仍賣給了John Dewar & Sons公司。1925年起則為DCL（Distillers Company Limited）所有。

1971年，奧特摩爾酒廠的蒸餾設備進行了全面性的重新調整，讓產能倍增，但1998年仍被帝亞吉歐集團賣掉，經營權則交回母公司的百家得烈酒集團（Bacardi）。然而，酒廠建於維多利亞時代的建築物仍毫不褪色，尚保有存在感及原創精神。

奧特摩爾更將糖化槽所產出的渣屑、發酵槽的殘留液藉由乾燥、壓縮、後製成膏狀物，將產業廢棄物進行改造，生產成含有高蛋白質的家畜用飼料，創造新商機。1952年後，其他酒廠開始仿效奧特摩爾，添購了相同的設備。產品類型雖然不同，但在1960年代之際，這樣的回收再利用也被淡啤酒與黑啤酒業者採納。

AULTMORE在蓋爾語有「大河 」之意，指從旁流過的Auchenderran河。酒廠水源取擷自Foggie Moss的泉水。將用泥煤煙燻成酚值為10~15ppm 的麥芽糖化、發酵、蒸餾作業是於6座不鏽鋼製發酵槽，以及直立式及燈籠型蒸餾器進行。奧特摩爾酒廠擁有每年生產290萬公升烈酒的能力，熟成採用波本桶。1991年推出花與動物（Flora & Fauna）系列。2004年，百家得烈酒集團更發表了12年的單一麥芽威士忌。然而，酒廠在2001年以前採直火加熱，之後雖改為蒸氣加熱。奧特摩爾今後的口味風格會出現怎樣的變化，一直是大師級的威士忌酒迷們相當關注的。

［參觀行程］

無遊客中心。若事前提出需求，或許有機會入內參觀。

［交通指南］

從斯佩賽的基斯出發，沿著A96號公路往西北方向行駛4公里，接著在B9016號公路右轉後，朝北行駛2公里便可抵達。

AULTMORE 15年
[700ml 55.4%]

BOTTLE IMPRESSION

AULTMORE 15年。前味芳香，充滿麥芽、果香及花香。甘甜為主要的口感表現，還可以察覺到非常微量的煙燻味。嚐起來有辛香味、葉子味及清爽香味等，將斯佩賽威士忌特有的精髓表現的淋漓盡致。由於酒精度數偏高，達55.4%，因此就算加水，也絲毫不影響整體表現，仍保有美味。1991年UD公司雖然推出了花與動物系列，但銷售瓶數似乎還無法讓日本消費者輕易購得。左圖為1997年蒸餾、2012年裝瓶，308瓶中的第146瓶，名為「The Golden Cask」。雖然不是酒廠推出的原廠單一麥芽威士忌，但以目前奧特摩爾的狀況來看，也只能等待獨立裝瓶業者推出商品了。

豪華的標籤設計，味道如何？

樸素的標籤設計。

AULTMORE 12年

［750ml 40%］

John & Robert Harvey公司的調和威士忌（Harveys Special）使用的原酒是由奧特摩爾酒廠生產。此款威士忌強調未調和（unblended），也未標註單一麥芽的字句，於1970年在義大利及奧地利販售。

AULTMORE 12年

［750ml 40%］

這支威士忌與左邊酒款不知是否為同一年代裝瓶？雖然設計非常相似，但拿掉金色，採2色印刷。標籤上的文字為PURE HIGHLAND MALT，與左邊酒款不同。奧特摩爾酒廠於1895年，設立在蘇格蘭的基斯。

BALVENIE

William Grant & Sons Ltd ／ Dufftown, Banffshire ／ 英國郵遞區號 **AB55 4BB**
Tel:01466 795650 E-mail:—

主要單一麥芽威士忌	Signature 12年, DoubleWood 12年, Portwood 1991, Single Barrel 15年, Portwood 21年, Balvenie Thirty	主要調和威士忌	William Grant's Family Reserve

蒸餾器 酒汁蒸餾器5座、烈酒蒸餾器6座 **生產力** 640萬公升 **麥芽** 添加非常少許的泥煤

貯藏桶 波本桶及雪莉桶 **水源** Balvenie泉水

目前蘇格蘭僅存，6間仍自行進行地板式發芽的酒廠。由百富方程式所誕生的瑰寶之酒。

百富酒廠是William Grant以格蘭菲迪母公司名義，於1892年在達夫鎮成立的第二間酒廠。會名為百富，是因酒廠建在百富城堡（Balvenie Castle）的遺址之上。向艾雷島的拉加維林購買中古的蒸餾器，以蘇格蘭目前僅剩6間酒廠有在進行的地板式發芽進行生產。雖然產量僅達酒廠總需求量的1成，但百富仍堅持著這項傳統。這個重要過程究竟對威士忌的口感會帶來怎樣的影響，相信各酒廠的認知一定不盡相同，但若以目前實施有地板式發芽的6間酒廠所生產的麥芽非常吸引人來看，實在不得不承認地板式發芽的威力。

百富酒廠的水源取自Balvenie泉水，麥芽則是使用自家占地1,000英畝的田地所收成的二稜大麥與自21世紀向政府租借的土地所種植的大麥，以12小時的時間將麥芽烘乾，讓大麥帶有非常非常輕微的泥煤香。使用的大麥數量為6公噸，所需天數為8天，以不鏽鋼製糖化槽進行糖化，搭配9座奧勒岡松製及5座不鏽鋼製發酵槽予以發酵。再者，6座的烈酒蒸餾器讓年產能更可達640萬公升。貯藏同時使用波本桶及雪莉桶，單一麥芽威士忌更會使用紅酒桶或波特酒桶進行熟成。然而，熟成所使用的酒桶可是能決定5～8成的威士忌口感，因此百富並未將相關作業委外，而是全交由自家的工匠進行酒桶的製作及維修。

Balvenie在蓋爾語有「山麓聚落」的意思。

[參觀行程]

酒廠於2005年新增了鑑定師行程，另更企劃人數限定8名的3小時體驗行程。內容包含地板式發芽、木桶維修、製造、傳統式倉庫管理、製作一人份的樣本威士忌等，費用為25英鎊，需事前預約。

[交通指南]

百富酒廠距離Craigellachie和埃爾金約20公里。它雖然就在格蘭菲迪酒廠後方，但要特別留意才能找到。在A941號公路稍微上去一點後，在一片樹木林立之中會看到一座漂亮的停車場，從那裡右轉即可抵達，位置不是很好找，可能要多找幾次才能找到。

瑰寶之酒。

BALVENIE 12年
［700ml 40%］

BOTTLE IMPRESSION

BALVENIE 12年。氣味表現複雜，帶有熟成麥芽、蜂蜜及少許煙燻味。極好入喉，能夠滑順地進到胃部。帶有燻煙味的甘甜、果香、辛香味。酒體雖然中等偏飽滿，卻有著相當清爽的口感，讓人覺得酒精度數不高。餘韻飽滿，熟成表現悠長。這支威士忌有著讓人不自覺一杯接著一杯的奇妙特質。即便不是威士忌酒迷，也都該品嚐看看。酒商定價5,500日圓，實際售價落在4,200日圓前後，相當適切的價格設定。

百富酒廠大部分的原酒都被拿來做為調和威士忌使用，用於William Grant's Family所推出的調和威士忌品牌。

Signature 12年。DoubleWood 17年定價15,000日圓，實際售價為12,500日圓左右。Portwood 1991年。Single Barrel 15年。Portwood 21年定價30,000日圓，實際售價為27,000日圓左右。在這之上還有百富30年單一麥芽威士忌。不論是哪支威士忌，都相當濃厚紮實，帶有奢華的口感。只可惜價格昂貴，讓我尚無緣品嚐，今後一定要抓緊機會來挑戰看看。

BALVENIE 14年
［700ml 43%］

名為「CARIBBEAN CASK」的酒款是以非常稀少的加勒比海蘭姆酒桶（Rum）進行熟成的單一麥芽威士忌。酒液呈現金黃色。受到蘭姆的影響，酒體紮實，建議需試飲。酒商定價為9,000日圓，實際售價稍降，為8,200日圓起跳。

受蘭姆酒桶影響。

豐潤究竟為何？

BALVENIE 17年
［700ml 43%］

由於是「DOUBLEWOOD」，因此使用首次充填與再次充填的波本桶，接著再換歐羅洛索雪莉桶進行熟成。是能夠讓品嚐之人了解何謂豐潤的威士忌。風味更是凌駕風評極高的BALVENIE 12年。酒商定價18,000日圓，實際價格落在15,000日圓左右。

BALVENIE 21年
［700ml 40%］

酒商定價35,000日圓，實際售價為28,000日圓起跳，看到這樣的價格實在讓人畏縮，但仍要好好向各位進行解說。21年以上的「PORTWOOD」係指開始以波本桶，接著以PORTWOOD波特酒桶進行熟成，口感表現極致豐潤。總之，說明介紹中寫道，就像是被蜂蜜溫柔地包圍著的感受…。尚未體驗的酒款。

尚未體驗的風味。

帶有「THE」的18年威士忌。

THE BALVENIE 18年

［750ml 43%］

會特別放入「THE」一字，是代表著酒廠幹勁十足的意思嗎？想必是這樣的。不僅熟成18年，還是頂級的威士忌。上瘦下胖的形狀，更是手法高明地突顯出其陳年價值。相當亮麗的設計。

瓶身標籤寫有8年以上。

BALVENIE 8年以上

［750ml 43%］

「8年以上」，這種現今不曾見過的標籤說明在我看來，更是顯現出蘇格蘭人的認真性格。可以確定的是，裝瓶時是混用熟成10年及12年的酒桶。陳年威士忌酒款。至於瓶身形狀，有可能是在格蘭菲迪開始銷售之後才想到的吧？

熟成6年的麥芽威士忌。

BALVENIE 6年

［750ml 43%］

或許是想推銷給北美市場的女性消費者吧！瓶身特別貼有「特別獻給女性們（Specially For Ladies）」的文字。口感應該會相當不錯。濃度等相關資訊皆採用北美地區的標示方式。另外更刻意標示出非調和威士忌，如此用心讓人深感佩服。

本諾曼克
BENROMACH

Gordon & MacPhail／Invererne Road, Forres, Morayshire／英國郵遞區號 **IV36 3EB**
Tel:01309 675968 E-mail：info@benromach.com

主要單一麥芽威士忌	Benromach Traditional, Benromach Organic, Benromach Peat Smoke, Benromach 10年, 21年, 25年

主要調和威士忌 N/A　蒸餾器 1對　生產力 70萬公升　麥芽 添加10～12ppm泥煤

貯藏桶 波本桶及雪莉桶　水源 Chapelton泉水

由斯佩賽最小酒廠所誕生的極致之酒，負責管理、營運的人員僅有2人。

本諾曼克酒廠是由Duncan McCallum與F.W. Brickman於1890年建造，1898年開始正式運作。但在景氣起伏的潮流下，酒廠也上演著一再關廠及重新啟動，經營者不斷換人的戲碼。在1980年代全球經濟蕭條的情況下，DCL公司關閉了旗下包含本諾曼克的9間酒廠，但在1933年由高登麥克菲爾公司接手後，又讓本諾曼克賦予生命。當年由於酒廠所有人的管理不善，導致設備狀態不佳，但進行了仔細的修復作業後，讓酒廠得以重新啟動，並請來查爾斯王子列席紀念儀式。目前更將生產變更為僅需2名人員即可管理的系統，讓這間斯佩賽最小酒廠得以再現於世人面前。

本諾曼克酒廠的水源取擷從諾曼克山丘（Romach Hills）所湧出的Chapelton泉水，並以4座落葉松製的發酵槽進行發酵，2座的直立式及球式蒸餾器每年可生產70萬公升的酒液。麥芽使用無泥煤味的大麥及酚值10～12ppm的輕泥煤大麥。熟成則使用田納西威士忌酒桶與歐羅洛索雪莉桶。在這邊說個閒話，本諾曼克（Benromach）這名字好像古羅馬帝國文化圈的殖民地，看來，古代羅馬帝國的勢力跨越了哈德良長城（Hadrian's Wall）和安東尼長城（Antonine Wall）向北遠遠擴散，深深影響了不列顛群島。

[參觀行程]

花個3.50英鎊就可以拿到日語簡介，在看完「有機栽培」的麥芽種植及高登麥克菲爾公司歷史等影片介紹後，便可參觀酒廠及試飲，另也提供私人導覽行程。

[交通指南]

從埃爾金沿A96號公路往Inverness行駛途中會經過Forres，本諾曼克酒廠就在那附近。

在高登麥克菲爾公司於1933年買下酒廠後所生產的威士忌產品上，皆標示有G&M公司蒸餾的字句。

由高登麥克菲爾公司蒸餾、裝瓶的酒款。

PEATY 泥煤／藥水／樹脂
CEREAL 麥芽漿／麥芽／焦味
ALDEHYDIC 割草／葉／花
SWEET 蜂蜜／香草／甘油
WOODY 新木香／水果
OIL 堅果／奶油／脂肪
BITTER 苦味／鹽味／土味
PUNGENT 嗆辣／灼熱／刺痛

和智	NO DRINK
高橋	85分

BOTTLE IMPRESSION

BENROMACH 10年。聞起來是帶有舒服雪莉酒香的花香及芬芳。幾乎感覺不到泥煤香，特徵表現為輕盈、甘甜、順喉，酒體適中。雖然不建議加水，但還是可以添加少量。最後，水果、巧克力、藥味及微微的辛香像是不斷搔癢著鼻孔，並有著穿越喉嚨的快感。本諾曼克酒廠在United Distillers集團旗下的關廠時期雖然沒能重啟，但仍推出有「Rare Malts Edition」的20年威士忌，其後便不曾再推出原廠的單一麥芽威士忌。在高登麥克菲爾公司接手後，由查爾斯王子於1998年宣布酒廠重新啟動。也讓瓶身的標示從「G&M裝瓶」變更為「G&M蒸餾及裝瓶」。G&M在上一任United Distillers集團時代撤除蒸餾器後，又重新設置了小型蒸餾器，成功打造可年產70萬公升新酒的生產體制。這支10年威士忌約4,500日圓便可購得。

BENROMACH 10年
[700ml 43%]

班瑞克

BENRIACH

The BenRiach GlenDronach Distilleries Company Ltd ／ Longmorn, Elgin, Morayshire ／
英國郵遞區號 **IV30 8SJ** ／ Tel:01343 862888 E-mail:info@benriachdistillery.co.uk

主要單一麥芽威士忌 Benriach 12年, 16年, 20年, Curiositas, Authenticus, Heart of Speyside

主要調和威士忌 Chivas Regal, Queen Anne, 100 Pipers 蒸餾器 2對 生產力 280萬公升

麥芽 幾乎未添加泥煤 貯藏桶 波本桶及雪莉桶 水源 Burnside泉水

2009年開始地板式發芽，擁有強烈性格的酒廠。

班瑞克酒廠是1898年，由知名威士忌品牌朗摩經營者John Duff在讓酒迷們風靡不已的酒廠林立之地——斯佩賽所建造。當時，更是少數有進行地板式發芽的酒廠，因此格外珍貴。直到1990年關閉之際，酒廠皆一直保留著此工法。此外，班瑞克自1983年起便以大量泥煤煙燻過的麥芽進行蒸餾，這樣的需求僅維持到1999年，接著再次開始此生產方式是在2008年之際。藉此，班瑞克也開始自行生產麥芽，將含泥煤及不含泥煤的麥芽以1比9比例，製造出與斯佩賽威士忌別出一格的風味。

另一方面，班瑞克酒廠與朗摩酒廠一樣擷取來自Burnside的泉水，將以帶有些許泥煤香味的麥芽製成的烈酒，再利用西班牙南部安達魯西亞（Andalucia）所產，一般甜度的Oloroso與高甜度的Pedro Ximinez雪莉桶進行熟成。當我們帶著對斯佩賽威士忌的既定印象品嚐班瑞克時，卻可以嚐到煙燻、泥煤的強烈風味。

以非冷凝過濾、無染色方式生產而成的班瑞克威士忌更是能讓消費者欣賞到威士忌天然色澤的珍貴酒款。以8座奧勒岡松製發酵槽進行發酵，4座直立式蒸餾器更有著每年280萬公升的產能。2001年被保樂力加集團買下後，成了起瓦士的資產。2004年在比利・沃克（Billy Walker）的帶領下，班瑞克進化發展成新世代的威士忌酒廠。Benriach在蓋爾語中有「灰色山脈」的意思。

BENRIACH 10年
[750ml 43%]

複雜的甜、柔和及圓潤，更帶有滿滿的煙燻味。酒體表現既柔軟又適中。據說有著讓人眼睛為之一亮的口感，是評價相當不錯的陳年威士忌。

[參觀行程]

一般來說雖然沒有參觀行程，但若事前給予聯繫，或許有機會入內一探究竟。

[交通指南]

從斯佩賽埃爾金沿A941號公路朝Rothes方向行駛，途中便可看到班瑞克酒廠坐落於左側。

透過添加少許泥煤，製造出與斯佩賽風味別出一格的威士忌讓班瑞克之名受到好評。

重啟地板式發芽所呈現的魅力風味。

BENRIACH 12年
[700ml 43%]

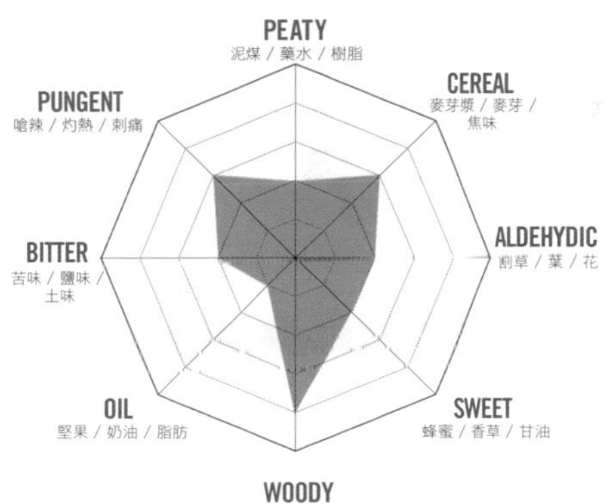

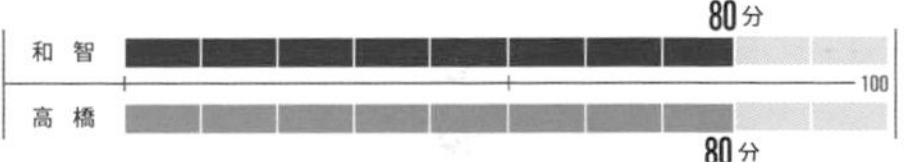

BOTTLE IMPRESSION

BENRIACH 12年。無零售定價，實際售價約3,900日圓。12年的Sherry Wood威士忌也同樣無零售定價，實際售價則落在4,500日圓前後。酒液呈現銅金色，氣味是帶有些許甜味的果香。酒體適中飽滿，卻令人意外地竟也隱藏著對胃部帶來強力重擊的表現。樹脂、藥味、焦掉的麥芽糊、多種水果以及新木的香氣。帶苦的堅果、起司，最後則是以淡淡的煙燻味作結束，是支非常適合平日飲用的酒款。班瑞克酒廠雖然位處善於生產穩重、纖細威士忌的斯佩賽地區，但卻選擇開始自家思思念念的地板式發芽，終於成功打造了能和艾雷煙燻泥煤味相匹敵，充滿魅力的威士忌。也讓曾經身為邦史都華（Burn Stewart）酒廠生產負責人的比利・沃克成功生產出超越艾雷島威士忌的任務得以執行。自1985年推出單一麥芽威士忌以來，2011年更以熟成年份15年以下等級的威士忌榮獲IWSC金牌獎。16年與20年尚無機會品嚐，對讀者們深感抱歉。

46的高品質。

BENRIACH 15年

［700ml 46%］

酒廠推出的原廠15年威士忌。從帶紅的青銅色酒液中，飄散出豐富的紅酒、咖啡及果香。餘韻悠長甜美。

挑戰熟成年份。

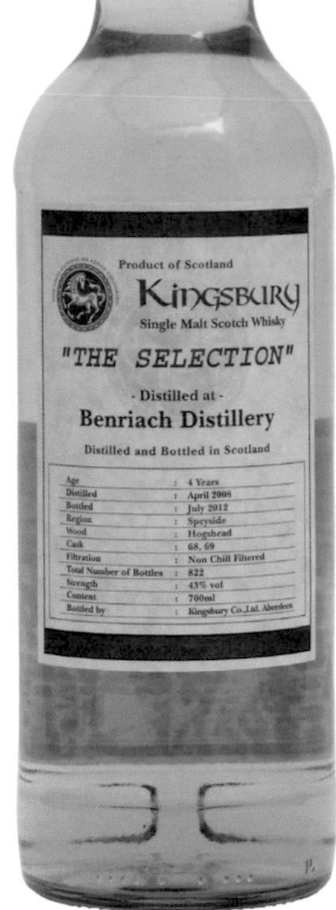

BENRIACH 4年

［700ml 43%］

Kingsbury公司「THE SELECTION」系列的其中一款威士忌。2008年蒸餾、2015年裝瓶。酒桶編號為No.68、69，以非冷凝過濾、無染色方式生產而成。

來自單一原桶的單一年份威士忌。

最具知名度的獨立裝瓶業者所推出的系列酒款。

BENRIACH 1979

[700ml 47.8%]

由信濃屋食品的威士忌採購人員嚴選單一原桶，裝瓶成數量限定的威士忌，並透過自家的物流體系進行販售。該款與人氣極高的1976年屬相同的單一年份系列。1979年於斯佩賽的班瑞克酒廠蒸餾而成的150瓶威士忌。

BENRIACH 1997

[700ml 46%]

高登麥克菲爾公司於1977年蒸餾、2012年裝瓶，單一麥芽蘇格蘭威士忌「Connoisseurs Choice」系列中，斯佩賽班瑞克酒廠的14年威士忌。對追尋非原廠裝瓶、珍貴稀有單一麥芽威士忌之人而言，相當受歡迎的系列。

本利林

BENRINNES

Diageo plc／Aberlour, Banffshire／英國郵遞區號 **AB38 9NN**
Tel:01340 871215 E-mail:—

主要單一麥芽威士忌 Benrinnes 15年（Flora & Fauna系列） 主要調和威士忌 Johnie Walker, J&B

蒸餾器 3座蒸餾器，共計2組 生產力 250萬公升 麥芽 未添加泥煤 貯藏桶 波本桶及雪莉桶

水源 Scurran河與Rowantree河

令人意外地，來自三次蒸餾的風味竟帶有如此正統的芳醇及甜美。

斯佩賽地區海拔最高的山，本利林山（標高841公尺）。酒廠建在海拔200公尺的山麓之處。1826年雖由Peter Mackenzie建成，但在3年之後經歷了場洪水將酒廠破壞殆盡。1922年被John Dewar & Sons公司收購，1924年納入DCL集團後，更換至他處營運，其後由DCL旗下子公司SMD負責經營。1955年，本利林酒廠除了保留傳統的蟲桶冷凝外，將其它的製法與建築物一同拋棄廢除，搖身一變成為較有生產效率的酒廠，但卻無法滿載稼動，最終只好暫停營運。

1995年，蒸餾器終於由原本的3座增加為6座，讓重建的本利林酒廠得以再度啟動。每年可生產250萬公升不含泥煤的原酒。一般而言，三次蒸餾是為了讓口感更加輕盈的手法，但本利林卻能從那小小的蒸餾器中產出令人意外的重口味威士忌。本利林同時也是少數仍持續使用蟲桶冷凝的酒廠，據說該設備能夠幫威士忌創造出沉穩份量。酒廠使用來自斯佩賽名山的本利林山，Scurran河與Rowantree河的水源。同時使用波本桶及雪莉桶進行熟成貯藏。酒廠單純以水泥打造，充滿近代風格，讓人絲毫感覺不出是已經有180年歷史的建築，這樣的本利林酒廠仍繼續佇立在本利林山的綠野之上。

[參觀行程]

無酒廠導覽行程，無遊客中心。

[交通指南]

從斯佩賽的Craigellachie沿A95號公路朝Aberlour行駛約5公里後，便可看到本利林酒廠。

與充滿往日情懷，維多利亞時代的磚瓦式建築相比，以單調色調打造的水泥倉庫及蒸餾建築。

個性派酒款。

BENRINNES 15年

[700ml 59.1%]

「ADELPHI Selection」。帶有辛香料風味的泥煤、水果、草本的輕盈香氣。酒液呈現褐色，酒體適中，無刺激感，圓潤的煙燻、芳醇及香甜表現。散發出柳橙、早餐穀麥片的味道，最後以留下花香及草本香收尾。

既然都被稱為「藝術作品」，那就該品嚐看看。

BENRINNES 10年

[700ml 46%]

名為PROVENANCE（起源，藝術作品）的系列是在秋季進行蒸餾，由McGibbon公司企劃，本利林酒廠負責生產。以非冷凝過濾、無染色方式製成，採用明確呈現出蒸餾季節的手法。

甦醒吧！東北之魂。

BENRINNES 16年

[700ml 46%]

1996年蒸餾而成的18年單一麥芽威士忌。與六魂祭一樣，瓶身標籤上印有宮城．仙台的七夕祭等，東北地區夏日祭典的照片。該威士忌更帶有從大地震的傷痛中再度站起的含意。

BALMENACH

Inver House Distillers Ltd（Thai Beverage plc）／Cromdale, Grantown-on-Spey, Morayshire／英國郵遞區號 **PH26 3PF**
Tel:01479 872569 E-mail:enquiries@inverhouse.com

主要單一麥芽威士忌 **Balmenach 12年（Flora & Fauna系列）** 主要調和威士忌 **Hankey Bannister, Inver House**

蒸餾器 **3對** 生產力 **270萬公升** 麥芽 **未添加泥煤** 貯藏桶 **波本桶** 水源 **Rasmudin河**

根據記載，1878年，維多利亞女王曾在西高地的飯店品嚐過巴門納克威士忌。

在酒稅法於1824年修正後，James MacGregor建造了巴門納克酒廠。其後，經營權雖握在創立者MacGregor家族手上超過百年，但在1925年進入經濟蕭條期，使酒廠落入DCL集團手中。1962年雖總計新增6座的蒸餾器，但仍在1993年面臨關廠。1997年，Inver House公司（泰國的Thai Beverage公司所有）買下了巴門納克酒廠，投入大筆資金增購生產設備的同時，卻也保留下舊式的蟲桶冷凝裝置繼續稼動。目前仍以此工法生產的蘇格蘭酒廠僅剩14間，為數稀少，但實際上卻有威士忌老饕深信，這樣的方式能夠為風味賦予深度。

巴門納克酒廠的水源取自Rasmudin河，以6座奧勒岡松製發酵槽及6座鼓出型蒸餾器進行蒸餾，年產能為270萬公升，熟成則使用波本桶。

1977年，伊莉莎白二世登基銀禧紀念儀式（Silver Jubilee）所舉辦的倫敦海德堡公園中展示有巴門納克酒廠的鼓出型蒸餾器，那更是目前仍持續運轉的蒸餾器。另有記錄指出，1878年維多利亞女王曾於Gairloch飯店品嚐過巴門納克的單一麥芽威士忌。此外，雖然和這個話題沒什麼相關，不過巴門納克威士忌在維多利亞女王時代的英國殖民地區可是留有輝煌的銷售實績。

[參觀行程]

酒廠本身雖然沒有參觀用的設備及遊客中心，但也表示相當歡迎遊客的造訪。

[交通指南]

酒廠位在斯佩賽Grantown東北方6公里處，從Aberlour朝西南前進30公里的Cromdale附近。

創立巴門納克酒廠的家族中，可是出現有Compton Mackenzie與Robert Bruce Lockhart這2位傑出的作家。

酒廠名稱寫有「GLENLIVET」文字的巴門納克。

可以感受到裝瓶廠的誠實的標籤設計。

BALMENACH 14年

［750ml 43%］

標籤中寫有Extra Special字句的BALMENACH 14年，可說是非常珍貴年度的陳年威士忌。採2色印刷，顯現出此酒的頂級價值。這更是酒廠名稱中寫有「GLENLIVET」文字時代的酒款。值得一提的是，此威士忌的氣味及口感蘊藏著巴門納克酒廠特有的強烈表現。

BALMENACH 5年

［700ml 43%］

Kingsbury公司所推出，絕對不會讓人失望的「THE SELECTION」系列。此款為巴門納克酒廠熟成年份5年的威士忌。2008年2月蒸餾、2013 年7月裝瓶，酒桶編號No.18。以非冷凝過濾、無染色方式生產而成，409瓶威士忌中珍貴的一瓶。這是自1997年酒廠經營權轉移至Inver House公司旗下後所蒸餾、裝瓶的酒款。也非常適合拿來作為餐中酒品嚐。

皇家布萊克拉

ROYAL BRACKLA

John Dewar & Sons Ltd (Bacardi Limited) ／ Cawdor, Nairn, Inverness-shire ／ 英國郵遞區號 **IV12 5QY**
Tel:01667402002 E-mail:—

主要單一麥芽威士忌 Royal Brackla 10年 **主要調和威士忌** Dewar's White Label **蒸餾器** 2對

生產力 370萬公升 **麥芽** 未添加泥煤 **貯藏桶** 波本桶及部分雪莉桶

水源 Cursack泉水、Cowdor河

首間特許冠名「皇家」的酒廠，君王·威廉4世的威士忌。

1813年由Captain William Fraser建立的皇家布萊克拉酒廠在1834年成了威廉4世（在位期間1830～1837年）所喜愛的威士忌，因此成了蘇格蘭境內第一個冠予「皇家（ROYAL）」之名的品牌。然而，在1943年將所有權讓渡給DCL公司後，卻面臨停產的命運。1997年，United Distillers & Vintners（UDV）雖然出資200萬英鎊進行設備整頓，營運卻未見改善，1998年後，皇家布萊克拉酒廠便納入了百家得烈酒集團旗下。

酒廠的水源使用Cursack的泉水與Cowdor河之水，不含泥煤的麥芽在2對蒸餾器的稼動下，每年有著370萬公升的產能。熟成幾乎是使用波本桶，但仍會搭配少量的雪莉桶。

順帶一提，能將「皇家」作為品牌商標使用的，除了皇家布萊克拉外，只剩皇家藍勛及皇家格蘭烏妮（Glenury Royal），共計3間。

再說點題外話，調和威士忌的發明者安德魯·亞瑟（Andrew Usher）所使用的麥芽威士忌就是皇家布萊克拉酒廠所出品。酒廠旁有著莎士比亞所撰寫，『馬克白』著作中所提到的Cawdor城堡。不過，不同於小說內容，真實的Cawdor城堡建於15世紀，雖然時代背景有所差異，但卻是可以前往觀光造訪的好景點。也請特別留意有著4支角，全黑且一點也不討喜的山羊。1991年的Connoisseurs Choice。1993年推出了花與動物系列。1994年的14年威士忌。1996年的Provence。2004年則推出了10年威士忌。

[參觀行程]

雖然平常並沒有導覽服務，但若事前聯繫，或許有機會入內參觀。

[交通指南]

從埃爾金往西北方向行駛20公里，接著於Nairn銜接B9090號公路後，往南再走6公里便可抵達。

以2色印刷而成的秀逸標籤設計。

ROYAL BRACKLA 12年

［750ml 43%］

義大利是由米蘭Zenith公司所企劃、推出的12年的單一麥芽威士忌。比起蘇格蘭一詞，反而以更大的字體強調「純淨高地區麥芽威士忌（Pure Highland Malt Whisky）」。

16年的熟成年份。

ROYAL BRACKLA 16年

［750ml 43%］

此款與左邊同為米蘭Zenith公司所發行，但熟成年份較長的16年威士忌。或許是義大利風格的設計，明明只使用2色印刷，卻能讓整體看起來相當氣派。

招牌系列給人的安心感。

ROYAL BRACKLA 14年

［700ml 46%］

高登麥克菲爾公司所推出，皇家布萊克拉酒廠的「Connoisseurs Choice」系列。單一麥芽威士忌。1998年蒸餾、2013年裝瓶的酒款。

布拉弗

BRAEVAL

Chivas Bros Ltd（Pernod Ricard）／Chapeltown, Ballindalloch, Banffshire／英國郵遞區號 **AB37 9JS**
Tel:01542783042 E-mail:－

主要單一麥芽威士忌 Deerstalker 10年, 15年（獨立裝瓶） 主要調和威士忌 Chivas Regal 蒸餾器 2對

生產力 400萬公升 麥芽 未添加泥煤 貯藏桶 波本桶 水源 Preenie泉水

海拔高度350公尺，蘇格蘭最高酒廠所生產的威士忌，更是起瓦士品牌威士忌的調和用基酒。

1873年，加拿大施格蘭志集團的子公司為了生產起瓦士與帕斯波特所需的基酒，便成立了布拉弗酒廠。布拉弗不僅擁有400萬公升的年產量，更是完全不生產原廠麥芽威士忌商品的酒廠（過去的名稱為Braes of Glenlivet）。布拉弗便是在擁有調和威士忌全球總銷量名列第五的高人氣品牌起瓦士，以及排名第十一帕斯波特的施格蘭志集團旗下，負責生產大量的基酒。

1975年更增加了蒸餾器數量，將體制變更為即便只有1名操作員也能夠管理的自動化控制，而酒廠特有的塔型屋頂雖然已無業務上需求，但仍保留其外觀作為觀光展示用。

1978年，初餾器及再餾器的數量分別為2座及4座，合計達6座，但2002年在最後一任經營者的決策下，生產終畫下休止符。2008年，起瓦士考量全球銷量不斷增加，雖然再次重啟布拉弗酒廠，但生產的單一麥芽威士忌數量卻相當稀少。目前的稼動率及產能完全不及其他酒廠，也未自行進行麥芽威士忌的裝瓶。過去，利威（Livet）河畔以「Glenlivet」命名的酒廠達36間，如今只剩本家的「格蘭利威（The Glenlivet）」、「Tamnavulin-GlenLivet」以及「布拉弗（Braes of Glenlivet）」三間了。

[參觀行程]

未提供任何參觀服務。

[交通指南]

從達夫鎮沿B9009號公路往西南方前進，經過洛坎多酒廠，再從Chapeltown的山路一路行駛到底即可抵達。

在起瓦士集團的決策下，這間酒廠又重新啟動，更超越達爾維尼（Dalwhinnie），成為蘇格蘭海拔高度最高的酒廠。

49·7%，堅持自我本色的真實之酒。

BRAEVAL 18年

［700ml 49.7%］

有蜂蜜與香料的清淡香氣。但明明是熟成18年，力道卻還是非常強勁。入口的同時舌尖便開始麻痺，高濃度的酒精快速在口中擴散。1994年蒸餾的18年威士忌。酒精度數達49.7度，力道驚人，如花朵般的辛香味。堪稱是火焰之酒、男人之酒、堅持自我本色之酒。相較之下，拉弗格10年就普通了許多。

這支可是52·5%的酒精度數。

BRAEVAL 18年

［700ml 52.5%］

名為「Liquid Treasures」的斯佩賽麥芽威士忌系列。這是限定120瓶的第1瓶。1994年於布拉弗酒廠蒸餾，2013年完成裝瓶。整整熟成18個年頭。與一旁同為18年酒款相互比較試飲，或許會有什麼新發現。採非冷凝過濾、無染色方式生產而成。

CARDHU

Diageo plc／Knockando, Morayshire／英國郵遞區號 **AB38 7RY**
Tel:01479 874635 E-mail:cardhu.distillery@diageo.com

主要單一麥芽威士忌 Cardhu 12年 **主要調和威士忌** Johnnie Walker **蒸餾器** 3對 **生產力** 300萬公升

麥芽 添加非常微量的泥煤 **貯藏桶** 波本桶 **水源** Mannoch Hill的泉水

以同時擁有全球第一的人氣及銷量自豪，說到約翰走路的基酒，當然就是「卡杜」了。

這次可是讓我重新體認到調和威士忌品牌——約翰走路的真正價值與實力所在。若沒有卡杜，想必也不會有紅牌及黑牌約翰走路了吧。沒錯，卡杜就是擁有如此強大的影響力。那麼，卡杜究竟是如何誕生的呢？

1811年左右起，卡杜的造酒事業在幾經私釀遭逮捕後，1824年終於在新稅法制定後，取得了合法執照，並持續生產至今日。1846年，在John Cumming過世後，由妻子Helen、兒子Lewis，與兒媳婦Elizabeth承接遺志，繼續威士忌的生產 。有著「麥芽威士忌女王」稱號的Elizabeth Cumming在1884年重新建立發展酒廠，奠定了卡杜的基礎，但最終仍選擇於1887年將酒廠賣給格蘭菲迪的經營者William Grant，William Grant也向Elizabeth Cumming保證，會讓酒廠繼續營運。

1893年，卡杜為了生產約翰走路所需的原酒，雖然被納入了John Walker & Sons公司旗下，但Elizabeth之孫Ronald後來成為母公司DCL的會長，並實現先祖的夢想＝生產卡杜單一麥芽威士忌。

酒廠取擷來自Mannoch Hill的泉水，將些微煙燻的麥芽以3對直立型蒸餾器提供每年300萬公升的產能。1960年更增加2座蒸餾器，讓設備數量來到6座。貯藏及熟成則使用波本桶。

[參觀行程]

標準行程費用為4英鎊。頂級行程為6英鎊。需事前預約的香氣&口味行程為8英鎊。提供有日語版簡介。復活節起至9月的營業時間為10:00～17:00（週一至週五）、10:00～17:00（7～9月的週六）、12:00～16:00（7～9月的週日）、10月至復活節的營業時間為11:00～15:00（週一至週五）。

[交通指南]

沿著與斯貝河及A95號公路相平行的B9102號公路向東前進，過了Grantown-on-Spey後，就立刻能在右側看見酒廠的窯爐。

仍留有濃厚維多利亞時代建築氣息的卡杜酒廠。該酒廠生產著麥芽基酒，可稱為約翰走路之母。

輕快中帶有纖細。

CARDHU 12年

［700ml 40%］

帶著甜美與果香。12年威士忌可說既高雅又圓潤。雖然口感輕盈容易品嚐，卻不會讓人感覺稀薄。味道表現帶甜、花香及麥芽風味，但卻沒有如艾雷島威士忌般的泥煤感。是無論何時何處，皆能輕鬆品嚐，非常非常美味的威士忌。餘韻表現澄澈清爽。酒體為輕盈適中。

12年陳年威士忌。威嚴十足。

CARDHU 12年

［700ml 49.6%］

由John Walker & Sons公司所企劃，標準酒度為86.8的陳年單一麥芽威士忌。既然標榜著百分之百以罐式蒸餾生產，是否就意味著完全未添加以柱式蒸餾器所生產的穀物威士忌呢？

CRAGGANMORE

Diageo plc ／ Ballindalloch, Banffshire ／ 英國郵遞區號 **AB37 9AB**
Tel:01479 874700 E-mail:cragganmore.distillery@diageo.com

主要單一麥芽威士忌 Cragganmore 12年, 酒廠版Cragganmore

主要調和威士忌 Haig, Old Parr, White Horse and Johnnie Walker Green Label　蒸餾器 2對

生產力 160萬公升　麥芽 未添加泥煤　貯藏桶 波本桶　水源 來自Craggan的泉水

高雅、別緻、輕盈、甜美、如蜂蜜般，以及充滿麥芽味，造就了克拉格摩爾的奇蹟風味，表現傑出的威士忌。

首先，只能以奇蹟之酒來形容，克拉格摩爾實在美味。克拉格摩爾就好比是將老伯、約翰走路、白馬等特殊調和威士忌的美味以更加輕盈的方式呈現。與表現強勁艾雷島威士忌相比，克拉格摩爾就是專門提供成人享用的靜謐之酒。

但我實在無法在兩者間擇一啊…。

1869年，格蘭立威創立者，同樣也是George Smith私生子的John Smith為了要在Ballindalloch Estate建造克拉格摩爾酒廠，發揮在麥卡倫、格蘭花格、Wishaw酒廠習得的管理經驗，並委託Charles Doig進行設計。為了生產出纖細口感的威士忌，John Smith更親自設計蒸餾器。考量到能藉由鋪設連結Strathspey鐵路的支線以確保可使用的水源，以及將威士忌從格拉斯哥及愛丁堡運送至英格蘭的交通便捷性等經濟因素，選定此處設立酒廠。然而，酒廠經營權卻在1998年落入United Distillers & Vintners（UDV）手中。

克拉格摩爾使用來自Craggan的硬質泉水，每年以不含泥煤大麥生產出160萬公升的威士忌，並以波本桶進行熟成貯藏。

[參觀行程]

在放置有日語版簡介的遊客中心欣賞完影片後，便可進入參觀行程。標準行程費用為4英鎊，豪華行程為8英鎊，鑑賞家行程則為16英鎊。在品酒室則可透過聞香、試飲來體會克拉格摩爾的魅力。開放時間為4～10月10:00～16:00（週一至週五）

[交通指南]

從Aberlour沿A95號公路往西南方行駛15公里。這座小酒廠就位在面朝Avon橋以西的農用道路上。

CRAGGANMORE

在放置有日語版簡介的遊客中心欣賞完影片後，便可參觀酒廠。費用為4英鎊。

現行的12年威士忌。

CRAGGANMORE 12年

［700ml 40%］

散發著斯佩賽洗練、高雅，又別緻的口感。能夠品嚐到這般威士忌，是何等幸福。花朵、蜂蜜、辛香料、麥芽。雖然帶有一絲嗆鼻，但卻無傷大雅。餘韻帶有麥芽及辛香料的香氣。酒體介於輕盈及中等之間，是相當棒的一支酒。

熟成年份21年，奇蹟般的風味。

CRAGGANMORE 21年

［700ml 56%］

複雜表現的核心存在著美味。與12年相比，21年是表現更加洗練的單一麥芽威士忌。既然是高年份熟成，想必能滿足身心靈，但將近快20,000日圓的售價，下手之前還可真需要相當勇氣。若口袋也夠深的話，這的確是我想品嚐看看的一支威士忌。

濃度46%的陳年威士忌。

CRAGGANMORE 12年

［750ml 45.7%］

愛丁堡的D&J McCallum公司所企劃，克拉格摩爾酒廠的12年陳年單一麥芽威士忌。酒精度數為45.7%，濃度相當。過去我便曾提過，若要享受辛辣及芬芳的話，那就要品嚐看看這支CRAGGANMORE 12年。

CRAIGELLACHIE

John Dewar & Sons Ltd (Bacardi Limited) ／ Hill St, Craigellachie, Banffshire ／ 英國郵遞區號 **AB38 9ST**
Tel:01340 872971 E-mail:—

主要單一麥芽威士忌 Craigellachie 14年 **主要調和威士忌** Dewar's White Label and Special Reserve

蒸餾器 2對 **生產力** 400萬公升 **麥芽** 添加些微泥煤

貯藏桶 波本桶再搭配些許雪莉桶 **水源** 來自Little Conval的泉水

斯佩賽地區表現最出類拔萃的酒廠，以白馬威士忌的原酒之名，聞名全球。

由名人Charles Doig設計打造的克萊格拉奇酒廠是Alexander Edward於1891年所設立。酒廠位處於隨著斯佩河蜿蜒前進的A941號公路旁，是非常容易尋找的地點。駕車行駛於A941號公路上時，會看見酒廠就像佇立於道路中央，因此不會出錯。就算想從收藏有700款以上單一麥芽威士忌，環境舒適酒吧的克萊格拉奇飯店或Highlander Inn以散步方式前往酒廠也不會說距離太過遙遠。

1916年，蒸餾酒製造公司Mackie & Co取得經營權。1927年，白馬蒸餾酒公司的Peter Mackie雖然買下了克萊格拉奇，他同時期也擁有斯佩賽酒廠。1964年進行翻修，將蒸餾器增加至4座，並考量時代潮流，結束了傳統的地板式發芽。其後，帝亞吉歐旗下的百家得烈酒集團把克萊格拉奇賣給了John Dewar & Sons公司，酒廠中原有多處白馬標誌的圖樣，但也在近年全數撤除。究竟是什麼理由呢？是為了加速展開克萊格拉奇單一麥芽威士忌的策略佈局嗎？

[參觀行程]

事前聯繫的話，或許有機會入內參觀。

[交通指南]

克萊格拉奇酒廠就在東西向主要幹道A941號公路旁。蜿蜒的斯貝河彷彿緊偎著這條公路，從Telford橋經常可以看到有人在拋飛蠅釣的釣鉤。克萊格拉奇酒廠旁是間跟它同名的克萊格拉奇飯店，在這裡住宿真的非常舒服，飯店裡面有個名叫Quaich的知名酒吧，在這裡能品嚐多達800支蘇格蘭產的單一麥芽威士忌。

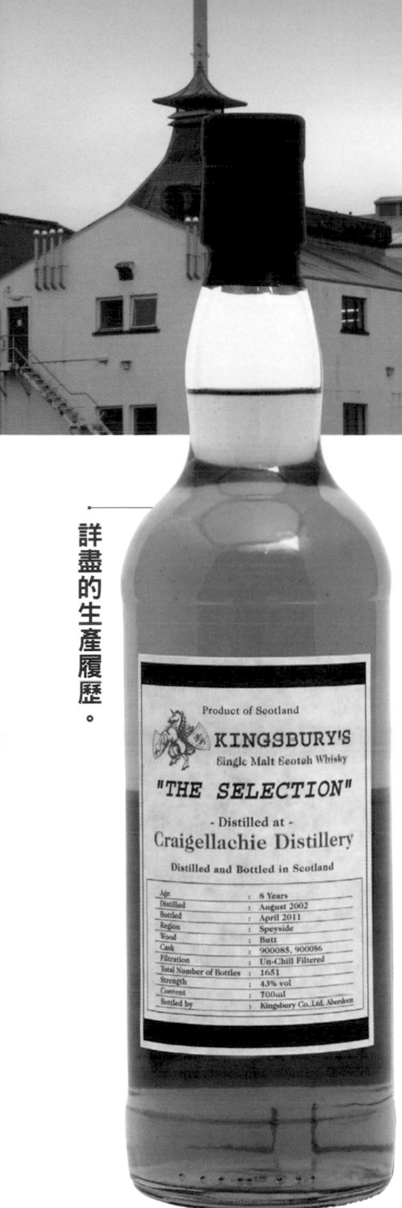

詳盡的生產履歷。

CRAIGELLACHIE 8年

[700ml 43%]

Kingsbury公司於蘇格蘭蒸餾、裝瓶，也就是所謂的「THE SELECTION」系列。2002年8月蒸餾、2011年4月裝瓶的單一麥芽威士忌。克萊格拉奇酒廠的酒桶編號為No.900085、900086。以非冷凝過濾、無染色方式製造，保留來自酒桶的原味。

再現昔日風味。

CRAIGELLACHIE 8年

[700ml 60.3%]

由Dram House Associates公司所企劃，克萊格拉奇酒廠的單一麥芽威士忌。將帶有輕微泥煤風味的麥芽糖化、發酵、蒸餾，能夠享受到蜂蜜、堅果、水果蛋糕風味。「Selected By An Icon」系列，標籤為金黃配色的豪華印刷。

達夫鎮

DUFFTOWN

Diageo plc／Dufftown, Keith, Banffshire／英國郵遞區號 AB55 4BR
Tel:01340 822100 E-mail:－

主要單一麥芽威士忌 Dufftown 15年（Flora & Fauna系列）, Singleton of Dufftown 主要調和威士忌 Bell's

蒸餾器 3對 生產力 580萬公升 麥芽 未添加泥煤 貯藏桶 波本桶搭配些許雪莉桶

水源 Jock's泉水

古羅馬帝國建於7座山丘之上，達夫鎮上則建造了7間酒廠。

1895年，製粉業出身的實業家們將工廠改建為酒廠，在廠長John Symon的帶領下，雖然開始營運，但沒多少時日變賣給了布雷爾的經營者P. McKenzie。1933年，Arthur Bell & Sons旗下的伯斯（Perth）調和公司以56,000英鎊買下酒廠。但在1985年又被Guinness集團收購，直到1997年納入帝亞吉歐集團旗下。

水源為Jock's的泉水。將13公噸的無泥煤麥芽以糖化槽糖化，再利用3對的蒸餾器，製造出年產量達560萬公升的威士忌。熟成則同時使用波本桶及雪莉桶，酒窖倉庫更可貯藏為數10萬樽的木桶。在帝亞吉歐集團中，達夫鎮是繼Roseisle、卡爾里拉，產量排名第三的酒廠。

在單一麥芽威士忌的發行上，酒廠是以Dufftown Glenlivet之名推出15年威士忌。其後推出名為蘇格登（Singleton）12年的達夫鎮單一麥芽威士忌，帝亞吉歐集團更決定僅於歐洲的機場免稅店進行銷售。美國市場的蘇格登為格蘭杜蘭生產，亞洲版的則為格蘭奧德生產，若以品牌經營來說，是相當與眾不同的銷售策略。順帶一提，達夫鎮所生產的麥芽酒幾乎都拿來供調和威士忌品牌貝爾使用。

地位好比古羅馬廣場，羅馬七座山丘的酒廠分別為慕赫、格蘭菲迪、百富、康法摩爾、Parkmore、達夫鎮及格蘭杜蘭7間酒廠。

［交通指南］

達夫鎮酒廠就在教堂路上，裡面有詳細的威士忌祭典（每年4月底舉辦，Spirit Of Speyside Whisky Festival）資訊。沿A941號公路往東南方行駛。

在年產能580萬公升的帝亞吉歐集團中，擁有相當高產能的酒廠，負責提供調和威士忌「貝爾」的基酒。

SINGLETON 12年

［700ml 40%］

熟成的清爽柑橘香氣讓人愉悅不已。口感表現既甜美又辛辣，是支能夠輕鬆品嚐的威士忌。酒瓶設計扁平，單手也很好拿取。格蘭杜蘭酒廠同樣有著名為蘇格登的品牌，若要比較口感的話，格蘭奧德及格蘭杜蘭的表現則是再高出一個等級。

DUFFTOWN 8年

［750ml 45.7%］

這是在達夫鎮還留有「THE」及「GLENLIVET」文字時代所推出的酒款。同樣也是1933年Arthur Bell & Sons公司買下酒廠，開始生產基酒供貝爾調和威士忌使用那段時期的陳年威士忌。最終，酒廠經營權落入帝亞吉歐集團手上。

DUFFTOWN 8年

［750ml 43%］

沒有「THE」字，僅剩DUFFTOWN GLENLIVET。該款應是正牌的格蘭利威官司獲勝，達夫鎮被禁止使用GLENLIVET文字時期所推出的威士忌。將大大的貝爾雙獅標誌直接擺放正中央，採流行設計的陳年威士忌。

DAILUAINE

Diageo plc／Carron, Aberlour, Banffshire／英國郵遞區號 **AB38 7RE**
Tel:01340 872500 E-mail:—

主要單一麥芽威士忌 Dailuaine 16年（Flora & Fauna系列）

主要調和威士忌 Johnnie Walker **蒸餾器** 3對 **生產力** 340萬公升 **麥芽** 未添加泥煤

貯藏桶 波本桶。裝瓶做為單一麥芽威士忌銷售的蒸餾酒會以雪莉桶熟成

水源 Balliemullich河

負責生產約翰走路優質原酒的酒廠，擁有資優生般的風味，適合各種人品嚐。

1852年由William Mackenzie設立的大雲酒廠是埃爾金的建築師Charles Doig所設計。包含窯爐，最初的Doig式換氣系統的架構相當優異，讓事後許多威士忌酒廠建築皆採用此設計。其後在工業革命的帶動下，隨著國內運輸的Strathspey蒸汽火車鐵路開通，將鐵路支線延伸至酒廠後，大幅改善採購原料大麥及產品運送的物流便捷度。

1898年，Dailuaine-Talisker蒸餾酒製造公司雖然在蘇格蘭北部成立了包含帝國（Imperial）等數間的酒廠，但經濟蕭條使業績惡化後，由James Buchanan公司及John Dewar & Sons公司接手經營。然而，到了1917年，酒廠因火災導致損害嚴重，終在1925年停止營運。1959年被帝亞吉歐集團買下，將燈籠型及直立型蒸餾器的數量增加至6座，在開始機械式的箱式發芽（Saladin maltings）的同時，更設置加工工廠，將糖化、發酵、蒸餾所產出的麥芽渣等產業廢棄物經過處理，生產作為家畜飼料產品。

大雲使用來自Balliemullich河的水源，燈籠型及直立型蒸餾器為數3對，共計6座，每年可生產340萬公升的威士忌。

熟成使用波本桶，單一麥芽威士忌則會採用雪莉桶。大雲在蓋爾語中有「綠色山谷」的意思。

[參觀行程]

無提供入內參觀的行程或設施。

[交通指南]

從A95號公路往Aberlour的西南方5公里處前進，大雲酒廠就蓋在面向斯貝河支流Carron河的位置。

斯佩賽地區的資優生。

DAILUAINE 16年
[700ml 43%]

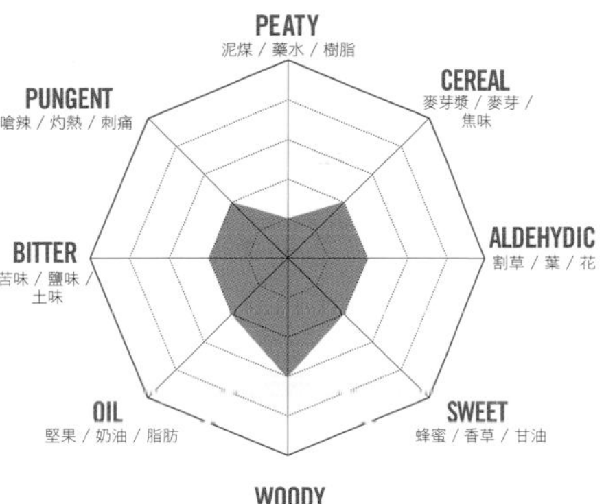

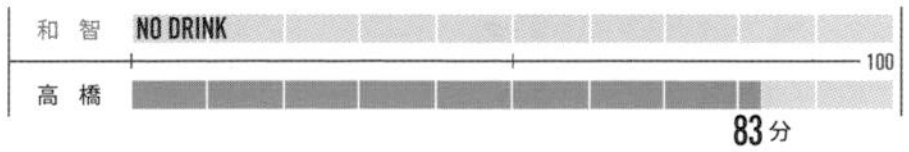

和智	NO DRINK
高橋	83分

BOTTLE IMPRESSION

「花與動物系列」的16年威士忌。帶有些許的水果及雪莉酒香氣。酒體飽滿厚實。就算加水品嚐也絲毫無損美味程度。入口時，可以感受到水果、蜂蜜、花朵、紅酒以及堅果風味。適合作為日常品嚐，是支表現完整的資優級單一麥芽威士忌。

格蘭伯吉

GLENBURGIE

Chivas Bros Ltd (Pernod Ricard) ／ Forres, Morayshire ／ 英國郵遞區號 IV36 2QY
Tel:01343 850258 E-mail:－

主要單一麥芽威士忌 Glenburgie 15年　主要調和威士忌 Ballantine's　蒸餾器 3對

生產力 420萬公升　麥芽 未添加泥煤　貯藏桶 波本桶　水源 附近泉水

起瓦士集團中，擁有產能名列第三的規模。負責生產百齡罈調和威士忌用基酒。

歷史上雖然找不到酒廠在酒稅法之前相關的記錄，但格蘭伯吉過去是以Kilnflat酒廠之名進行生產，由William Paul接手後，又以Glenburgie-Glenlivet的品牌名稱持續釀造。美國實施禁酒令的1920～1933年期間雖停止營運，但酒廠為了生產多脂又富含水果風味的麥芽，於1958年導入了2座羅門式蒸餾器，更有記錄指出該蒸餾器曾生產過與資深經理人威力・克雷格（Willie Craig）相當有淵源，名為Glen的「Glencraig」。其後，相繼由Hiram Walker公司及Allied公司接管。2004年時，利用州政府所提出的「state of the art」計畫，投入430萬英鎊將酒廠全面整新。自2005年起，開始成為生產百齡罈威士忌基酒的酒廠。酒廠相當看好今後威士忌產品的發展，為滿足市場需求，更決定增加2座蒸餾器。目前在起瓦士集團中，是繼米爾頓道夫與格蘭利威後，產量排名第三的酒廠，達420萬公升。水源取自附近泉水，以6座蒸餾器蒸餾不含泥煤的麥芽，並使用波本桶進行熟成。舊西部片的戲迷所熟知，由約翰・福特（John Ford）執導，約翰・韋恩（John Wayne）與瑪琳・奧哈拉（Maureen O'Hara）主演的《蓬門今始為君開》（The Quiet Man）作者為Maurice Walsh，他同時也是負責格蘭伯吉酒廠的徵稅官。拍攝作業會選在愛爾蘭進行，絕對是因為導演本身是來自愛爾蘭的移民。話說回來還可真巧，就連羅伯特・伯恩斯（Robert Burns）也是名徵稅官。

[參觀行程]

無提供入內參觀的行程或設施。

[交通指南]

沿著A96號公路，酒廠位在距Inverness14公里處。

很可惜地，格蘭伯吉酒廠未提供參觀行程，因此僅能拍攝酒廠外觀。不過，酒廠四周可是能讓綿羊玩樂放鬆的廣大牧草地。

可放心享受，Kingsbury公司推出的威士忌。

GLENBURGIE 7年

［700ml 43%］

Kingsbury公司所推出的酒款是由Japan Import System自1990年上半年起開始進口至日本。該款為2004年蒸餾、2011年4月裝瓶的7年威士忌。豬頭桶編號為No.100、101。以非冷凝過濾、無染色方式生產，共計852瓶。酒液呈現香檳金色。

向約翰．韋恩致敬。

GLENBURGIE 10年

［700ml 40%］

瓶身標示有酒精度數40%、700ml。與右邊酒款相同，由高登麥克菲爾公司負責推出。G&M的標誌更直接烙印在瓶身上處。由Japan Import System進口至日本。

驚人的39年陳年威士忌。

GLENBURGIE 39年

［700ml 46%］

由高登麥克菲爾公司所推出，格蘭伯吉的39年單一麥芽威士忌。該款為1984年蒸餾、2014年裝瓶。酒瓶形狀雖與左款相同，但熟成年份可是完勝。酒色也比10年威士忌深濃許多。

GLEN GARIOCH

Morrison Bowmore Distillers Ltd (Suntory Ltd) ／ Distillery Road, Oldmeldrum, Aberdeenshire ／ 英國郵遞區號 **AB51 OES**
Tel:01651 873450 E-mail:info@morrisonbowmore.co.uk

主要單一麥芽威士忌 Glen Garioch 1797 創始者專用12年、以及每年推出的單一年份酒 主要調和威士忌 N/A

蒸餾器 酒汁蒸餾器×1、烈酒蒸餾器×2 生產力 150萬公升

麥芽 除1978產地款外，未添加泥煤 貯藏桶 波本桶及雪莉桶

水源 Coutens農場的沉默之泉、Percock Hill的泉水

熟成香氣、豐潤的滑順感，帶有梔子花蜜、白胡椒、蜂斗菜莖風味的複雜表現。

格蘭蓋瑞為John & Alexander Manson於1797年設立，除了是高地區歷史最久遠的酒廠外，更是仍保有非冷凝過濾、無染色、手工方式生產的少數酒廠之一。1937年納入Distillers Company Limited旗下後，因難以確保水源，更遭遇了關廠命運。但在DCL經手的2年後，由Stanley P. Morrison公司買下酒廠，並在確保水源後重新生產，延續著傳統的地板式發芽工法直至1991年。以1座酒汁蒸餾器、2座烈酒蒸餾器的設備，製造出年產量為150萬公升的酒液。

1994年，日本三得利買下了格蘭蓋瑞、波摩與歐肯特軒，在我們這群愛酒之人的眼裡看來，三得利買下這3間平常表現優異的酒廠可說是物超所值。

歐肯特軒酒廠自1982年起，便使用北海油田的天然氣作為酒廠燃料，生產蘇格蘭威士忌。此外，更是以將作業過程所產生的熱能作為次要能源再利用，栽培番茄等作物聞名的酒廠。2004年時，推出了於1958年蒸餾，歐肯特軒酒廠最高年份的酒款。酒廠的正式名稱雖為GLENGARIOCH，但是以Glen GARIOCH的品牌名稱進行銷售。

GLEN GARIOCH

[參觀行程]

2005年，令人引頸期盼的遊客中心終於落成。目前提供有在觀賞完介紹影片後的標準導覽行程，費用為4英鎊。VIP行程須事前預約。除聖誕節與新年期間，營業時間為10:00～16:30（週一至週五），觀光旺季期間的週六也會開放。備有日語版簡介。

[交通指南]

從亞伯丁沿A947號公路朝北北西方向行駛30公里，接著在A920號公路左轉往西再走2公里即可抵達酒廠。此外，走A96號公路和B9170號公路也能抵達目的地。格蘭蓋瑞位在Oldmeldrum北邊的住宅區裡。

格蘭蓋瑞是使用北海油田天然氣作為燃料的酒廠，並藉由餘熱在溫室種植蔬菜，進行再次利用。

GLEN GARIOCH

頂級的醺醉氛圍。

GLEN GARIOCH 12年

[700ml 48%]

品嚐後，會對這支威士忌刮目相看。這風味該稱作是豐饒、熟成及複雜表現的最佳範本嗎？如熟成果實般的甜美、如梔子花蜜般融化的感受。此威士忌更是已故小說家開高健最鍾愛的酒款。能夠以2,600日圓左右的價格購得此酒，那幸福的感受實在無法用言語形容…。引領Ichiro's Mizunara威士忌的風味。

致·20歲生日。

GLEN GARIOCH 19年

[700ml 46%]

由Kingsbury公司裝瓶販售，GLEN GARIOCH酒廠的單一麥芽威士忌。1993年蒸餾，限定版19年酒款。當然，同樣是以非冷凝過濾、無染色方式製成。添加水分讓酒精度數為46%。標籤則是被稱為Kingsbury銀的灰色。

尚未體驗的24年。

GLEN GARIOCH 24年

[700ml 46%]

1989年蒸餾、2013年裝瓶，熟成24年的威士忌。是專以推出長年熟成單一麥芽威士忌聞名的「FRIENDS of OAK」系列。該系列的標籤插圖同樣獲得極高評價。

GLEN GARIOCH

對日本人而言，格蘭蓋瑞是讀音非常難懂的酒廠。雖然起初還沒人能夠正確發音，風味卻彷彿是要帶領品嚐之人進入仙境般，是富含豐饒元素的單一麥芽威士忌。美味！

輕鬆灑脫的標籤上竟記載著驚人的年份。

GLEN GARIOCH 23年

[700ml 54.3%]

1989年蒸餾、2013年裝瓶的格蘭蓋瑞單一麥芽蘇格蘭威士忌。令人驚愕的23年酒款。究竟風味如何，僅能自行想像。

厚實的陳年威士忌瓶身設計。

THE GLEN GARIOCH 8年以上

[750ml 40%]

只有當年那個時代，才會以「8年以上」標示熟成年份的酒款。1970年代銷售於義大利。酒廠名稱中還加了個「THE」字。母公司Stanley P. Morrison旗下的酒款中，不只格蘭蓋瑞，SHERRIFF'S的波摩也附有掛標。

21年的格蘭蓋瑞……。

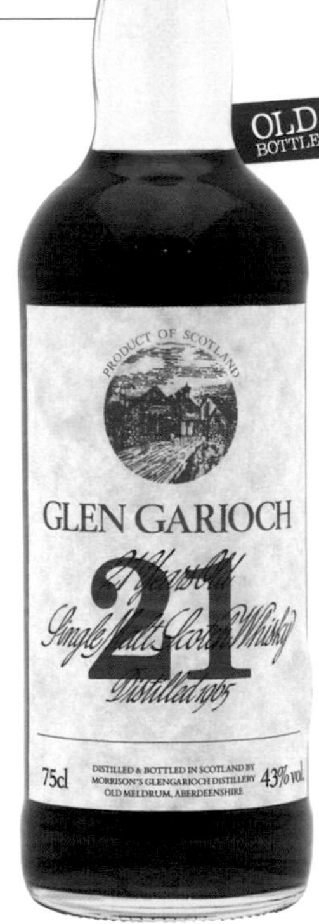

GLEN GARIOCH 21年

[750ml 43%]

熟成年份21年。威士忌的酒液已呈現深咖啡色。若標示為Morrison's Glengarioch酒廠出品，即是指從1970年被Morrison Bowmore買下，至1994年賣給三得利以前所生產的酒款。歐肯特軒也有推出該期間所生產的威士忌。

格蘭杜蘭

GLENDULLAN

Diageo plc／Carron, Abelour, Banffshire 英國郵遞區號 **AB55 4DJ**
Tel:01340 822303 E-mail:－

主要單一麥芽威士忌 Glendullan 12年（Flora & Fauna系列）, Singleton of Glendullan

主要調和威士忌 Bell's, Dewar's, Johnnie Walker, Old Parr 蒸餾器 3對 生產力 340萬公升

麥芽 未添加泥煤 貯藏桶 波本桶及雪莉桶 水源 Goats Well泉水、Conval Hill泉水

擁有光榮歷史，愛德華七世鍾愛的威士忌。達夫鎮的第七間酒廠。

1897年，亞伯丁（Aberdeen）的威士忌調和業者Williams & Sons公司創立的格蘭杜蘭酒廠，是斯佩賽達夫鎮地區的第七間酒廠。格蘭杜蘭的威士忌更因深受愛德華七世喜愛，被選為貢品，開啟了格蘭杜蘭威士忌的光榮時代。

酒廠雖然撐過了長年的經濟不振，但仍在1926年納入Distillers Company Limited旗下，成了供應Old Parr基酒的工廠。1962年，格蘭杜蘭建設了新廠房，到1985年關廠前的這段期間，新舊蒸餾器皆有運作生產，舊設施則被保留，作為帝亞吉歐集團的保養維修部門在培訓新進人員時使用。新置設備則成了生產調和威士忌用的主要據點。2008年新推出的蘇格登Singleton of Glendullan風味偏向迎合北美市場（比出給歐洲市場的達夫鎮產蘇格登（Singleton）味道來的好→實際品嚐確認），出給亞洲市場由格蘭奧德（Glen Ord）生產，歐洲市場則出自達夫鎮酒廠。格蘭杜蘭取用Goats Well的泉水，將無泥煤成分的麥芽以北美落葉松材質的發酵槽（Wash Back）進行發酵，再以3對的直立型蒸餾器予以蒸餾。每年可生產340萬公升的威士忌酒液。目前在帝亞吉歐集團中，格蘭杜蘭酒廠的產能規模名列第四，推出有花與動物系列、Rare Malt系列等酒款。Glendullan在蓋爾語中雖為Dullan溪谷的意思，但酒廠其實建於菲迪河岸，沿著河岸往西南方前進，便可抵達達夫鎮街上。

[參觀行程]

無提供參觀行程及設施。

[交通指南]

沿著A97號公路，格蘭杜蘭酒廠就在Huntly與Banffshire的中間位置。從Huntly出發往東北方前進17公里，接著右轉進B9001號公路。

帝亞吉歐集團特有的玻璃帷幕設計蒸餾室全景，可看見其中置有6座蒸餾器。建物歷史始於1972年。

我推薦的蘇格登。

SINGLETON 12年

［750ml 40%］

若要從蘇格登品牌中挑選的話，我偏愛這支出給北美市場的酒款。輕盈表現悠長，卻又帶有紮實的柑橘及蜂蜜等複雜風味。市面上實際售價約3,600日圓。達夫鎮酒廠版的為3,300日圓前後，而格蘭奧德生產的則落在3,000日圓。

投入日本市場。

GLENDULLAN 12年

［750ml 43%］

此酒款為日本總代理的Old Parr株式會社為了日本市場所推出的威士忌。由於當時是由高級調和威士忌代名詞的「老伯」發行，因此可說是自信滿滿之作。標籤上蒸餾器的形狀與英文字「G」結合，設計帶有多元性及相當氣勢。

由丸紅食品進口至日本。

GLENDULLAN 12年

［750ml 43%］

格蘭杜蘭雖在1926年納入帝亞吉歐集團旗下，但在1840年時，曾與銷售「Sandy Macdonald」的Alexander & Macdonald公司合併為MacDonald Greenlees公司，在當年銷售「克雷摩」及高級酒「老伯」等產品。此款為陳年威士忌，由丸紅食品引進日本市場。

格蘭多納
GLENDRONACH

The BenRiach-GlenDronach Distillers Co Ltd／Forgue, Huntly, Aberdeenshire 英國郵遞區號 **AB54 6DB**
Tel:01340 810361 E-mail:—

主要單一麥芽威士忌 Glendronach 12, 15, 18年

主要調和威士忌 Ballantine's 蒸餾器 2對 生產力 130萬公升 麥芽 未添加泥煤

貯藏桶 波本桶。以雪莉桶進行最後調整

水源 Dronach河

1960年以生產教師（Teacher's）威士忌基酒為目的開始營運，2002年重啟蒸餾，開拓新市場。

位處斯佩賽地區邊界上，高地區的格蘭多納酒廠創始於1826年。酒廠雖是以共同事業體的方式起家，但在成立後10年發生火災，使得大部分的建物灰滅殆盡。火災後，提安尼涅克酒廠的Walter Scott買下格蘭多納。在Walter Scott死後，Charles Grant及William Teacher & Sons公司相繼接管經營。作為構成調和威士忌「教師」及「百齡罈」的原酒，相當受到重視。在2005年之際，所有權由Allied Domecq公司移轉至保樂力加集團，當時雖然仍採行以煤炭直火加熱的生產方式，但其後轉變為蒸氣加熱，讓生產效率顯著提升。2008年，斯佩賽的班瑞克酒廠以1,500萬英鎊買下格蘭多納，直至今日。班瑞克更充分運用存放於酒窖倉庫，仍在熟成中的9,000桶庫存資產，製作成單一麥芽威士忌產品投入市場，讓事業得以復甦。目前的蒸餾設備中，有1座附有攪拌用長耙的鋼鐵製糖化槽、4座鼓出型蒸餾器，其中的酒汁蒸餾器還裝載有熱交換器（heat exchanger），這些設備創造了每年130萬公升的產能。格蘭多納在蓋爾語中為「黑莓谷（valley of the blackberries）」的意思。

格蘭多納更早在1976年便設立遊客中心，酒廠經理Frank Masse的慧眼獨具，開始了試飲、參觀行程等富含意義的活動。

[參觀行程]

除聖誕節與新年期間，整年的開放時間為10:00～16:30（週一至週六）、12:00～16:00（週日）。標準參觀行程費用為3英鎊。鑑定家行程（僅週一及週三舉行）為20英鎊。時間彈性，需事前預約。

[交通指南]

從Huntly沿A97號公路往Banff方向行駛15公里後，酒廠就位在B9001號公路和B9024號公路的交會處。

GLENDRONACH

格蘭多納酒廠佇立於大麥集散地—Aberdeenshire的溪谷深處，似乎不想讓人知道今後的發展方向。

品嚐基本酒款。

GLENDRONACH 12年
[700ml 43%]

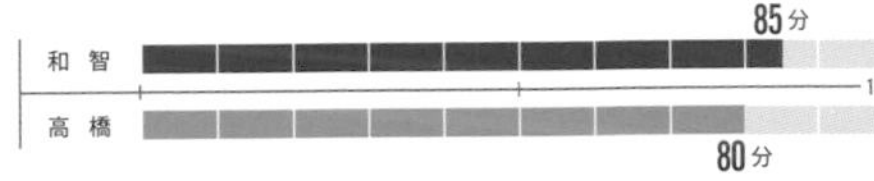

BOTTLE IMPRESSION

GLENDRONACH 12年。紅酒及水果香氣表現的氣味中帶有油脂及煙燻味。蜂蜜與花香恰到好處且不曾退散，但最後更留有辛香、奶油及麥芽味。酒體非常飽滿、複雜，屬能夠充分享受其中風味的威士忌，建議需試飲。首席調酒師的Billy Walker表示，由於有使用西班牙的Pedro Ximinez與Oloroso雪莉桶進行熟成，因此能夠享受到既華麗、又甜美的體驗。先品嚐數支此款12年的基本酒款，累積相當經驗後再前進下一階段可真是正確的決定。實際售價落在3,600日圓前後。

標籤歪斜無損風味。

GLENDRONACH 12年

［750ml 43%］

1981年由丸紅進口，售價8,000日圓。William Teacher & Sons公司所推出的酒款。該公司以非DCL集團之姿，推出了調和威士忌的Highland Cream。

重量感十足的酒款。

GLENDRONACH 8年

［750ml 43%］

1976年由World Liquor公司以10,000日圓的價格販售。標籤上有著非常不起眼的THE字。瓶身形狀與12年款相同，皆屬特級時代的威士忌。

熱銷酒款的真相。

GLENDRONACH 15年

［700ml 46%］

與12年不同，此款威士忌僅使用Oloroso雪莉桶進行熟成，因此甜美及水果風味明顯。實際售價落在5,000日圓前後，在暢銷酒款中，風味相當與眾不同。

21年威士忌的性價比。

GLENDRONACH 21年

［700ml 48%］

實際售價落在9,500日圓前後，昂貴與否可是見仁見智。2011年推出的這款威士忌酒精度數達48%，是以Pedro Ximinez桶與Oloroso桶2種雪莉桶營造熟成風味。

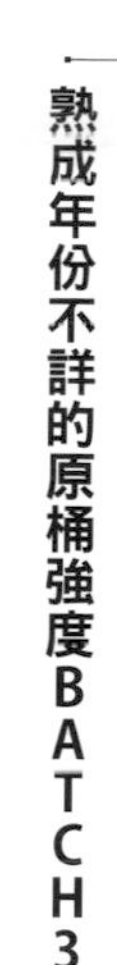

熟成年份不詳的原桶強度BATCH3。

GLENDRONACH CASK STRENGTH

［700ml 54.9%］

實際品嚐後發現，還蠻常喝到Oloroso＝極辣？Ximinez＝極甜的雪莉桶風味…對於酒桶熟成後能夠造就出這樣的味道感到不可思議。實際價格約7,800日圓，瓶身未標示熟成年份。

格蘭花格

GLENFARCLAS

J&G Grant／Ballindalloch, Banffshire／英國郵遞區號 **AB37 9BD**
Tel:01807 500345 E-mail:info@glenfarclas.co.uk

主要單一麥芽威士忌 Glenfarclas 10年, 12年, 21年, 25年, 30年, Glenfarclas 105（原桶強度）

主要調和威士忌 Isle of Skye　蒸餾器 3對　生產力 300萬公升　麥芽 添加少許泥煤

貯藏桶 雪莉桶　水源 Green河、本利林山泉水

鐵娘子——柴契爾夫人鍾愛的格蘭花格，標準酒度105 proof、酒精度數60%的強力威士忌。

於2011年歡慶成立175週年的格蘭花格酒廠自古便為Grant家族所有，但其實酒廠是一位名叫Robert Hay的農夫在1838年於此地釀造威士忌而設立。Robert Hay過世後，John和George這對Grant父子連同借地權，將整個酒廠買下，成了酒廠正式起步的淵源。酒廠的營運則是全權交由來自格蘭利威的管理者John Smith。Smith在克拉格摩爾成立的前5年任職於此，為格蘭花格打下基礎。其後，由Grant家族的掌門人承接酒廠，直至今日。

若要說明格蘭花格酒廠的特色，那就是設備規模之大了。以半過濾式糖化槽為例，設備直徑為10公尺，已次可將16公噸的麥芽進行糖化，生產出83,000公升麥汁，接著再以總數12槽發酵槽的其中2槽進行為期48小時的發酵後，以3對（6座）鼓出型蒸餾器的其中1座進行酒汁蒸餾，可產出7,000公升的酒液。在威士忌酒迷的觀念裡，認為蒸餾器尺寸越大，越能生產出無雜味的純淨威士忌。但卻又有另一派人士主張，殘留於烈酒中的雜味才是豐富風味的來源，深信小型蒸餾器的威士忌風味才是真正美味，使得兩派立場對立。但若從銷售量來論輸贏，前者的論調似乎獲得許多威士忌饕客的贊同與共鳴。不過話說回來，如艾德多爾這類極小的酒廠也是生產著相當優質的威士忌。

另一方面，格蘭花格是使用北海油田的天然氣作為直接加熱蒸餾器的原料，並選用西班牙的Oloroso雪莉桶進行熟成，單一麥芽威士忌使用首次充填桶，調和威士忌則是用再次充填的Oloroso雪莉桶。此外，30棟的酒窖倉庫全數以舖地式進行貯藏。

[參觀行程]

標準行程費用為5英鎊。試飲行程為40英鎊，僅於7、8月的週五下午進行。酒廠開放時間如下，4～9月為10:00～17:00（週一至週五）、10:00～16:00（7～9月的週六）、10～3月為10:00～16:00（週一至週五）。

[交通指南]

從Craigellachie沿A95號公路朝Grantown-on-Spey方向前進，往西南方行駛15公里處便看到格蘭花格酒廠的大招牌，地點就在距離Aberlour 8公里處。

球型蒸餾器的數量共計6座，屬斯佩賽地區規模最大。初餾為25,000公升、二度蒸餾也有21,000公升的規模，相當驚人。

位於最內部的糖化槽直徑尺寸達10公尺。發酵槽也巨大無比，合計共有12槽，規模之大的驚人景象及整潔環境成了格蘭花格酒廠的特色。

原桶才有的強勁力道。

GLENFARCLAS 105

［700ml 60%］

酒廠創始人John Grant是提出原桶強度產品概念的先鋒，原本是拿來作為在聖誕派對上致贈友人的贈禮。酒精度數竟達60%，可說是充滿勁力的一支酒款。市場上約4,300日圓即可購得。是款能夠充分品嚐蜂蜜、水果及雪莉風味的威士忌。

強烈麥芽風味。

GLENFARCLAS 12年

［700ml 43%］

可別期待這是支風味柔和、豐潤的威士忌。豪華與強烈、煙燻與雪莉的紮實香氣是這支威士忌的基調，麥芽風味、及帶有泥煤感的柑橘類水果元素、野生莓果風味的酸味在口中散開，搔癢著鼻子。餘韻悠長，能夠體會到份量充足的濃郁。實際價格為3,200日圓左右。

珍貴的家族酒桶。

GLENFARCLAS 1979

［700ml 52.1%］

標籤上印有「THE FAMILY CASKS」字句，是東京・信濃屋推出的酒款。當年的原桶風評極佳，高登麥克菲爾公司、Samaroli公司及Giacoone公司皆有少量發行。與這些相同瓶身設計的原廠裝瓶酒也有在日本販售。

完成年產量300萬公升充填作業後的30棟貯藏酒窖倉庫，全數以舖地式進行熟成。

格蘭花格．魔力。

GLENFARCLAS 1974

［700ml 43%］

1974年蒸餾、2000年上市，被稱為第3代Dump Amber濃郁琥珀色系列。據說這款威士忌的風味被稱之為格蘭花格魔力。可惜的是，我尚無緣品嚐。

濃茶般的單一年份酒。

GLENFARCLAS 12年

［750ml 43%］

1970年代，酒廠名稱仍為Glenfarclas-Glenlivet時所推出的第一代陳年長瓶身威士忌。標籤上寫有全麥蘇格蘭威士忌（ALL MALT SCOTCH WHISKY）。或許是GRANT BONDING公司想強調這支威士忌的品質與內容物吧！酒液就好比是全黑的紅酒色澤。

1976年推出的威士忌。

GLENFARCLAS 12年

［750ml 43%］

瓶身標籤上用力強調著「全麥無調和（ALL MALT UNBLENDED）」，是威士忌特級時代，美味的12年酒款。1976年由日本Liquor公司引進日本市場，當時的價格為10,000日圓。另外，兼松江商與酒津屋也有進口格蘭花格的威士忌。

即將投入不鏽鋼糖化槽，裝載有粉碎麥芽的暫存桶。

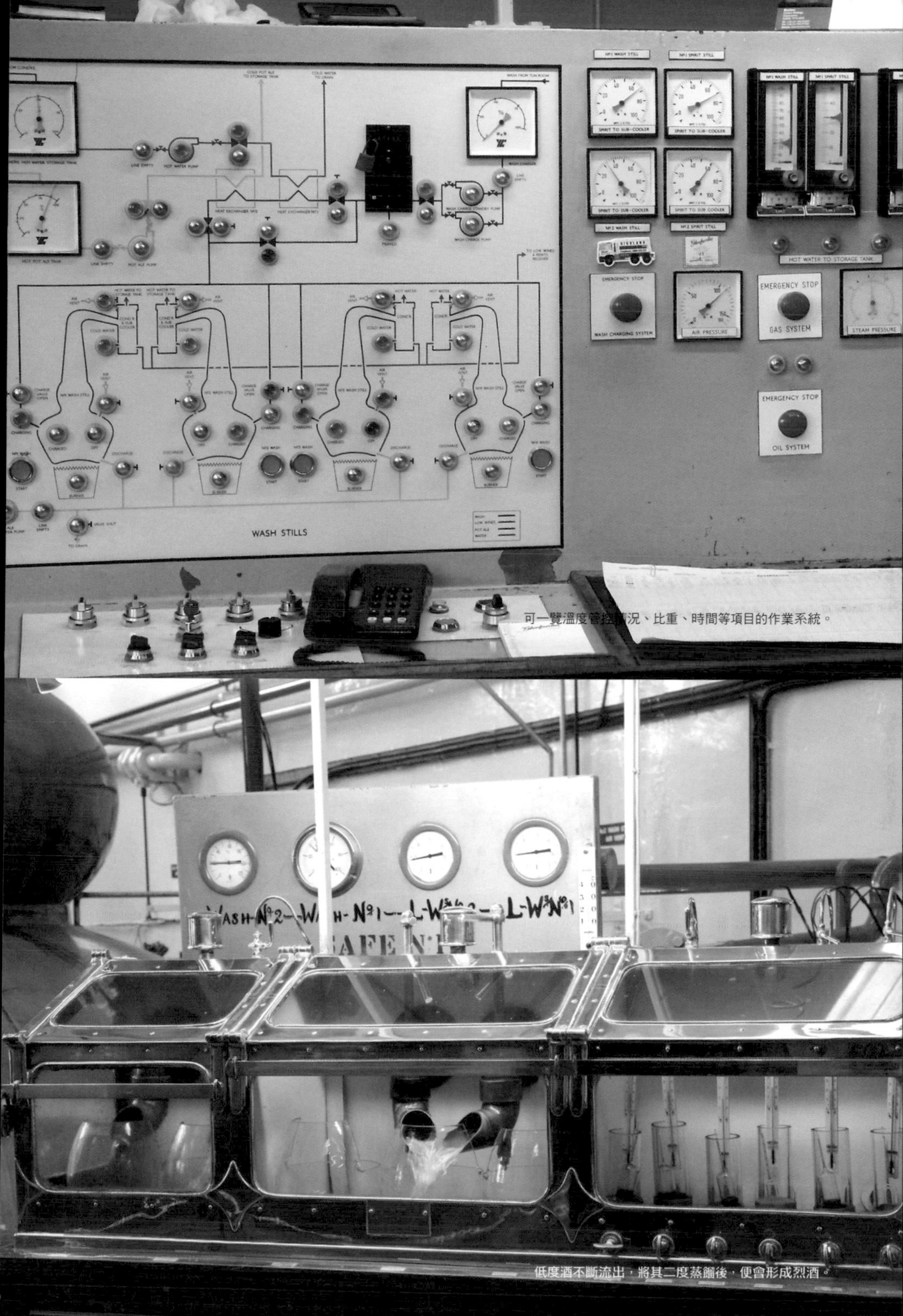

可一覽溫度管控情況、比重、時間等項目的作業系統。

低度酒不斷流出，將其二度蒸餾後，便會形成烈酒。

Glenfarclas

酒廠擁有6座斯佩賽地區最大型的蒸餾器。初餾與二度蒸餾的容量規模分別可達25,000及21,000公升。

格蘭菲迪

GLENFIDDICH

William Grant & Sons Ltd ／ Dufftown, Banffshire ／ 英國郵遞區號 **AB55 4DH**
Tel:01340 820373 E-mail:glenfiddichbookings@wgrant.com

主要單一麥芽威士忌 Glenfiddich Special Reserve 12年, Caoran Reserve 12年, 15年, 18年, 21年, 30年

主要調和威士忌 Grant's Family Reserve 蒸餾器 酒汁蒸餾器10座、烈酒蒸餾器18座

生產力 1140萬公升 麥芽 未添加泥煤 貯藏桶 波本桶及雪莉桶 水源 羅比度（Robbie Dhu）泉水

全球銷量冠軍，鹿之谷的單一麥芽威士忌
一路走來，堅持「先發制人」。

就算不熟悉單一麥芽威士忌的術語，但只要是喜愛威士忌之人，想必都知道這個品牌。蘇格蘭最大產地之一斯佩賽地區的代名詞─格蘭菲迪正是讓單一麥芽威士忌普遍流通於市場的元祖，更可謂是先鋒者。

曾於與格蘭菲迪位處同一市鎮，達夫鎮的「慕赫」酒廠研修威士忌釀造技術的威廉．格蘭（William Grant）於1886年建造了酒廠，實際的開業則是隔年的1887年。蒸餾所需的設備皆是向卡杜酒廠的Cumming女士所購得。根據記載，沒有多餘創業資金的格蘭家族可是全員出動，成立了格蘭菲迪酒廠。其後，酒廠便以家族方式經營，完全不曾落入外人手中。1903年，酒廠更名為William Grant & Sons，並進行組織變更。在更迭激烈的蘇格蘭威士忌業界，格蘭菲迪不僅擁有著如奇蹟般的歷史，目前更是繼帝亞吉歐、保樂力加，市占名列全球第三大，同時為獨資、以及家族企業的最大規模集團，可說擁有非常獨特的地位。酒廠創立之前，用來支付購買蒸餾用設備的款項金額在19世紀後半時的總價為800英鎊，價值等同於目前的1,900萬日圓。

自1887年創立以來直至2009年的122年期間，擔任首席調酒師職務的人數僅有5人，光從這點便可了解為何格蘭菲迪的風味能夠常保最佳狀態，其中，職人中的職人大衛．史都華（David Stewart）將調酒師一職交給隨伺在側9年的左右手布萊恩．金思曼（Brian Kinsman）時，大衛在格蘭菲迪的調酒時光前後更達35年。接著，大衛轉任至威廉．格蘭在成立格蘭菲迪後，於附近位置新建立的百富酒廠，並於該酒廠擔任首席酒倉管理師（Malt master）。在大衛交棒給布萊恩3年前的1963年，大衛將釀造的酒以業界首款的單一麥芽威士忌之名推出市場，這也更突顯出他長年為格蘭菲迪所帶來的貢獻。當年，只有格蘭菲迪的員工們相信這款單一麥芽威士忌能夠成功。

附近的威士忌相關業者雖然都等著看格蘭菲迪的笑話，但格蘭菲迪以「單一麥芽威士忌9公升箱銷量達100萬」的活動帶動下，讓目標得以達成。成功締造前所未聞，單一麥芽威士忌大賣的榮景。正因酒廠採家族企業

經營，能隨機應變調整方向，做出最英明的決策。若是一般出資者握有實權的企業，是不可能有如此創新的構想。不過話說回來，早在格蘭菲迪以前，「格蘭冠」其實也有在市場推出單一麥芽威士忌試水溫，但當時的銷量水準並未引起熱烈討論。格蘭菲迪在1958年正式停止地板式發芽作業。麥芽全向製麥業者採購並以2座容量各為1.5公噸的超大型不鏽鋼全過濾式糖化槽進行糖化，在產能全開時，糖化槽一天要運作4次，也就是一週要進行56次的糖化工序。接著會移至道格拉斯杉（也是奧勒岡松的別名）的發酵槽予以發酵，實際上槽數為24槽，平均發酵時間為66小時，完成的酒汁會輸送至5座的酒汁蒸餾器及10座的烈酒蒸餾器進行蒸餾作業。另外還有放置5座的酒汁蒸餾器及8座的烈酒蒸餾器的蒸餾室，當產能全開時，格蘭菲迪可是能夠生產1,000萬公升威士忌的酒廠，營業額當然也是全球第一。順帶一提，格蘭菲迪的蒸餾器中，所有的酒汁蒸餾器皆為洋蔥形狀，烈酒蒸餾器則有直立型及燈籠型，在蒸餾時可依想呈現的概念，隨時挑選不同形式蒸餾器做搭配，這些蒸餾器與當年威廉・格蘭創業時所購置的型式完全相同。酒窖部分，包含存放百富、奇富的倉庫達44棟，其中6棟採行鋪地式。而完成產品最後的裝瓶工程也是在酒廠內的生產線進行。目前除了基本酒款外，格來菲迪還推出了許多餘韻表現多元，風格迥異的威士忌供消費者選擇，就連平常相當難到手的珍稀酒款也可輕易在酒廠購得。

[參觀行程]

標準參觀行程免費。試飲行程費用為20英鎊（需事前預約）。除聖誕節與新年期間，開放時間為9:30～16:30（週一至週六）、12:00～16:30（週日）。

[交通指南]

從Craigellachie沿A941號公路往西南方向行駛6公里，格蘭菲迪的位置大約在達夫鎮郊區的北側，離和A920號公路的交會處不遠。由於酒廠規模龐大，因此很容易找到。

在大型的金屬製糖化槽中，碎麥芽（Grist）會與熱水相結合，這也是酵素將澱粉轉化為麥芽糖的過程。

待麥汁（Wort）冷卻後，再送至發酵槽。

容量達1,50公噸的超大型糖化槽。設備雖然會動3次，但麥汁的發酵作業僅有剛開始的2次。

發酵槽。一般而言材質是稱為奧勒岡松的木材，但蘭菲迪堅持使用道格拉斯杉Douglas Fir（或稱花旗松）一詞。

鼓出型的酒汁蒸餾器（初餾），直立型蒸餾器則作為烈酒（再餾）用，會依不同用途，進行充分活用。

GLENFIDDICH
4550 LITRES
SPIRIT STILL Nº4

設置於格蘭菲迪酒廠入口處的花草設計，One day you will似乎該解讀為「總有一日，你會成為格蘭菲迪的俘虜」。

首先，以最基本的12年作為開始。

BOTTLE IMPRESSION

前味可以感受到由新鮮西洋梨與檸檬柑橘類所呈現的芳香及芳醇感。入口後，還可以感受到來自麥芽的甘甜與來自酒桶的香草香，其中夾雜著非常少許的乳脂味、苦味及泥煤味。纖細順口的同時，卻又保留些許粗曠，餘韻滑順且表現的恰到好處。是支能夠藉此理解格蘭菲迪的威士忌。當然，身為麥芽威士忌的始祖，格蘭菲迪的冠軍銷量當然令人懾服。12年的酒商定價3,100日圓，實際售價為2,300日圓左右。15年定價4,600日圓，實際售價為4,000日圓左右。18年定價6,000日圓，實際售價為5,000日圓左右。價格設定並沒有想像中的高不可攀，我推薦尚未品嚐過單一麥芽威士忌的讀者可以買來嘗試看看。先咀嚼過開創單一麥芽威士忌之路的先人所留下的風味，接著再徜徉迷失在蘇格蘭威士忌的世界似乎會是不錯的體驗。

GLENFIDDICH 12年
[700ml 40%]

168瓶的單一年份酒。

GLENFIDDICH 1972

［700ml 54%］

限定168瓶。1972年蒸餾的單一原桶單一年份酒。由格蘭菲迪的首席酒倉管理師嚴選出來的頂極品。實際售價落在150,000日圓前後，價差稍大。非常具份量的標籤設計，搭配有精緻包裝盒，另附有酒廠證書。我未實際品嚐。

18年的熟成。

GLENFIDDICH 18年

［700ml 43%］

寫著「Ancient Reserve」有點鋪張誇大的命名。酒商定價6,000日圓，實際售價約為5,000日圓。這個價格雖然已經可以買個2瓶12年威士忌，但口感表現潔淨豐饒，可以感受到以歐羅洛索雪莉桶與波本桶熟成後的特殊風味。

一年限定500瓶。

GLENFIDDICH 50年

［700ml 44%］

非常珍貴稀有的高年份酒款。第一版於2009年販售，其後每年都會以限定500瓶的數量推出上市。這支是以9樽來自1957年與1959年的原桶調配而成的特殊威士忌，是威廉·格蘭的子嗣們以自1886年流傳至今的工法生產。價格高達1,500,000～1,800,000日圓！

以12～15年作為入門。

GLENFIDDICH 15年

［700ml 40%］

使用70%的二次充填波本桶、20%的歐洲橡木桶及10%的單一年份橡木桶。首席調酒師大衛·史都華以蘇羅拉融合桶（Solera Vat）所製成的酒款。定價4,600日圓，實際售價落在4,000日圓左右，建議可與12年一同品嚐比較。

GLENFIDDICH

左上：1960年代的8年威士忌。
標籤上寫有STRAIGHT MALT。於酒廠完成裝瓶。此時尚未使用鹿頭標誌與格蘭菲迪特有的羅馬字體。正因為是由家族經營的獨立企業，讓格蘭菲迪比其他酒廠早15年以上開始銷售單一麥芽威士忌，進而成功建構獨樹一格的體制。當年日本國內的代理商為丸紅。

右上：1970年代的8年威士忌。
標籤上印有北美地區用的字眼，另也有出貨至香港及義大利。

左下：1975年的18年威士忌。
附有聖路易（Saint-Louis）所生產的水晶製醒酒器，售價為100,000日圓。由DODWELL REMY公司引進日本。

中下：1975年的10年威士忌。
當時價格為10,000日圓。

右下：1977年的25年紀念酒款。
為慶祝伊莉莎白二世加冕25週年紀念，盒裝酒款在日本的售價為70,000日圓。自1987年起，代理商變更為三樂OCEAN。

60年代的頂級酒款。

70年代的8年威士忌。

附有醒酒器，要價10萬日圓的酒款。

售價1萬日圓的10年威士忌。

伊莉莎白二世加冕25週年紀念酒款。

睥睨俯瞰四周的雙頭窯爐似乎也展現出這位穩佔單一麥芽威士忌銷量冠軍霸主地位的自信。

格蘭冠

GLEN GRANT

Davide Campari Milano SpA／Elgin Road, Rothes, Morayshire／英國郵遞區號 AB38 7BS
Tel:01340 832118 E-mail:visitorcentre@glengrant.com

主要單一麥芽威士忌 Glen Grant（無年份資訊）5年, 10年　主要調和威士忌 Chivas Regal, Old Smuggler Braemar

蒸餾器 4對　生產力 590萬公升　麥芽 未添加泥煤　貯藏桶 波本桶搭配些許雪莉桶

水源 Glen Grant河

實際體會到，5年、7年的格蘭冠也相當美味！在義大利，格蘭冠更是單一麥芽威士忌的代名詞。

雖然一般都認定格蘭菲迪是單一麥芽威士忌的始祖，但根據記載，早在格蘭菲迪推出產品60年前，格蘭冠就已在市面上小規模地銷售單一麥芽威士忌。酒廠經理的James與埃爾金的律師James這對兄弟檔於1840年在Rothes鎮創業。目前擁有酒廠的是義大利Campari集團，該集團在2006年從前一任業者保樂力加旗下的起瓦士兄弟公司手上以1,150萬歐元的價格買下格蘭冠。Campari集團會買下格蘭冠最主要的理由在於這個在海外名不見經傳的品牌在義大利卻擁有超高知名度，特別是5年及7年威士忌極為暢銷，在當地幾乎成為單一麥芽威士忌的代名詞，深入消費者心中。在面對義大利國內蘇格蘭威士忌銷量不斷下滑，調和威士忌減少2成、單一麥芽威士忌減少7成的嚴峻市況，也不難理解發跡自義大利的Campari集團為何會想將格蘭冠買下。另也可看出Campari集團想要抓住喜愛低年份酒款的消費客群的企圖心。順帶一提，格蘭冠在義大利國內可是擁有近4成的市占率，地位舉足輕重。格蘭冠的蒸餾設備為1座半過濾式糖化槽、10座奧勒岡松製發酵槽以及4對蒸餾器，在斯佩賽地區的規模雖屬中等，但很有趣的是，蒸餾器爐體上方的頭部（head）仿照羅門式蒸餾器呈現圓柱狀。鼓出型酒汁蒸餾器像洋蔥的部位可是來的細小許多。這兩種蒸餾器的頸部皆有淨化器，能促使酒精蒸氣回流，讓威士忌呈現出輕盈纖細的口感。格蘭冠酒廠取用來自Glen Grant河的水，雖過去以較克難的方式於起瓦士時代所留下的酒窖倉庫進行熟成，但在2008年於Rothes鎮新購買了11棟倉庫，為增產做好準備。話說回來，我還是難以忘懷5年及7年那年輕、充滿果香的多汁口感，莫非這是酒癡的本能？

[參觀行程]

標準行程費用為3.50英鎊。營業時間為1月中旬～12月中旬9:30～17:00（週一至週五）、9:30～17:00（週日僅限5～10月）。

[交通指南]

酒廠位於埃爾金和達夫之間的Rothes鎮，離A941號公路有段距離的斯貝河畔附近，距離埃爾金5公里處。

第一次蒸餾得到的酒稱為低度酒，再次進行蒸餾後，便會成為烈酒。究竟要擷取哪個部分再次蒸餾，便可看出職人的功力水準。

PEATY 泥煤／藥水／樹脂
CEREAL 麥芽漿／麥芽／焦味
ALDEHYDIC 割草／葉／花
SWEET 蜂蜜／香草／甘油
WOODY 新木香／水果
OIL 堅果／奶油／脂肪
BITTER 苦味／鹽味／土味
PUNGENT 嗆辣／灼熱／刺痛

和智	85分
高橋	83分

BOTTLE IMPRESSION

GLEN GRANT 10年。輕盈表現突顯出清新感，卻又同時夾帶著柑橘水果的酸味、草本的澀味以及堅果的油脂味。泥煤味很淡，讓人感覺不太出來，讓這支威士忌缺乏個性，卻逆勢得到廣大消費者的支持，所得到的評價也都不至於太過負面。然而，酒桶所表現的風味仍可感受到熟成年份的不足。10年款的酒商定價3,140日圓，實際價格落在2,900日圓前後。The Major's Reserve定價2,340日圓，實際價格差異不大。16年定價5,460日圓，實際價格落在4,800日圓前後。也敬請各位日本的酒饕們務必嘗試看看專為義大利市場打造，充滿果香多汁風味的5年及7年威士忌，我非常想聽聽諸位的心得。同時也希望能夠請益鍾情高熟成年份的威士忌酒迷們對這支威士忌的高見。

Campari集團的王牌。

GLEN GRANT 10年
[700ml 40%]

GLENGRANT 16年

[700ml 43%]

目前的原廠裝瓶16年威士忌。雖然說起來這支威士忌並無太大特色，但逆向思考的話，卻也同時是受到一般多數飲酒之人喜愛的風味。高尚、帶果香以及堅果香氣。酒體厚實飽滿。更同時為起瓦士的重要原酒，建議讀者試飲品嚐看看。

GLENGLANT THE MAJOR'S RESERVE

[700ml 40%]

名為「少校典藏（The Major's Reserve）」的這支威士忌最大的特色在於爽颯輕快的口感。這支未記載熟成年份的威士忌酒商定價2,340日圓，實際售價也相去不遠，屬蠻好入手的酒款，建議可與10年一同品嚐比較。

高尚具平衡感。

輕盈口感。

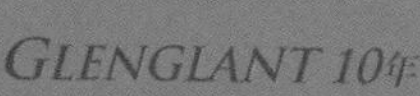

[750ml 43%]

當年是由三得利引進日本國內，然知名度卻不及格蘭利威。這支10年威士忌是以雪莉桶進行熟成，售價為8,000日圓。來到1980年代後，曾有段時間停止進口。

GLENGRANT 20年

[750ml 43%]

這支20年威士忌評價極高，更被稱作是雪莉桶的最佳傑作。售價為30,000日圓。雖由三得利引進日本，但知名度卻輸給格蘭利威。1983年時，由Kirin Seagram公司以長瓶身重新進口。

雪莉桶10年熟成。陳年威士忌。

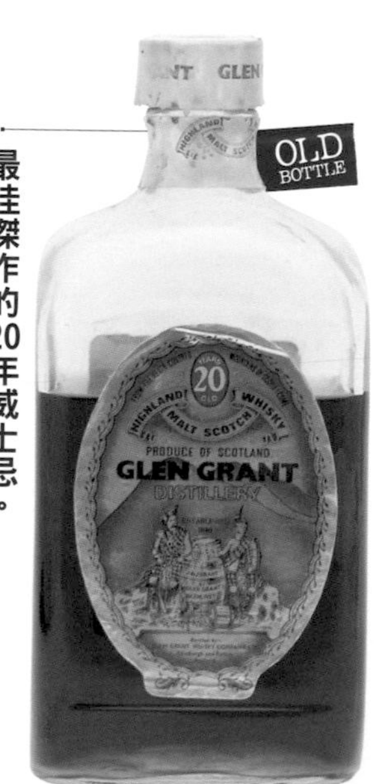

最佳傑作的20年威士忌。

快看看！羅門式酒汁蒸餾器，以及像是生長不良的洋蔥型烈酒蒸餾器也是極具原創性，可說是相當難得一見的情景。

1981年的皇家婚禮紀念。

OLD BOTTLE

GLENGRANT 25年

［750ml 40%］

GLENGRANT 25年。為了慶祝當年黛安娜王妃與查爾斯王子在1980年所舉辦的皇家婚禮，義大利方面所推出的紀念酒款。可說是當年充滿祝福的一支威士忌，然而，兩人最終的結局你我皆知…，但當年可是在全球引發熱議的大事件。

義大利市場最愛，5年威士忌。

OLD BOTTLE

GLENGRANT 5年

［700ml 40%］

1978年蒸餾的熟成5年威士忌，是Kirin Seagram從義大利進口的長瓶身酒款。採用白底單一墨色的印刷方式，帶有相當風味。

22年的熟成年份。

ACORN'S 22年

［700ml 54.8%］

寫有「SELECTED AND BOTTLED IN SCOTLAND」，由ACORN公司推出的原桶強度威士忌。1991年蒸餾、2014年裝瓶，酒桶編號為No.136701。是將公司名稱的橡果（acorn）繪成標籤，評價相當高的系列。

格蘭格拉索

GLENGLASSAUGH

Glenglassaugh Distillery Co Ltd (The Scaent Group) ／ Portsoy, Banffshire ／ 英國郵遞區號 **AB45 2SQ**
Tel:01261 842367 E-mail:info@glenglassaugh.com

主要單一麥芽威士忌 **Glenglassaugh 21年, 30年, 40年** 主要調和威士忌 **Cutty Sark** 蒸餾器 **1對**

生產力 **100萬公升** 麥芽 **未添加泥煤** 貯藏桶 **波本桶及雪莉桶** 水源 **Glassaugh泉水**

採用百分百自家栽培大麥進行蒸餾，充滿個性的威士忌靠著獨特製法與銷售策略開拓新市場。

格蘭格拉索是以32公頃土地，百分百自行生產大麥，在蘇格蘭境內實屬相當稀有的酒廠。自1875年創立以來，營運狀況還不錯的時期大約僅佔3分之1，剩餘的3分之2幾乎是在不斷停產與關廠的命運中渡過。格蘭格拉索於1992年又再次關廠，並在5年後遭脫售，差點真的成了幻影酒廠。

新東家以500萬英鎊的價格，於2008年從當時負責經營的愛丁頓寰盛集團手中，不僅買下了酒廠設施，更買下了那32公頃的土地。新東家並追加投入100萬英鎊，將鍋爐室全面更新並重啟蒸餾，雖然停止由自家進行地板式發芽，但仍保留使用由Porteus公司生產，搭載有狀似熊掌攪拌器的糖化槽。酒廠雖然設有4座木製與2座不鏽鋼製的發酵槽，但目前僅有木製槽運作生產，產能需求還不至於到需要連同不鏽鋼發酵槽一同啟動的滿載生產。順帶一提，格蘭格拉索2010年時，每週僅生產6次威士忌，年產量僅20萬公升，酒廠稼動率更不到2成。蒸餾器部分，各1座的酒汁蒸餾器與烈酒蒸餾器皆為鼓出型，不過壺身鼓起部分較小，因此形狀較為與眾不同。除了這些設備外，蒸餾完成的新酒是以舖地式與層架式進行貯藏，而新東家在入主後第一件事，就是將存放於酒窖倉庫內的酒桶品質進行分級以及數量確認。首先推出市場的是來自舊東家時代的21年、30年、40年的單一年份酒，分別在品評會上獲得相當好的成績。值得一提的是，格蘭格拉索更曾於2009年推出新酒，是完全未經過熟成的烈酒版生威士忌，以及僅以葡萄酒桶熟成半年的烈酒產品。但各位讀者也深知，熟成年份未達3年的話，就不得稱為威士忌，這卻也是格蘭格拉索逆向思考的行銷手法。

[參觀行程]

品酒行程費用為5英鎊。後台參觀行程為25英鎊，採完全預約制，因此需以電子郵件等方式事前聯繫。除聖誕節與新年期間，開放時間為週一至週五，全年無休。參觀時間一般從上午10點開始，但若事前聯繫提出需求，時間可進行調整。

[交通指南]

酒廠位於A98號公路上Portsoy村的西側。距離埃爾金有35公里，距離亞伯丁則有110公里。

GLENGLASSAUGH

格蘭格拉索的個人桶收藏制＝客人能購買整桶新酒，是相當新穎的銷售策略。

辛辣與充滿勁道的威士忌。

GLENGLASSAUGH REVIVAL

［700ml 46%］

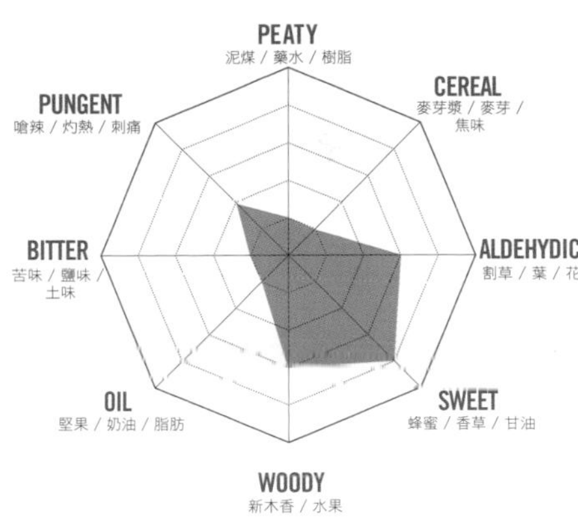

和智	NO DRINK
高橋	80分

BOTTLE IMPRESSION

GLENGLASSAUGH REVIVAL。命名為「REVIVAL」，看來是想將過去美好時代的風味再現。REVIVAL的酒色屬於比「EVOLUTION」稍濃的蜂蜜色。雖然瓶身未標示熟成年份，但或許是因為年份低，使得前味帶有麥芽的揮發氣味，口感表現為頂級蜂蜜、富含水果豐饒的風味。幾乎感受不到泥煤香與煙燻味，是支每天品嚐也不會膩的威士忌。以田納西威士忌的白橡木桶熟成，讓該款威士忌的表現同時兼具辛辣與勁道。實際售價為4,200日圓左右。

57度的火焰之酒。

GLENGLASSAUGH EVOLUTION

［700ml 57.2%］

名為EVOLUTION的單一麥芽威士忌。由沉睡中覺醒的酒廠所推出，酒精度數達57.2%的強勢首發。辛辣、充滿力道及麥芽風味。沒有其他任何一款威士忌與EVOLUTION有著相同表現。推薦尚無經驗的讀者一定要買瓶來品嚐看看，實際售價為6,000日圓左右。

格蘭利威

THE GLENLIVET

Chivas Bros Ltd (Pernod Ricard) ／ Ballindalloch, Banffshire ／ 英國郵遞區號 **AB37 9DB**
Tel:01340 821720 E-mail:theglenlivet.admin@chivas.com

主要單一麥芽威士忌 The Glenlivet 12年, 15年, 18年, 21年, 25年 **主要調和威士忌** Chivas Regal, Royal Salute

蒸餾器 7對 **生產力** 1000萬公升 **麥芽** 未添加泥煤 **貯藏桶** 波本桶及雪莉桶

水源 Josie的泉水

比較品嚐單一麥芽威士忌時相當重要的品牌，只有格蘭利威才能使用「THE」這個定冠詞。

知名酒廠格蘭利威如同在蓋爾語中「寧靜山谷」之意，位處於綠意盎然，身心得以休憩的環境，這裡同時是威士忌原料的大麥產地，不僅有豐富水源，氣候環境涼爽適合進行熟成，讓該地區集結了50間蘇格蘭酒廠。1774年，George Smith家族雖然是於距離目前酒廠有段距離的Upper Drumin農場開始蒸餾事業，但生產的威士忌在英格蘭也是大獲好評。1824年更從原本的違法酒廠搖身一變，成為第一家取得政府合法執照的酒廠，也因此曾聽聞George Smith生命受到其他私釀業者的威脅，讓他槍枝不離身的逸事。George Smith的兒子於1840年繼承家業後，雖然在Delnabo建設了酒廠，但由於需求量太大，因此又在目前的Minmore蓋了格蘭利威酒廠。1953年時，格蘭利威與J. & J. Grant、格蘭冠公司合併並組成了Glenlivet & Grant蒸餾酒公司。1972年，Hill Thomson、朗摩與格蘭利威合併後，1977年時，由加拿大的施格蘭志集團取得酒廠經營權直至今日。

格蘭利威顛覆了市場認為硬水不適合拿來生產威士忌的說法，取擷來自200公尺的地下水源，水溫介於5～8℃，富含礦物質的硬水，對麥芽在糖化時發揮極大的正向影響，讓格蘭利威成功釀造出風味獨特的威士忌。酒廠所採用的蒸餾器為壺身與長管部分呈中間內凹的燈籠型蒸餾器，蒸餾頸細長、壺身寬大。

格蘭利威的威士忌與其他酒廠的產品相比，比重較輕，帶有甘甜、優雅風味，不僅風評佳，實際上也相當美味。格蘭利威不僅是斯佩賽地區，更絕對是全蘇格蘭生產最上等威士忌的酒廠。

[參觀行程]

除了每週僅有一次非常親切又詳細的參觀行程外，另還有要價250英鎊，為期3天的特別行程。除了能參觀酒窖、了解蒸餾和製桶的過程，還可享受到傳統的蘇格蘭晚宴。另也有體驗蘇格蘭威士忌私釀軌跡之旅的行程。

[交通指南]

從A95號公路的Avon橋接B9008號公路南駛5公里左右，便可輕鬆找到規模相當的格蘭利威酒廠。若是從Aberlour出發則沿B9008號公路行駛約15公里。

在過去，有多達20間的酒廠皆推出有名為「Glenlivet」的威士忌。但隨著稅制修改的同時，格蘭利威取得合法執照後，提出正名訴訟，讓酒廠名稱得以附上「THE」字。也因此其他業者目前已無法再使用「Glenlivet」一字。

能同時讓初學者及老饕俯首稱臣的美味威士忌。

THE GLENLIVET 12年
［700ml 40%］

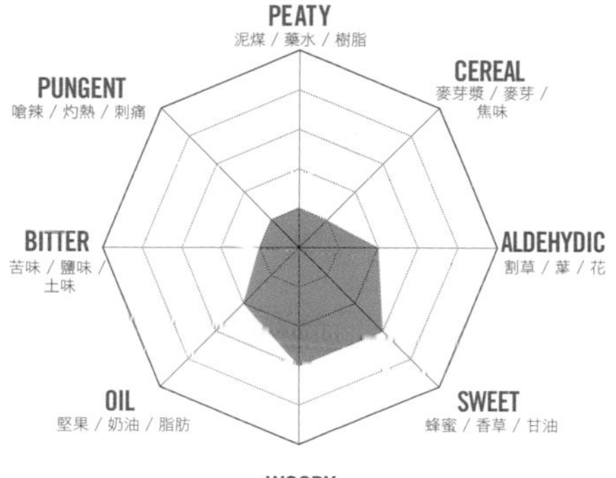

和智 80分

高橋 90分

100

BOTTLE IMPRESSION

THE GLENLIVET 12年，北美地區銷量冠軍的單一麥芽威士忌。在全球雖然擁有排名第三的銷量，但第四名格蘭傑急起直追的速度可是不容小覷。酒色明亮偏淡，前味表現為花朵、蓮花花蜜、蘋果、西洋梨及葡萄香，水準精湛，是將所有元素完全融合為一體的稀有酒款。餘韻悠長，若是抱著享受George Smith遺留下的偉大威士忌的心情來品嚐12年這支酒的話，那真不禁讓人對今天又是美好的一天充滿感激之情。實在不知該如何形容只要2,400日圓便可買到這支威士忌時，心中的那份幸福，對於生產者、進口業者、銷售業者及零售商在這過程中，努力造就出如此逸品，我只能表示無限感謝。這支12年更是我今天也要來享受的常飲威士忌。12年定價4,644日圓。15年定價6,706日圓，實際售價為4,900日圓左右。18年定價10,732日圓，實際售價為5,600日圓起跳。25年定價與實際售價皆為30,000日圓。無論是哪一支威士忌，只要年份越高，價格也就越貴，因此除非是要作為贈禮，若只是要購入自用品嚐的話，從12年開始入門，在享受2～3支份量的風味後，再晉級其他高年份酒款即可。身價非凡的酒是不會跑掉的，因此等到自己的鼻、喉、口、胃已充分適應了風味後再來品嚐也不嫌晚。

在稅制修改後，George Smith提出納稅申請。

1824年，格蘭利威便成了政府第一間核准釀造的酒廠。

同時讓結束私釀蒸餾酒的時代拉開序幕。

在最知名的威士忌產地「利威山谷」，
過去可是遍布著多達20間以「Glenlivet」為名的酒廠。
數量之多，更被人揶揄為「蘇格蘭最長的山谷」，
但隨著目前的格蘭利威酒廠在酒廠名稱前置入了「THE」字之後，
混亂不已的情況也得以落幕。

斯佩河畔的利威山谷擁有生產美味威士忌需要的所有元素。
豐饒的大地、清涼的氣候、豐沛的水源。
讓利威山谷綠意盎然。

光是酒廠與員工住處就在當地形成了村落。在涼爽氣候環境下所釀造，令人驚豔之酒＝格蘭威利的靜謐，與艾雷島的威士忌形成對峙。

常飲之人能及的上限。

THE GLENLIVET 18年

［700ml 43%］

與12年、15年不同的瓶身設計，便可感受到18年之後的威士忌將開始進入不一樣的層次。也的確，因為這支18年定價10,732日圓，實際售價也不會低於5,000日圓。但卻是支整體平衡表現極佳，相當高尚的威士忌，風味也果真不負眾望。餘韻簡短。

上等的品質。

THE GLENLIVET 15年

［700ml 40%］

由於使用法國東北利穆贊（Limousin）地區的橡木桶進行3年以上的熟成，讓該款威士忌表現出奶油、辛香料、堅果等口感，高品質威士忌就此誕生。實際售價為4,900日圓左右。

可收藏的威士忌。

THE GLENLIVET 21年

［700ml 43%］

完成度相當高的複雜口感。這支名為「ARCHIVE」的21年威士忌為了滿足客戶「希望能夠拿來收藏」的需求，最初曾裝於海軍藍的盒中進行銷售。實際售價為16,000日圓左右。

不同等級之酒。

THE GLENLIVET 25年

［700ml 43%］

為滿足亞洲富豪的需求，於2007年開始銷售的系列最頂級酒款。由於風評極佳，北美地區也於2008年開始販售。每支皆有首席釀酒師的簽名認證及限量編號標示，採相當有份量的木盒包裝。以雪莉桶進行熟成。

驚愕的40年。

GLENLIVET 40年

［700ml 46%］

由高登麥克菲爾公司推出，1966年蒸餾、2007年裝瓶，年份達40年的威士忌，同時是價格昂貴到讓人不敢詢價的一支。當年在Milroy商店據說就已要價10萬日圓。

令人說不出話的57年威士忌。

GLENLIVET 57年

［700ml 43%］

為George & J.G.Smith公司所推出的57年威士忌！！！於2012年上市。與40年威士忌相比，更濃郁、如紅酒般的色澤相當引人注目。在1950～60年代所蒸餾的威士忌往往可以看到酒色受雪莉桶影響，呈現近乎黑色，透明度相當低的色澤。

純正。

迎合美國消費者口味的蘇格蘭威士忌。

已經有「THE」的格蘭利威威士忌。

THE GLENLIVET 12年

［750ml 45.5%］

帶有「THE」字的格蘭利威12年威士忌。只有純正的格蘭利威會刻意標示，不知是為了說明「未添加穀物威士忌」，還是想強調「單一麥芽威士忌」。

THE GLENLIVET 12年

［750ml 45.5%］

美國Leeds Imports Corporation（Philadelphia）負責進口的酒款。瓶身可以看到91 Proof、4/5 Quart的北美標示方式。這支或許是因從海外自行攜帶回國的緣故，因此未貼有特級品的貼紙。

THE GLENLIVET 12年

［750ml 45.5%］

標籤上寫有「Unblended all malt」，非常強調12年單一麥芽威士忌說明的設計。是威士忌特級時代的其中一支。由George & J.G.Smith公司主導銷售。

GLEN KEITH

Chivas Bros Ltd (Pernod Ricard) ／ Station Road, Keith, Morayshire ／ 英國郵遞區號 **AB55 5BU**
Tel: — E-mail: —

主要單一麥芽威士忌 Glen Keith 10年（最後「自行生產」的酒款）, Glen Keith 1993（Gordon & MacPhail鑑賞家精選）

主要調和威士忌 — **蒸餾器** 3對 **生產力** 600萬公升 **麥芽** — **貯藏桶** — **水源** Balloch Hill

自2000年起停止生產的格蘭凱斯，位於凱斯鎮上，再度啟動的酒廠。

斯佩賽的達夫鎮東北方——凱斯有著3間酒廠。和格蘭凱斯隔著B9014號公路相望的是史翠艾拉酒廠，其北北東方則有史翠斯米爾酒廠。設立集中多間酒廠區域的格蘭凱斯其實和達夫鎮、Elgin、克萊格拉奇一樣是為了供應起瓦士和100 Pipers不足的原酒量，被作為史翠艾拉酒廠第二，於1957年將麵粉工廠改建而成。格蘭凱斯為了生產口感更好的輕盈威士忌，於1970年停止了原本一直採行的三次蒸餾法。此外，為了提高效率，更於蘇格蘭境內首度使用瓦斯作為產生蒸餾器蒸氣的燃料。另還追加4座蒸餾器，讓年產能達300萬公升。1980年更領先其他酒廠，率先導入微電腦控制進行工廠管理，讓原本須仰賴人們直覺的威士忌生產交給電腦控制。卻也讓部分人士認為，這樣的生產方式會讓蘇格蘭威士忌失去美味，無法再呈現出酒廠特色。2012年我前往拜訪之際，酒廠正從長眠中覺醒，除了遊客中心竣工外，更著手進行入口、牆面及道路的整修，有資訊指出，格蘭凱斯酒廠已於2013年開始生產。

[參觀行程]

外觀與道路雖然皆在整修當中，但遊客中心卻令人相當舒適。

[交通指南]

從埃爾金沿A96號公路南駛約30公里，由於酒廠位於人車擁擠的凱斯市中心，因此不太好尋找，大約要花15分鐘才能找到酒廠入口。

GLEN KEITH

在完工的遊客中心可輕鬆享受簡單餐點及無酒精飲料。
格蘭凱斯酒廠就像是城市中，綠洲般的存在。

「ARCHIVES」系列酒款之一。

GLENKEITH 1992

[700ml 51.5%]

ACORN'S公司獨自裝瓶的格蘭凱斯酒廠單一麥芽威士忌。以「ARCHIVES」為系列名稱，推出有各酒廠的威士忌。

Kingsbury公司的15年威士忌。

GLENKEITH 1997 15年

[700ml 46%]

由Japan Import System公司自1990年代後期進口的格蘭凱斯酒廠15年威士忌。是Kingsbury公司所推出，以豬頭桶熟成的「Limited Edition系列」威士忌。

帶有傳統美好的設計。

GLENKEITH 10年

[700ml 43%]

瓶身標籤雖採用大自然插圖，但其實酒廠位於凱斯市中心。1990年代起，開始售有原廠推出的格蘭凱斯單一麥芽威士忌，是由Joseph E. Seagram公司負責發行。

格蘭莫瑞

GLEN MORAY

La Martiniquaise ／ Bruceland Road, Elgin, Morayshire ／ 英國郵遞區號 **IV30 1YE**
Tel:01343 550900 E-mail:—

主要單一麥芽威士忌 Glen Moray Classic（無年份資訊）, 12年, 16年 **主要調和威士忌** Label 5 **蒸餾器** 2對

生產力 220萬公升 **麥芽** 未添加泥煤 **貯藏桶** 波本桶 **水源** Lossie河旁的泉水

在法國，格蘭莫瑞的單一麥芽威士忌，以及格蘭登納（Glen Turner）的調和威士忌可是銷量No.1的人氣威士忌。

格蘭莫瑞酒廠成立於1897年，是Henry Arnot公司在蘇格蘭傳統的農場中，根據酒廠應有的配置，於Lossie河河邊進行建造。酒廠位處與埃爾金市中心有段距離的郊區，同時是大麥集散地相當知名的地點。格蘭莫瑞在1901年時因受到全球金融危機影響而停止生產，1923年終於在Macdonald & Muir公司的金援下得以重新營運。該公司的調酒師看好需求潛力，洞燭先機取得了能夠購買亞伯樂或格蘭莫瑞酒廠的機會，最終選擇後者，並將母公司更名為Glenmorangie。其後Glenmorangie雖然被LVMH集團買下，但唯獨酒廠歸La Martiniquaise公司所有。

格蘭莫瑞在1978年之後便停止自家的地板式發芽，但在1979年將2座的直立型蒸餾器增加至4座，讓年產能達220萬公升。水源為來自Lossie河附近的泉水，使用不含泥煤的麥芽，廠內擁有5座的不鏽鋼製發酵槽。格蘭莫瑞於法國、格蘭冠於義大利、波摩於日本，眼見在當地銷售長紅的品牌便予以收購，這究竟是人之常情，還是企業經營的常識？

[參觀行程]

標準行程費用為3英鎊。Fifth Chapter行程為15英鎊。格蘭莫瑞的遊客中心於2004年被稱做為日照最棒的酒廠，並榮獲蘇格蘭旅遊局4顆星的評價。除聖誕節與新年期間，整年的營業時間為9:00～17:00（週一至週五）、10:00～16:00（5～9月的週六）。

[交通指南]

從Craigellachie沿A96號公路朝Inverness方向前進，北上來到埃爾金後繼續行駛約1公里銜接B9102號公路，接著在Bruceland Road左轉便可看到格蘭莫瑞酒廠。

歷經了於刑場位址建造啤酒工廠後，最終改建為威士忌酒廠，當地還曾經挖出遺骨，有許多繪聲繪影的傳聞。

能冠上「Glenlivet」之名的時代。

OLD BOTTLE

GLEN MORAY 25年

［750ml 43%］

標籤上印刷著GLEN MORAY．Glenlivet酒廠生產，印有單一高地區麥芽（Single Highland Malt）的文字，是支於1962年蒸餾的單一年份酒。

高地區的女王之酒。

OLD BOTTLE

GLEN MORAY 10年

［750ml 40%］

原本是生產用來作為調和Highland Queen威士忌用的基酒，但此款為1970年代於義大利推出的格蘭莫瑞（螺旋瓶蓋）10年單一麥芽威士忌。由Macdonald & Muir公司進行蒸餾、裝瓶。

納康都

KNOCKANDO

Diageo plc ／ Knockando, Morayshire ／ 英國郵遞區號 **AB38 7RT**
Tel:01479 874660 E-mail:一

主要單一麥芽威士忌 Knockando 12年 **主要調和威士忌** J&B Rare **蒸餾器** 2對 **生產力** 130萬公升

麥芽 添加些許泥煤 **貯藏桶** 波本桶。用來做為單一麥芽威士忌的蒸餾酒則以雪莉桶熟成。

水源 Knock Hill的泉水

從Knockando（黑色小山丘）更名為ancnoc（小山丘）

納康都酒廠是1898年，由蒸餾酒代理商Ian John Thompson委託知名建築師Charles Doig設計，建造於斯貝河畔。該酒廠最初是以納康都．格蘭利威酒廠（Kockando-Glenlivet Distillery）之名經營，隨著維多利亞時代的威士忌熱潮退卻，納康都被總部位於倫敦的W & A Gilbey公司以3,500英鎊買下，並於1904年重啟生產。為了讓國際釀酒集團（International Distillers & Vintners）及紅酒商的組織更加成形，酒廠持續生產直到1962年W & A Gilbey與United Wine Traders合併為止。1969年，納康都在增加2座蒸餾器後，讓燈籠型與直線型蒸餾器的總容量倍增。3年後，納康都轉賣給了Grand Metropolitan公司的Watney Mann。1997年，因Grand Metropolitan與Guiness合併成帝亞吉歐集團，使得納康成為旗下一員並營運至今。納康都的水源取擷來自Knock Hill的泉水，將含有些許泥煤成分的麥芽以2對蒸餾器進行生產，年產能為130萬公升。納康都使用有Maker's Mark與Jack Daniel's等肯塔基威士忌酒桶及田納西威士忌酒桶。納康都在蓋爾語中有「黑色小山丘」的意思，目前隸屬於帝亞吉歐集團。

[參觀行程]

雖然沒有遊客中心、行程和相關設備，但若能事先申請，或許有機會進去參觀。

[交通指南]

沿著連接Craigellachie及Cragganmore的B9102號公路行駛，這條山路非常狹窄，會讓人感到不安，但是大約在中間的位置即可看見納康都酒廠。由於地點在斯貝河沿岸，因此要特別留意相關標誌。

KNOCKANDO

Justerini & Brooks公司取名稱字首，將「Spey Royal」加上了「J&B」，讓商品在美國榮獲第一名的業績。

非凡的普通之酒。

KNOCKANDO 12年
[700ml 43%]

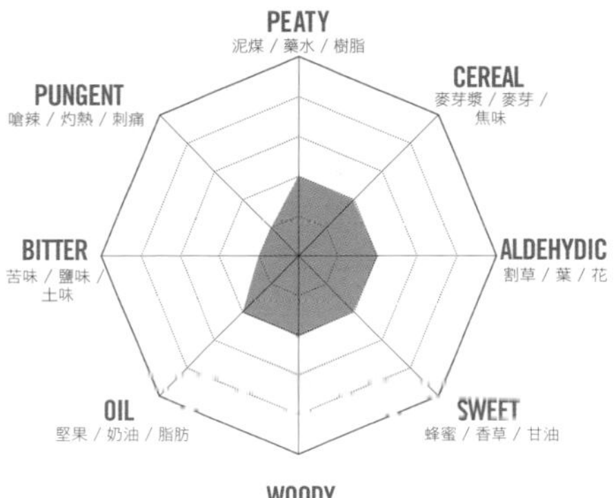

BOTTLE IMPRESSION

KNOCKANDO 12年，單一麥芽威士忌有12年、16年及28年酒款。另有提供Haig與J&B原酒作為調和威士忌用。不加水直接純飲的話，便可知其箇中厲害之處。酒色為淡金黃色，香味中可以感受到些微的水果元素。風味表現為麥芽、蘋果、葡萄，餘韻悠長。整體表現非常類似SCAPA 16年，但KNOCKANDO 12年的口感表現更加柔和。或許有人會認為這支威士忌缺乏深度，但細細品味後，卻可發現其趣味之處。

林可伍德

LINKWOOD

Diageo plc ／ Linkwood Road, Elgin, Morayshire ／ 英國郵遞區號 **IV30 8RD**
Tel:01343 547004 E-mail:—

主要單一麥芽威士忌 Linkwood 12年（Flora & Fauna系列） 主要調和威士忌 Bell's, Haig, White Horse 蒸餾器 3對

生產力 350萬公升 麥芽 未添加泥煤 貯藏桶 波本桶 水源 Millbuies湖附近的泉水

在新興住宅區中，生產著白馬威士忌的基酒。

1821年，地方仕紳Peter Brown於埃爾金市中心東南方位，正好介於A91號公路與A941號公路之間的位置建造了林可伍德酒廠。1863年，Peter Brown的兒子在他過世之後繼承父志，繼續經營酒廠。為了在不景氣的環境下延續事業，林可伍德於1936年納入了Scottish Malt Distillers旗下。1962年後，全球掀起了為期10年的威士忌浪潮，讓酒廠得以重新整頓生產威士忌的廠房。林可伍德有個趣聞軼事，身為酒廠管理人的Roderick Mackenzie非常相信所謂的「微氣候（microclimate）」，為了不讓傳統風味出現變化，據說就連對於除去蜘蛛網一事也持極力反對的態度。

1971年，林可伍德以4座裝設有新型管式冷凝管蒸餾器的林可伍德B廠及擁有2座舊式蟲桶冷凝裝置蒸餾器的林可伍德A廠進行生產。此外，為了應付強烈需求，更增設了2台蒸餾器。但以目前的情況來看，林可伍德A廠的年稼動率並沒有很高。

最近，酒廠附近成了埃爾金市的新興住宅地區，因此增加了許多建物。從酒廠的地理位置、環境等條件來看，未來或許將不再保有現在的風光明媚，但對喜愛威士忌的老饕而言，林可伍德可是不能錯過的酒廠。

[參觀行程]

事前予以聯繫的話，應可入內參觀。

[交通指南]

從埃爾金的中心出發，過了新埃爾金（New Elgin）之後，酒廠就位在西南方，A96號公路與A941號公路之間。林可伍德酒廠的所在位置目前成了新興住宅區，因此可能要費點工夫才有辦法找到。

4年威士忌。

THE SELECTION
4年
[700ml 43%]

由Kingsbury公司所推出的「THE SELECTION」系列。酒桶編號為No. 800154～157。2008年蒸餾，採非冷凝過濾、無染色方式生產，於2013年裝瓶。

45年威士忌。

LINKWOOD
45年
[700ml 40%]

10年威士忌的酒體適中。聞起來是帶有些許煙燻元素的甘甜表現。如花朵般、如紅酒般纖細，還有甜美、滑順、藥水、香菸飄菸的元素。餘韻表現如辛香料。據說水不要加太多會比較好。我尚無幸品嚐由高登麥克菲爾公司推出的這支45年威士忌。

OLD BOTTLE

純麥芽的12年威士忌。

LINKWOOD
12年
[750ml 40%]

年份為12年的單一麥芽威士忌。會如此刻意寫出「Pure」，難道是因為市場上調和威士忌實在是太強勢的關係？該款是以風評普遍不錯的雪莉桶進行熟成。

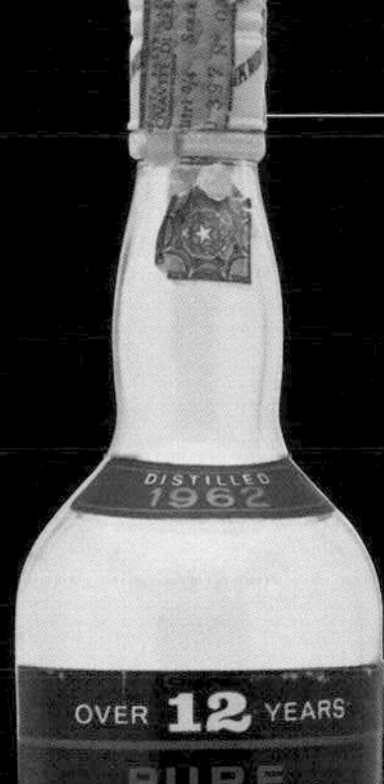

OLD BOTTLE

標籤配色相反版本。

LINKWOOD
12年
[750ml —]

1962年蒸餾、1974年裝瓶的12年單一麥芽威士忌。與左邊酒款不同的地方似乎在於標籤的黑白色相反以及瓶頸有無貼紙。該款為當時的最佳威士忌酒款之一。由巴工業引進日本，售價10,000日圓。

LONGMORN

Chivas Bros Ltd (Pernod Ricard) ／ Lithe lochan, Elgin, Morayshire ／ 英國郵遞區號 **IV30 8SJ**
Tel:01343 554120 E-mail:—

主要單一麥芽威士忌 Longmorn 16年 **主要調和威士忌** Chivas Regal, Queen Anne, Something Special

蒸餾器 4對 **生產力** 350萬公升 **麥芽** 未添加泥煤 **貯藏桶** 波本桶及雪莉桶

水源 當地的泉水、Millbuies的泉水

竹鶴政孝最初短期實習的酒廠，回國後，將實習時學得的直立型蒸餾器與直火加熱技術化成美味。

朗摩酒廠是George Thomas、Charles Shirres與John Duff這幾位創立格蘭洛斯酒廠之人於1894年計畫興建。最剛開始酒廠是以朗摩．格蘭利威酒廠（Longmorn-Glenlivet Distillery）之名生產，4年後，John Duff雖然取得經營權，但在經濟不景氣的情況下，只好將股權讓渡給James R Grant。酒廠於1970年代將蒸餾器增加至8座，讓產能提升至350萬公升。1978年，加拿大的施格蘭志取得了格蘭利威的所有權，目前酒廠則隸屬於起瓦士集團。直到1994年為止，朗摩的發酵槽一直都是以煤炭直火加熱。另還使用不鏽鋼製的糖化槽，原為俄勒岡松木製的發酵槽則改為不鏽鋼材質。蒸餾器形式為直立型，共計8座。過去雖然是以煤炭直火加熱，但現在已改為蒸氣加熱。

雖然日本威士忌之父竹鶴政孝的實習之旅只有短短數日，但朗摩卻是第一間允許非酒廠人員進入建物內的酒廠。竹鶴政孝除了讓人對於當時日本人那股強烈的求知慾及熱情感到欽佩不已外，他那份將美味威士忌製造方法帶回日本的堅強意志更是令人打從心底折服，只能道盡無限感謝。但若真要說的話，其實我心裡面還是覺得，若竹鶴當年前往實習，位於坎培爾鎮的酒廠今日還有營運的話該有多好，就讓我們拿NIKKA威士忌品牌的「竹鶴」與朗摩「16年」比較試飲來過過乾癮吧！

[參觀行程]

朗摩雖然沒有遊客中心及參觀行程，但偶爾會開放酒廠供人參觀。

[交通指南]

從埃爾金市區沿A941號公路往南行駛5公里左右就可在左側看到朗摩酒廠，酒廠位置就在Fogwatt村的北側。

我希望朗摩威士忌在日本的銷量能夠更加突破。這威士忌的美味究竟是從何而來呢？為了確認一下，今天是該來一杯了。

LONGMORN

芳香、豐潤的極度表現。

LONGMORN 16年
[700ml 48%]

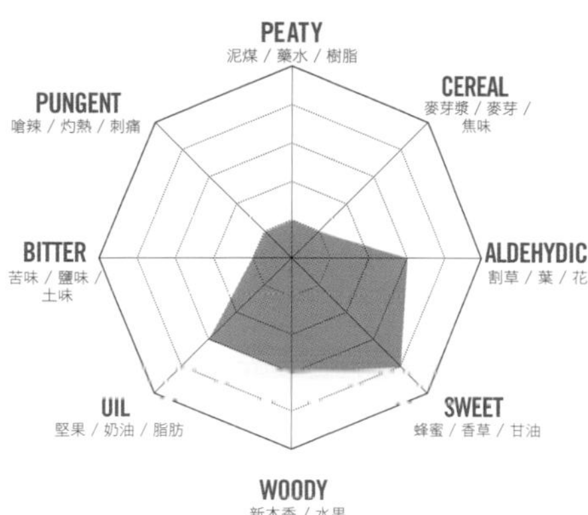

和智	NO DRINK
高橋	90分

BOTTLE IMPRESSION

LONGMORN 16年。那水果的芳香、豐潤表現真要讓人說的話，只能由衷感謝世上也有如此爽颯卻又濃郁的威士忌了。是讓人認定「斯佩賽地區一定要有朗摩酒廠」的威士忌。穩健、輕盈、華麗、滑順，都在引誘品嚐之人進入夢中世界。雖然沒有艾雷島威士忌的強烈勁道，但纖細表現才能稱之為斯佩賽的威士忌。此支威士忌同時也入選我最愛的前十大威士忌。呈現出來的感覺似乎與高地區的銘品GLENGARIOCH 12年（實際售價約2,600日圓）非常相近。不過，若是16年的話，卻是2倍以上的價格，但說實在的這也無可厚非…。我雖然有很多款希望能隨時在家中酒櫃看見的威士忌口袋名單，但實際售價8,000日圓左右的酒實在無法每天輕鬆品嚐，因此也建議讀者將此酒定位為慶祝之酒或贈禮之酒。市面上流通的數量不多，因此要特別留意購買地點。用鼻子嗅品、含入口中、入喉、醉醺滿足無比的酒真的是讓人充滿無限感激。要向酒神巴克斯（Bacchus）致謝的朗摩威士忌。酒瓶頸的金屬扣環設計相當美麗。

珍藏50年。

LONGMORN 50年

[700ml 43%]

年份達50年的朗摩單一麥芽威士忌。於1964年完成蒸餾。只能說實在是太欽佩高登麥克菲爾公司了！日本是由Japan Import System負責銷售。

28年的瑪麗皇后。

LONGMORN 28年

[700ml 53.8%]

以瑪莉皇后號（Queen Mary）為題材的朗摩28年。插圖表現技巧高明，讓人不禁想啟程旅行。

37年的「THE LIFE」。

LONGMORN 37年

[700ml 51.3%]

Three Rivers公司推出的第8波「The Life」系列的朗摩酒廠版。此是為數228瓶的其中一瓶。由於相當受歡迎，所以只要一上市便會被搶購一空，請預購從速。

43年的高年份熟成。

LONGMORN 43年

[700ml 46%]

由高登麥克菲爾公司推出，首次充填的雪莉桶（豬頭桶）編號為No.1536，是224瓶裝瓶數中的第124瓶。

15年陳年威士忌。

LONGMORN 15年

[750ml 43%]

標籤中印刷有Pure Highland Malt Whisky的1980年代陳年威士忌。該時期正好是朗摩從Hill Thompson易主至格蘭利威手上。

Hill Thompson的10年威士忌

LONGMORN 10年

[750ml 40%]

由酒廠業主Hill Thompson所推出，義大利業者負責銷售的10年陳年威士忌。

地位好比動物界的腔棘魚、植物界的水杉，朗摩的美味是威士忌界的活化石，在我眼中一直認為在日本的辨識度應該要更高才對。

麥卡倫

THE MACALLAN

The Edrington Group ／ Easter Elchies, Craigellachie, Aberlour, Banffshire ／ 英國郵遞區號 **AB38 9RX**
Tel:01340 872280 E-mail:mgray@edrington.co.uk

主要單一麥芽威士忌 除了有各種不同年代的The Macallan 10年、30年酒款外，還有Fine Oak 10～30年等系列。

主要調和威士忌 Famous Grouse, Cutty Sark **蒸餾器** 7座酒汁蒸餾器、14座烈酒蒸餾器

生產力 875萬公升 **麥芽** 未添加泥煤 **貯藏桶** 波本桶及雪莉桶 **水源** 斯貝河畔的井水

若現在還用「單一麥芽威士忌中的勞斯萊斯」來形容麥卡倫似乎有點老掉牙，但這卻也充分證明了「麥卡倫」這品牌威士忌的美味讓人不可置否。實際上，麥卡倫的確擁有能作為蘇格蘭威士忌代名詞之一的悠久歷史、風格特質及品質水準。「～的勞斯萊斯」稱號是本身形象也相當氣派崇高的知名英國百貨哈洛德，在自家出版的威士忌書籍中開始出現，而非麥卡倫用來自我讚美的廣告文宣。不過，對於這樣的稱號，麥卡倫當然是欣然接受。然而，此舉卻也引來了「還有其他許多更適合威士忌界勞斯萊斯稱號的品牌吧！」的反對聲浪。但在日本，麥卡倫領先格蘭菲迪、格蘭傑，強勢入主冠軍寶座，更同時擁有全球銷量排名第三的真實力。

麥卡倫最早於斯佩賽地區留有歷史紀錄是在1824年，當時是Alexander Reid以「Elchies酒廠」之名正式獲得政府所提供的經營執照而開始營運，實際的釀酒歷史雖可

[參觀行程]

遊客中心於2011年開幕，提供有8英鎊的標準行程與20英鎊需要預約的特別行程。標準行程所需時間為1小時15分鐘，期間會參觀生產威士忌的所有過程。2小時15分鐘的特別行程則包含品香及試飲等內容。

[交通指南]

從斯貝河流經的Craigellachie沿A95號公路行駛，過了Telford橋後，沿B9102號公路西行後左轉，應該就能在左手邊看到麥卡倫酒廠的招牌。

在進口至日本的單一麥芽威士忌中擁有No.1的銷售業績。
「勞斯萊斯」的封號可不是隨便說說的。

再往前追溯100年，但當時正值所謂的私釀酒盛行時代，因此若要以合法酒廠角度來看的話，麥卡倫的歷史還略遜格蘭利威。

麥卡倫釀酒的特色在於1990年左右以前，僅使用黃金大麥搭配5種酵母，目前則將自家占地38公頃的農地所種植的Minstrel種大麥作為麥卡倫專用品種。進行48～56小時的發酵，再以斯佩賽地區最小型的直火加熱蒸餾器與蒸氣加熱式烈酒蒸餾器處理麥汁。若光靠小型蒸餾器，是無法達到每年875萬公升的產能，但麥卡倫讓總數21座的酒汁和烈酒蒸餾器中的15座同時運作，成功克服了生產瓶頸。另外值得一提的是，麥卡倫對於熟成桶的堅持，無論是原木或砍伐皆進行徹底管理，更會將在González Byass公司熟成3年，2類型的雪莉桶拿來再利用，同時也會使用波本桶，讓搭配方式相當多樣。

由於優質的雪莉桶需求急增，使得供給量不足，讓業者苦於應對，只能以波本桶、歐洲橡木桶、水楢木桶不斷嘗試。

酒體飽滿。麥卡倫的基本表現。

THE MACALLAN 12年

[350ml 40%]

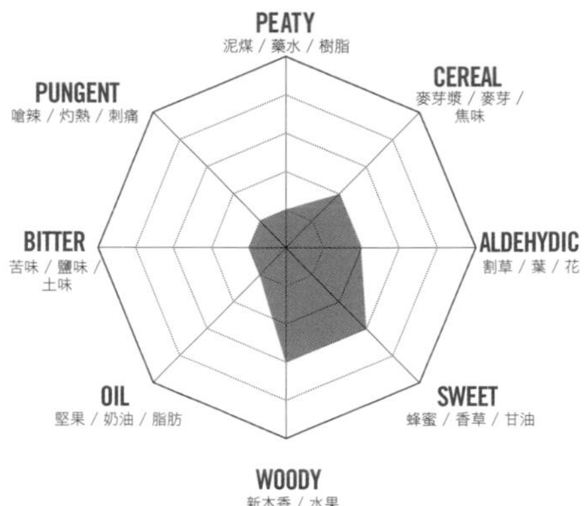

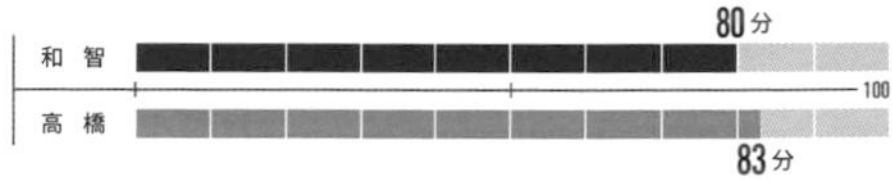

BOTTLE IMPRESSION

MACALLAN 12年。市面上推出許多價格昂貴的麥卡倫。但其實讀者可以在充分品嚐過這支12年（容量700ml的定價6,000日圓，實際售價約4,900日圓。圖片中為350ml，定價3,000日圓）的標準酒款後，再進階嘗試其他酒款，首先要讓自己熟悉麥卡倫的基本表現。說到MACALLAN 12年，香氣表現優雅，會慢慢地在口中擴散開來，後味收斂，能夠順暢地直達胃部。若是習慣表現強烈的威士忌者，在品嚐MACALLAN 12年時會有稍感力道不足的時候。麥卡倫原酒同時用來作為威雀、順風的調和威士忌。過去在品嚐MACALLAN 25年陳年威士忌時，可以感受到有如陳年干邑白蘭地的熟成感，絲毫不帶刺激，有如水一般，無障礙地從口中直直落至胃部的感覺，是低年份酒所無法品嚐到的秀逸表現。但如此獨到的表現究竟是否符合自己的口味，美味與否就是見仁見智了。陳年酒款珍貴無比，價格昂貴當然也是無可厚非，但有時得到很多，有時卻也失去不少。

多品嚐幾支基本酒款吧！

難道這是熟成之巔。

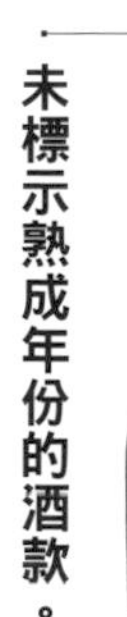

麥卡倫的極陳年威士忌。

未標示熟成年份的酒款。

THE MACALLAN 10年

[700ml 40%]

麥卡倫的基本威士忌。酒商定價5,000日圓，實際售價約4,500日圓。氣味為水果、西洋梨、堅果等複雜表現。結尾是在毫無餘韻的情況下到來。雖然是一支強調使用雪莉桶熟成打造美味的威士忌，但自2004年起，由於雪莉桶實在供不應求，進而開始使用波本桶、歐洲橡木桶。今後麥卡倫的威士忌究竟會有怎樣的變化呢？

THE MACALLAN 17年

[700ml 43%]

柔和豐潤的香氣，來自雪莉桶的甘甜與果香口感。餘韻輕盈，辛香料、堅果與奶油混合其中。17年在一片爽颯中，熟成表現相對明顯。酒商定價10,000日圓，實際售價約8,500日圓。

THE MACALLAN 30年

[700ml 43%]

我曾有幸品嚐麥卡倫30年。表現真實、豐潤，無比滑順。帶有糖、蜂蜜、水果乾及肉豆蔻風味，這正是所謂的熟成吧！但，這表現不是和干邑白蘭地一樣嗎！很感謝能有品嚐此美味的經驗，但讓我更篤定的是，既有得、也有失。

THE MACALLAN GOLD 1824

[700ml 40%]

近來，許多酒廠都推出未標示熟成年份的威士忌，而這「淡黃色」究竟是怎樣年份的酒款呢？我個人還是比較希望能將年份明確標出，不知各位大哥們所見為何？

從1946年算起，年份連續毫無短缺的麥卡倫陳年威士忌整齊地排列於壁架上，盛岡蘇格蘭屋的收藏功力實在令人五體投地！

關和雄、聰子賢伉儷一同經營的「盛岡蘇格蘭屋」牆壁上整齊排列著令人驚訝不已的大量威士忌，一看到裝瓶年份更是讓人吃驚。自1946年起年份連續毫無缺少的750ml麥卡倫依照年份地被收藏著，但似乎並沒有每瓶都被打開過。請教關老闆理由後，他表示，1瓶作為收藏用，另還會購買多瓶作為自己品嚐用，因此拿來收藏的酒款不會打開來喝。想要邊仰望著前所未見的陳年威士忌，邊在盛岡蘇格蘭屋對麥卡倫高談闊論嗎？相信關老闆也有很多「關於麥卡倫」能跟我們分享。

被稱為陳年威士忌的麥卡倫與目前市面上銷售的麥卡倫在風味口感上究竟有怎樣的差異？Easter Elchies家族有座名為麥卡倫的教堂，這座教堂位在能夠看到Craigellachie斯貝河上的Telford拱橋的懸崖上，教堂更成了酒廠名稱的來源。當時所選用的大麥為Golden Promise種，熟成則是百分之百使用雪莉桶。目前Optic與Chariot種的大麥佔了7成，熟成也因雪莉桶價格飆升，進而開始使用波本桶。消費者喜愛的口感轉偏向清淡，隨著市場需求量大增，更將6座同尺寸的蒸餾器增加至21座，完成增產體制。這全都是與時代相關的人們所成就的產物。

麥卡倫，日本人最喜愛的單一麥芽威士忌品牌。
優雅、纖細，既無刺激，又不帶衝擊，卻存在滿滿的熟成風味。

1938年蒸餾的31年貯藏瓶。

THE MACALLAN 1938

［750ml 43%］

1970年於英國銷售的紅緞帶標籤（1938年蒸餾）的價格為400,000日圓，據說1950年在Milroy商店的售價為150,000日圓。這樣的手寫標籤實在不太能理解內容為何。1938年，麥卡倫將格蘭利威從名稱中移除。當年是由日本Kemiko公司（現在的持田製藥集團）負責進口。

由Campbell. Hope公司出品。

MACALLAN 1946

［700ml 40%］

由埃爾金的Campbell. Hope & King公司所推出的陳年單一麥芽威士忌。酒廠名稱中還有格蘭利威的字眼。自1963年起，麥卡倫便不再將以雪莉桶熟成的文字印刷在標籤上，而是直接標記於瓶身。順帶一提，到1966年為止都是採用螺旋瓶蓋設計。

熟成25年的陳年威士忌。

THE MACALLAN 25年

［750ml 43%］

於1957年所推出的週年紀念酒，為熟成25年的威士忌。日本是由Kemiko公司引進，定價80,000日圓。1892年，麥卡倫為Roderick Kemp所有，並使用雪莉桶進行熟成。但自2004年起，由於雪莉桶的供應不及，使得麥卡倫開始使用波本桶。

百分百使用黃金大麥的25年威士忌。

「極陳年」55年。

MACALLAN 25年

［700ml 48.9%］

由Kingsbury公司推出，於1988年蒸餾的熟成25年酒款。二次充填雪莉桶編號為No.10233。是244瓶裝瓶數中的其中一瓶。口感帶有太妃糖、清新辛香料，為了向頂級麥卡倫致敬所推出的酒款。

MACALLAN 55年

［700ml 43%］

令人驚嘆的55年熟成年份，讓人再度見識到高登麥克菲爾公司的實力。真不知高登麥克菲爾在自家公司及酒廠所擁有的14,000桶庫存中，究竟藏有多少珍稀原桶。從簡單的瓶身設計中，實在難以想像其中有多驚人。

MACDUFF

John Dewar & Sons Ltd (Bacardi Limited) ／ Banff, Banffshire ／ 英國郵遞區號 **AB45 3JT**
Tel:01261 812612 E-mail:—

主要單一麥芽威士忌 Glen Deveron 10年　主要調和威士忌 William Lawson's

蒸餾器 2座酒汁蒸餾器、3座烈酒蒸餾器　生產力 320萬公升　麥芽 未添加泥煤

貯藏桶 波本桶及雪莉桶　水源 Gelly河

將蒸餾器改為環狀蒸氣加熱形式，同時也是最先引進新式冷凝管的酒廠。

位處Deveron河岸，自古便以Glen Deveron之名廣為人知的麥克道夫酒廠是麥克道夫蒸餾酒製造公司為因應調和用威士忌所需的原酒所設立。

1963年開始投入生產，於1973年增為4座蒸餾器，1990年增加了第5座蒸餾器後，重新啟動生產。麥克道夫原本的蒸餾器於1972年賣給了William Lawson，接著在1980年時，由Martini Rossi買下，交給了John Dewar & Sons公司後，成了母公司百家得烈酒集團的財產。當時麥克道夫還設置工廠，利用設備將產業廢棄物乾燥、提煉，加工成豬牛用飼料。這個作業也形成了酒廠以蘇格蘭生產的大麥釀造威士忌後，將廢棄物加工成家畜飼料，而家畜的糞便又能夠用來栽培大麥的大生態循環。

值得一提的是，麥克道夫酒廠擁有多項特殊專利，除了以環狀蒸氣形式作為蒸餾器加熱外，更是第一間以新式的冷凝管取代蟲桶的酒廠。麥克道夫不單是間只會一味維護自古流傳至今的生產方式，更是站在企業角度，思考如何提升效率及產能的酒廠。

麥克道夫擷取來自Gelly河的水源，使用不含泥煤的麥芽，以9座發酵槽進行發酵。更以2座酒汁蒸餾器與3座烈酒蒸餾器不同於常規的搭配，創造320萬公升的年產量。原酒提供給William Lawson's作為調和威士忌，麥克道夫本身則推出有Glen Deveron 10年的單一麥芽威士忌。建議讀者可以品嚐看看，麥克道夫那帶有斯佩賽威士忌特色的輕盈酒體及口感。

[參觀行程]

或許有機會入內參觀，但建議事前先以電子郵件等聯繫看看會比較保險。

[交通指南]

從Keith出發走A95號公路，從Huntly出發則走A97號公路，麥克道夫酒廠就位在約30公里處的位置。其實酒廠就在Banff和麥克道夫間，面向Deveron河，靠近A98號公路之處。

採行了許多具備專利，方法相當新穎的酒汁蒸餾器。

獨立裝瓶廠的原點。

MACDUFF 12年

［700ml 43%］

總部位於斯佩賽．埃爾金的高登麥克菲爾公司自1956年起開始銷售的「Connoisseurs Choice」系列，該系列更讓一般大眾了解到單一麥芽威士忌的存在。1997年的麥克道夫酒廠版本。

單桶威士忌。

MACDUFF 15年

［700ml 46%］

Kingsbury公司所推出的1997年威士忌。豬頭桶編號為No.4129，裝瓶數為354瓶。麥芽表現強勁，味道甘甜滑順，卻又帶有辛香味。

能夠掌握生產履歷的系列。

MACDUFF 8年

［700ml 43%］

Kingsbury公司所推出，「THE SELECTION」系列的8年麥克道夫單一麥芽威士忌。2002年蒸餾，以非冷凝過濾、無染色方式生產，2011年裝瓶。

慕赫

MORTLACH

Diageo plc／Dufftown, Banffshire／英國郵遞區號 AB55 4AQ
Tel:01340 822100 E-mail:—

主要單一麥芽威士忌 Mortlach Aged 16年（Flora & Fauna系列） 主要調和威士忌 Johnnie Walker

蒸餾器 3座酒汁蒸餾器、3座烈酒蒸餾器 生產力 360萬公升 麥芽 未添加泥煤

貯藏桶 雪莉桶 水源 Conval Hills的泉水、Jock的井水

以複雜的控制方式進行三次蒸餾，帝亞吉歐集團內的個性派異類。

慕赫是在1823年酒稅法修改不久後，由James Findlater所成立的合法酒廠，並以慕赫能在斯佩賽達夫鎮上成為質量最佳的酒廠為目標。從1853年起，George Walker一直與Cowie家族共同擁有慕赫酒廠，直到1923年出售給John Walker & Sons公司。接著在2年後，酒廠的所有權又移轉到DCL手上。1886年，William Grant為了建立屬於自己的格蘭菲迪酒廠，在慕赫酒廠擔任了20年的管理職，表現卓越。1897年，當威士忌產業正準備向全世界發聲時，慕赫決定將酒廠內的3座蒸餾器增加為6座。但這些蒸餾器完全採行獨特的操作方法，進行目前已非常少見的三次蒸餾，需要極為複雜的控制。慕赫更於1996年進行整修，成了現代化的最新酒廠。

水源為來自Conval Hills的泉水，糖化槽為不鏽鋼製，一槽容量為12公噸。發酵槽採落葉松製，設有6座容量為59,000公升的發酵槽。以3座酒汁蒸餾器及3座烈酒蒸餾器生產每年360萬公升的蒸餾酒，但卻只以雪莉桶進行熟成貯藏。慕赫在蓋爾語有「碗狀窪地」的意思，是達夫鎮7間酒廠中，歷史最悠久的一間。

[參觀行程]

無提供參訪行程及設施。

[交通指南]

慕赫酒廠位在有著蘇格蘭酒廠聖地之稱的斯佩賽達夫鎮裡，地點就在A920號公路、A941號公路及B9009號公路交會處以南的位置，穿過Fife Street後便可看到。

充滿果香及煙燻味的16年威士忌。

MORTLACH 16年

［700ml 43%］

淡淡的煙燻味並帶有果香。絕佳的平衡，屬表現複雜的威士忌。辛香味持續，同時還可感受到包含堅果及果實的雪莉酒風味。餘韻帶有如花朵般的香氣。整體表現極具魅力，相當吸引人，為Flora & Fauna系列酒款。

三次蒸餾的單一麥芽威士忌。

MORTLACH 1988

［700ml 46%］

高登麥克菲爾公司所推出，慕赫酒廠生產的單一麥芽威士忌。1988年蒸餾，從部分採用三次蒸餾的複雜作業中所孕育而生的威士忌可是讓老饕們垂涎欲滴。

「THE SELECTION」的5年威士忌。

MORTLACH 5年

［700ml 45%］

Kingsbury公司所推出「THE SELECTION」系列。慕赫酒廠的5年威士忌。波本酒桶編號No.800226、800259、800261。2008年蒸餾，2013年以非冷凝過濾、無染色方式裝瓶而成。

約翰走路的原酒。

MORTLACH 12年

［750ml 43%］

非常具特色的慕赫方瓶酒款。1981年領先全球，以12,000日圓的價格推出日本市場。由於慕赫的原酒多半被拿來做為約翰走路的調和威士忌，相當少有單一麥芽威士忌出現在市場上，因此極為珍貴。

皇家藍勛

ROYAL LOCHNAGAR

Diageo plc ／ Balmoral, Crathie, Ballater, Aberdeenshire ／ 英國郵遞區號 **AB35 5TB**
Tel:01339 742700 E-mail:royal.lochnagar.distillery@diageo.com

主要單一麥芽威士忌 Royal Lochnagar 12年, Royal Lochnagar Selected Reserve, 酒廠版Royal Lochnagar　主要調和威士忌 Johnnie Walker Blue Label

蒸餾器 1對　生產力 45萬公升　麥芽 添加少許泥煤　貯藏桶 波本桶及雪莉桶

水源 Lochnagar山中，小山丘上Scarnock湖的湖水

維多利亞女王陛下最愛的單一麥芽威士忌

藍勛酒廠是John Begg於1845年，在靠近高地區皇室的巴爾莫勒爾堡（Balmoral Castle）的Dee河河畔所建。但酒廠廠長曾因出席於1823年及1841年舉辦的酒廠合法會議，使藍勛酒廠遭其他違法的私釀業者縱火，導致全毀。此外，名稱中能有「皇家」，是因英國王室於1848年買下巴爾莫勒爾堡作為避暑行宮後，維多利亞女王和艾伯特親王曾經前往參觀酒廠，進而獲得了皇家御用的「Royal」頭銜。

皇家藍勛在1919年以前雖為Begg家族擁有，但其後賣給了John Dewar & Sons公司，接著所有權又轉移到SMD公司，目前則隸屬DCL集團，是蘇格蘭境內規模最小的酒廠之一。水源取擷來自Lochnagar山中，小山丘上Scarnock湖的湖水。採用微量泥煤成分的麥芽，以1對直立型蒸餾器，生產年廠量僅45萬公升的蒸餾酒。使用美國橡木與歐洲橡木做成的酒桶，熟成則是借用斯佩賽格蘭洛斯酒廠的酒窖。或許是因為產量太少的緣故，市面上看不太到獨立裝瓶廠推出的皇家藍勛威士忌，但若讀者真的有看到，建議可以購入。皇家藍勛另有提供原酒給約翰走路等品牌作為調和威士忌。

[參觀行程]

遊客中心雖然提供有非常具魅力的家族行程（10英鎊）與標準行程（5英鎊），但由於我未寄信預約申請，因此並無親身體驗。酒廠有提供日文的説明簡介。4月至10月期間採彈性開放：遊客多則開放，沒有遊客則休息。1月～2月的開放時間為10:00～16:00（週一至週五）；4月～10月為10:00～17:00（週一至週六）、12:00～17:00（週日）；11月～12月及3月為10:00～16:00（週一至週六）。

[交通指南]

從亞伯丁沿A93號公路向西行駛約50公里進入內陸後抵達Dee河沿岸，在西南側能夠看到聳立的Lochnagar山（標高1,155公尺）。接著從A93號公路進入在Balmoral附近，與A93號公路平行的B976號公路後，便發現皇家藍勛酒廠。

ROYAL LOCHNAGAR

完成度極高的複雜表現。

ROYAL LOCHNAGAR 12年

[700ml 40%]

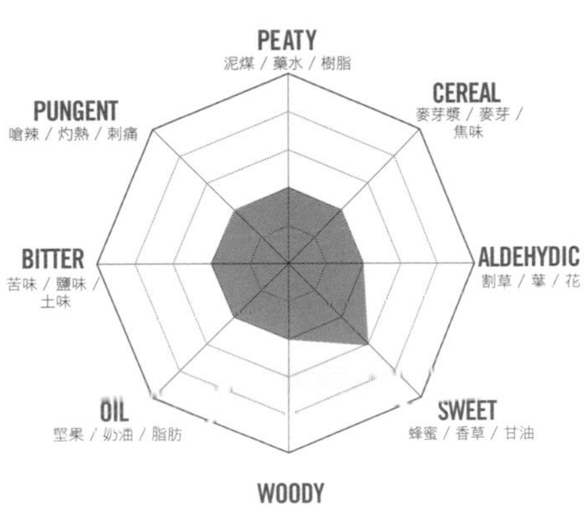

	分數
和智	88分
高橋	83分

100

BOTTLE IMPRESSION

ROYAL LOCHNAGAR 12年。散發出果實般的熟成香氣，並帶著油脂、糖、奶油、些許酸的風味以及輕微的泥煤味。味道濃郁卻不刺激，是完成度相當高的多層次威士忌。餘韻悠長，帶有檀香。酒體飽滿甘甜，即使加水也無損紮實的風味表現。是支讓人想每天拿來品嚐的威士忌。身如其名，可以感受到那皇家威士忌才有的特質。皇家藍勛的原酒有提供給約翰走路作為黑牌、藍牌的調和威士忌使用，另也有提供給VAT69。原廠的單一麥芽威士忌則有ROYAL LOCHNAGAR 12年，實際售價約3,800日圓。Royal Lochnagar Selected Reserve的實際售價43,000日圓左右。Royal Lochnagar Rare Malt 30年的售價則不詳。

讓藍勛威士忌冠上皇家稱號的維多利亞女王據說喜歡在波爾多葡萄酒中添加藍勛威士忌。我只能說…要怎麼品嚐是個人的自由。

無「皇家」的12年單一麥芽威士忌。

LOCHNAGAR 12年

［750ml 43%］

標籤中，「Scotland」及「Highland」多達4處及3處，酒廠似乎想強烈表達出自家的威士忌和其他廉價品可不能相提並論的優越感。1970年代的陳年酒款竟然沒有「皇家」字眼！據說是因為某些理由，自從1978年起便被禁止使用「皇家」。此為John Begg公司出口至義大利的酒款。

標籤上沒有「皇家」字眼，卻有徽章。

LOCHNAGAR 5年

［750ml 43%］

與左邊酒款相同，是沒有「皇家」字眼，帶有些須惆悵情懷的1970年代威士忌。但其實標籤上印有小小的獅子與獨角獸的皇家御用徽章。其中究竟發生了什麼事情呢？在1916年納入DCL集團旗下以前，位於格拉斯哥的John Begg公司一直生產著風味獨特的皇家藍勛威士忌。

寫有「皇家」的瓶身標籤。

ROYAL LOCHNAGAR 12年

［750ml 43%］

1980年代的威士忌。將「皇家」二字大大地寫出，另外，皇家藍勛還在標籤上刻意寫出自家的威士忌是受到維多利亞女王、愛德華七世、喬治五世的認可，可見英國人對於皇室的喜愛有加。話說回來，日本的確也有冠上「皇家」之名的酒類商品呢。

史翠艾拉

STRATHISLA

Chivas Bros Ltd (Pernod Ricard) ／ Seafield Avenue, Keith, Banffshire ／ 英國郵遞區號 **AB55 5BS**
Tel:01542 783044 E-mail:strathisla.admin@chivas.com

主要單一麥芽威士忌 Strathisla 12年 **主要調和威士忌** Chivas Regal **蒸餾器** 2對 **生產力** 240萬公升

麥芽 添加些許泥煤 **貯藏桶** 波本桶及雪莉桶 **水源** Fons Bulliens的泉水

史翠艾拉，蘇格蘭境內最美的酒廠。
推薦一定要試飲看看非常稀少的單一麥芽威士忌。

1786年，Alexander Milne與George Taylor當初建造的酒廠名稱為「Milltown」，接著又改名為『Milton』，而史翠艾拉是當時的酒款名稱。將酒廠更名為史翠艾拉是在1870年，第3代經營者的手上。其後酒廠歷經了多次易主後，成了起瓦士兄弟（施格蘭志集團旗下）的一員，目前則隸屬於保樂利加集團。在（蒸餾）設備配置上，史翠艾拉擁有1座附銅蓋的不鏽鋼製糖化槽以及10座奧勒岡松製的發酵槽。另還擁有各1對的燈籠型酒汁蒸餾器與鼓出型烈酒蒸餾器，總計4座蒸餾器。在史翠艾拉廠內生產的烈酒一般而言，會以輸送管送至位置相近的格蘭凱斯酒廠裝桶、接著進行熟成貯藏作業，屬相當特殊的作法。若是少量酒桶雖可於廠內的酒窖熟成，但由於史翠艾拉只有2棟層架式與1棟鋪地式的酒窖，不得已只好採取這樣的方式因應。

目前，史翠艾拉僅推出精心生產12年、15年以及原桶強度的威士忌酒款，其餘全提供給起瓦士作為原酒使用，僅有相當少量的威士忌被獨立裝瓶廠接手銷售。

[參觀行程]

標準行程費用為5英鎊。復活節～10月的開放時間為10:00～16:00（週一至週六）、12:00～16:00（週日）；11月～12月為9:30～12:30、13:30～16:00（週一至週五）。

[交通指南]

從Keith市區沿96號公路來到B9014號公路，朝西南方向再行駛一段路後即可抵達史翠艾拉酒廠。

STRATHISLA

在所有的蘇格蘭酒廠中，史翠艾拉被評為最上鏡頭的酒廠。我們當然都希望拜訪時能有好天氣，但蘇格蘭的氣候就是如此變化無常。

華麗的柑橘風味夾雜著奢華感受，表現複雜。

STRATHISLA 12年
[700ml 40%]

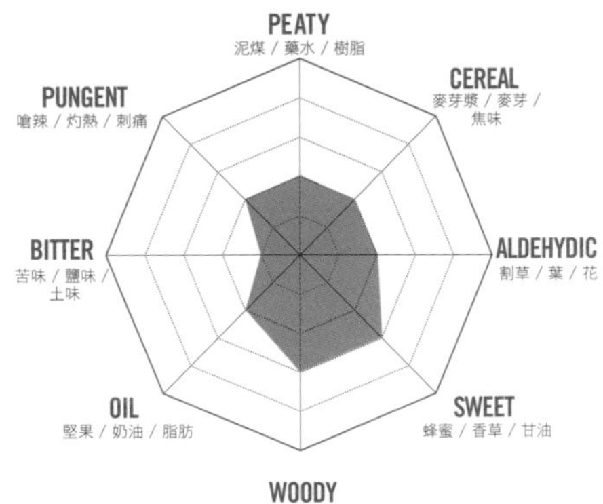

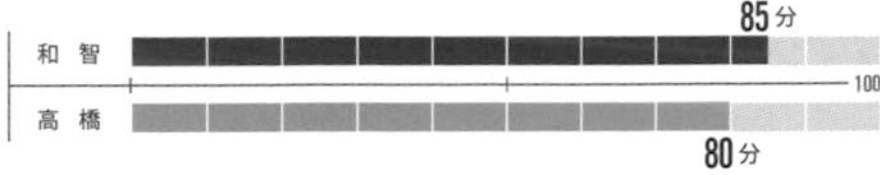

BOTTLE IMPRESSION

STRATHISLA 12年。香氣雖然來自許多不同水果的果香，但青蘋果的表現突出，讓人相當喜愛。若以整個蘇格蘭來看，這支威士忌充分蘊藏著斯佩賽威士忌應有的特質，是非常好理解的風味。杏果加上蜂蜜口感，以及雪莉酒香，真是華麗無比。整體香氣中帶有這些酸味，以及淡淡的辛香。餘韻中可以感受到那來自橡木酒桶，與眾不同的木質表現。無酒商定價，實際售價落在4,200～5,000日圓。原酒還提供做為起瓦士調和威士忌使用。單一麥芽威士忌則推出有12年與原桶強度酒款。

歡慶成立200週年的紀念酒款。

STRATHISLA 12年

[750ml 40%]

起瓦士公司在買下史翠艾拉酒廠後，為慶祝成立200週年（1786～1986年）所推出的酒款，使用1950年所蒸餾的原酒。

紀念起瓦士公司買下史翠艾拉的紀念酒款。

STRATHISLA 35年

[750ml 43%]

與左邊酒款同時期完成的威士忌。1950年是起瓦士公司終於能穩定取得麥芽原酒，相當值得紀念的一年。1953年起更開始推出皇家禮炮威士忌。

G&M公司的先見之明。

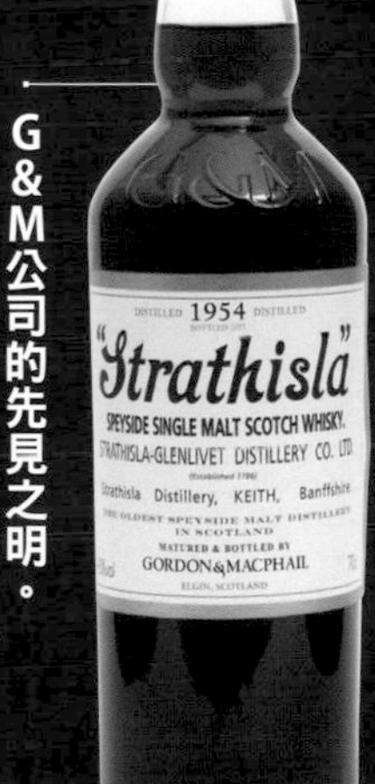

STRATHISLA 1954

Private Collection。

STRATHISLA 1961

熟成年份46年的珍稀酒款。

STRATHISLA 46年

外觀既像要塞、又像修道院。但其實是坦杜酒廠。

從Craigellachie沿著B9102號山路向西前進，由於路途十分狹窄又曲折，令人不禁懷疑，「這條路真的有辦法再走下去嗎？」，但過了不久後，坦杜酒廠突然間地現身眼前。坦杜在蓋爾語中有「黑色山丘」的意思，指的即是坦杜四周，有著Knockando河、Tamdhu河等豐富水源的威士忌蒸餾寶庫。坦杜酒廠是William Grant於1897年所創立，但卻在短短的4年後便進入了長達37年的休廠狀態。1950年轉讓給Highland Distillers（愛丁頓寰盛集團），發麥芽工程也由原本的手動翻攪改為從下方送熱風攪拌的箱式發芽，成功大幅提升生產效率。目前共有10座仍在運作的箱式發芽設備，提供愛丁頓寰盛集團旗下格蘭路思、麥卡倫等品牌大量的麥芽。

坦杜擁有9座奧勒岡松製的發酵槽，1975年更增加了2座蒸餾器，讓總數達3對，目前酒廠擁有300萬公升的年產能。坦杜雖然提供麥芽威士忌給J&B、順風、威雀等品牌，但2010年時將酒廠建物大規模整修，讓生產效率更加提升。過去雖曾推出過10年單一麥芽威士忌，但或許是高年份的熟成原酒已經用罄，目前則是仿效其他酒廠，推出熟成年份即有可能是4～5年的未標示年份威士忌。

[參觀行程]

從Craigellachie沿A95號公路往西南方行駛，到了Marypark後接B9138號公路北上便能找到坦杜酒廠，坦杜同時也在納康都酒廠旁。此外，也可以選擇沿B9102號公路一路向西直駛。如果抱持著自己就像是稽查員要找到違法私釀地下酒廠那樣地心情，應該一下子就能找到納康都、帝國、坦杜這3家酒廠了。

威雀的主要原酒。

坦杜10年威士忌。

TAMDHU 8年

［750ml 43%］

在提供威雀調和用原酒上，坦杜酒廠是相當重要的角色。但若將坦杜與其他如麥卡倫等品牌相比，存在的地位卻是相對委屈。看來，是該重新了解箱式發芽、奧勒岡松製發酵槽等重視傳統的生產方法了。

TAMDHU 10年

［750ml 43%］

為了對抗DCL集團，TAMDHU-GLENLIVET酒廠也曾加入創立於1887年的高地酒廠（Highland Distillers）。這支10年威士忌是Rangs公司為了英國市場於1980年代所推出的酒款，當時售價為10,000日圓。

都明多

TOMINTOUL

Angus Dundee Distillers plc／Ballindalloch, Banffshire／英國郵遞區號 **AB37 9AQ**
Tel:01807 590274 E-mail:rfleming@tomintouldistillery.co.uk

主要單一麥芽威士忌 Tamnintoul 10年, 14年, 16年, 33年, Oloroso 12年, Old Ballantruan, Peaty Tang

主要調和威士忌 Dundee and Parker's 蒸餾器 2對 生產力 160萬公升 麥芽 未添加泥煤

貯藏桶 波本桶 水源 Ballantruan山的泉水

成立於1964年的新興酒廠，Angus Dundee集團旗下的都明多。

成立於1964年的都明多是20世紀建造的酒廠中，第三座新蓋的酒廠。酒廠位處於高地區中，海拔高度（標高350公尺）相對高的Tomintoul村，冬季氣候非常嚴寒。據說在建造酒廠時，還曾因天候不佳，視線受到影響，導致長達2週無法施工。順帶一提，都明多是由來自格拉斯哥的威士忌酒商Haig & MacLeod公司與W&S Strong公司所成立，接著在1973年時，Scottish & Universal投資公司與懷特瑪凱（Whyte & Mackay）集團共同讓都明多啟動生產。其後更追加2對蒸餾器，並推出10年單一麥芽威士忌。

1970年，獨立裝瓶業者Angus Dundee將都明多收購，3年後，格蘭卡登也成了Angus Dundee旗下的一員。Angus Dundee這間公司將生產體制全面整頓，把穀物威士忌與麥芽威士忌混合，製造了大量的蘇格蘭調和威士忌以滿足來自全球的需求。此外，都明多為了高年份的原酒、百齡醇（Old Ballantruan）與Peaty Tang，今日仍持續生產高泥煤含量的麥芽。水源則是擷取來自Ballantruan山的泉水。

一般而言，都明多為了提供仕高利達（Scottish Leader）與Angus Dundee原酒，會使用不含泥煤的麥芽。發酵槽共計6座，皆為不鏽鋼製，並使用球形蒸餾器，一年的產能為320萬公升。都明多在蓋爾語中有「形狀如倉庫的小山丘」的意思。過去都明多雖曾推出外觀有如藥品或化妝品，圓筒狀的奇特瓶身酒款，但目前僅有銷售正常高瘦瓶身的威士忌，推出有Tamnintoul 10年、14年、16年、33年、百齡醇、Peaty Tang及Oloroso 12年酒款。

[參觀行程]

目前都明多並無遊客中心，也沒有特別提供參觀行程，但若主動聯繫的話，或許有機會入內參觀。

[交通指南]

從達夫鎮往西南方向前進，途經B9009號公路及B9008號公路，行駛約40公里後，就可以進入A939號公路的Tomintoul市區。

能夠輕鬆品嚐的10年單一麥芽威士忌。

讓人誤以為是化妝品或藥品的瓶身設計。

TOMINTOUL 10年

［700ml 40%］

主要表現輕盈、以果香為主軸，同時帶有香草香，是支能夠輕鬆品嚐的威士忌。餘韻充滿花香及果香。市面上大約可以2,691日圓的價格購入，若想了解斯佩賽威士忌的纖細口感，既如花又像草的表現，那可真要品嚐這支TOMINTOUL 10年了。

TOMINTOUL 12年

［750ml 43%］

1970～1980年代是由Sony Trading負責進口都明多的威士忌至日本。這款TOMINTOUL 12年是1987年的進口商品。近期還可在市面上看到這款外觀造型剛硬，像是化妝品般的威士忌，售價為10,000日圓。

托摩爾
TORMORE

Chivas Bros Ltd (Pernod Ricard) ／ Advie, Grantown on Spey, Morayshire ／ 英國郵遞區號 **PH26 3LR**
Tel:01807 510244 E-mail:—

主要單一麥芽威士忌 Tormore 12年 **主要調和威士忌** Ballantine's, Long John, Cream of the Barley **蒸餾器** 4對

生產力 370萬公升 **麥芽** 未添加泥煤 **貯藏桶** 波本桶 **水源** Achvochkie河

1964年完工的銳氣新酒廠，外觀就像是綜合體育館或大型宗教建築。

從Grandtown on Spey沿著A95號公路朝東北方前進，便會看到建築造型奇特的托摩爾酒廠。與過去隱身於不顯眼位置的私釀小酒廠相比，托摩爾以白色和綠色為基調的現代化建築帶給人截然不同的感覺。酒廠的壯觀程度與特殊設計讓托摩爾少了當年那用來生產私釀酒據點應有的氛圍。托摩爾是由皇家藝術學院的院長Albert Richardson公爵設計，用來生產Long John與百齡罈調和威士忌用原酒的酒廠。美國的蒸餾酒商Schenley International則在1975年，將他們在蘇格蘭所擁有，包含托摩爾的所有酒廠全數賣出。1989年，Allied Lyons成了Domecq集團旗下的一份子，到了2005年，起瓦士公司在母公司保樂利加的指示下 ，開始對酒廠進行整建計畫。

托摩爾水源取擷自Achvochkie河，將不含泥煤的麥芽藉由4對直立型蒸餾器，生產出年產量達370萬公升的蒸餾酒，熟成僅使用波本桶。托摩爾是在進入20世紀後所建成首間酒廠，因此市場便出現擔憂托摩爾威士忌風味的聲音，但在孕育出優質斯佩賽麥芽威士忌的同時，也獲得了廣大消費者的讚賞。

托摩爾在蓋爾語中有「高大山丘」的意思。

[參觀行程]

明明有如此漂亮的建物，卻無遊客中心，也未提供參觀行程。

[交通指南]

從Aberlour沿A95號公路朝西南方行駛約17公里左右，或從Grandtown沿A95號公路往東北方行駛15公里即可抵達。

熟成29年，極陳年。

TORMORE 29年

［700ml 51.1%］

「Fighting Fish」系列，限定瓶數144瓶托摩爾單一麥芽威士忌的其中一瓶。於波本桶內熟成長達29年之久，以非冷凝過濾、無染色方式生產、裝瓶而成。是光欣賞瓶身外觀就感覺幸福無比的酒款，更是擁有斯佩賽優質風味的威士忌。

名氣最響亮的瓶身標籤設計。

TOMORE 15年

［700ml 46%］

高登麥克菲爾公司「Connoisseurs Choice」系列。托摩爾酒廠的15年單一麥芽威士忌。1997年蒸餾、2012年裝瓶。依照不同產地，標籤顏色也有所差異。包含已關閉酒廠的酒款，該系列隨時售有40～50款的威士忌

OLD BOTTLE

既厚重又氣派。

TORMORE 10年

［750ml 43%］

1980年代出口至義大利的10年威士忌。標籤上印有「The」與「Glenlivet」字眼。不同於日本市面上的酒款，該款威士忌標籤採多色印刷，散發濃濃的氣派感，這或許是義大利的國民性使然吧！1958年於John McDonald一手打造的托摩爾酒廠生產而成。

OLD BOTTLE

簡約的綠色酒瓶設計。

TORMRE 10年

［750ml 43%］

非常簡約的設計，標籤採黑色單色印刷，是1970年代出口至義大利的酒款之一，更同時是酒色來自雪莉桶，色澤相當濃厚的時期（是否真是如此不得而知）。托摩爾酒廠的建物是由Albert Richardson設計，非常亮眼上鏡頭。

NORTHERN & WESTERN HIGHLAND

高地區西部 & 北部

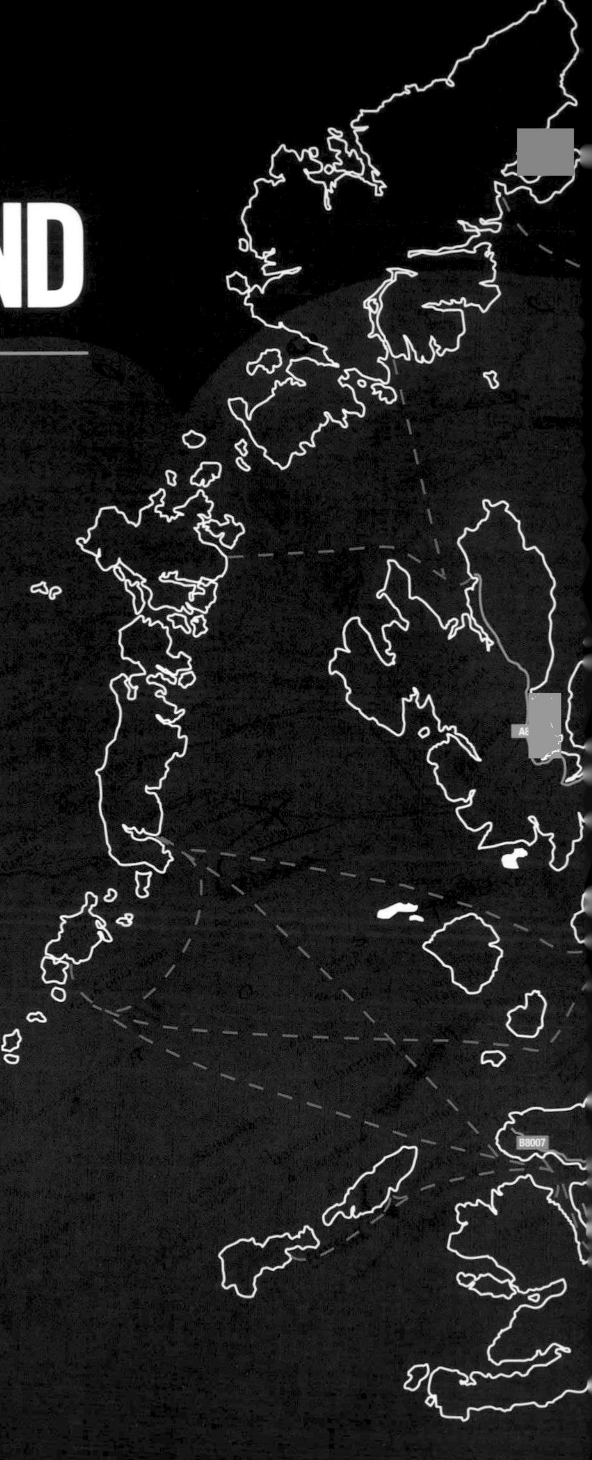

從Inverness到Oban區間，也就是所謂尼斯湖附近到最北端突出的這塊區域被稱為西北高地。

雖然我們都知道，要從氣候、風土與文化層面將這個區域混為一談是非常不妥的行為，看考量該區域的酒廠密集度，因此不得不歸為一談。從Inverness沿著北高地區的A9號公路，朝北北東方向的瑟索、威克（Wick）前進，沿路會出現格蘭奧德、大摩、提安尼涅克、格蘭傑、巴布萊爾、克里尼利基、富特尼這些充滿個性的酒廠，呈現出蘇格蘭高地區街道應有的風格。邊駕車邊欣賞著右側可看到成群灰色海豹的北海，不僅車輛稀少，公路那恰到其份的高低起伏與路面寬度都令人感到愉快不已。時間充裕的人還可造訪因尼斯湖水怪聲名大噪，尼斯湖旁的厄奎特城堡（Urquhart Castle）、莎士比亞劇作《馬克白》裡的科多城堡（Cawdor Castle），以及附近的高爾夫球場。

當然還有不受這些外來因素誘惑，朝向北北東方奧克尼群島邁進的威士忌迷們，但不知是否因為酒窖都建在北海沿岸之故，使得克里尼利基、富特尼、巴布萊爾的威士忌被認為力道強勁、帶海水鹹味、辛香味及新鮮口感十足。

這些可都是我有機會想品嚐享受看看的威士忌。

Thurso
PULTENY
Ullapool
CLYNELISH
GLENMORANGIE
DALMORE
BALBLAIR
TEANINICH
GREN ORD
INVERNESS
TOMATIN
Kyle of Lochalsh
Newtonmore
Breamar
Fort William
BENNEVIS
OBAN
Crianlarich

巴布萊爾
BALBLAIR

Inver House Distillers Ltd (Thai Beverage plc) ／ Edderton, Tain, Ross-shire ／ 英國郵遞區號 **IV19 1LB**
Tel:01862 821273 E-mail:—

主要單一麥芽威士忌 巴布萊爾單一年份酒款。目前推出有1975年, 1989年, 1997年

主要調和威士忌 Inver House, Hankey Bannister, Pinwinnie Royal **蒸餾器** 1對 **生產力** 175萬公升

麥芽 未添加泥煤 **貯藏桶** 使用些許雪莉桶 **水源** Allt Dearg河

泰國企業所有，兼具強勁、溫和表現的美味威士忌。

巴布萊爾酒廠早在1749年便已開始釀酒，但是到了1790年才由John Ross於自己的農場，真正地建立起酒廠。巴布萊爾在蓋爾語中有「平地上的村落」之意。在地勢險峻的高地區北部，這塊區域或許是較為適合拿來建造酒廠的吧！巴布萊爾酒廠的現址是在1894年由Alexander Cowan所建，雖然選在高地區北部這個相當偏避的位置，但考量到四周擁有豐富泥煤、優質水源，以及能透過鐵路直接運輸貨物至Inverness，酒廠位置似乎並沒有想像中糟糕。

接著在1915年時，Robert Cumming雖然買下了巴布萊爾，但受限於原料及燃料不足等因素，酒廠在第二次世界大戰結束前都處於休廠狀態。1970年，巴布萊爾成了Hiram Walker & Sons集團旗下的一員，同時也是這間加拿大公司所擁有的第6間蘇格蘭威士忌酒廠。到了1988年，巴布萊爾為了與DLC集團攜手，選擇和葡萄酒商合併，並在1996年賣給了Inver House，這樣的佈局也讓消費者後續較容易在市面上買到巴布萊爾的單一麥芽威士忌。順帶一提，巴布萊爾目前的母公司為泰國的Thai Beverage。酒廠水源取擷自Allt Dearg河，使用不含泥煤的麥芽，以1對直線型蒸餾器生產出175萬公升的蒸餾酒。另還提供原酒給Inver House、百齡罈等酒廠製成調和威士忌。

[參觀行程]

酒廠平常未開放參觀。從Tain到酒廠距離10公里。這次因為我們完全沒有聯繫就直接拜訪，因此很可惜地無法入內參觀。若能事先以電子郵件確認，便有機會預約參觀。

[交通指南]

酒廠的位置非常不好找，因此可能要有心理準備會一直繞來繞去。路線為從A9號公路開始出發，在右手邊看到格蘭傑酒廠，接著穿過Tain鎮後北上，然後在A836號公路左轉。接著繼續行駛不久之後會進入Edderton，從這裡開始會不太好找。在左手邊有個大戰紀念碑的地方右轉然後直走，沿路沒有任何的標誌所以可能會感到有些不安，不過大約走500m左右就會看到小小的巴布萊爾蒸餾廠的看板出現在左手邊。

在傾盆大雨之中，終於抵達了巴布萊爾酒廠，這時酒廠正接受著雨後陽光的照耀洗禮。在蘇格蘭，想碰上無雨之日可說是難上加難。

辛香、辛辣。相當頑強的威士忌。

BALBLAIR 10年 2003

[700ml 46%]

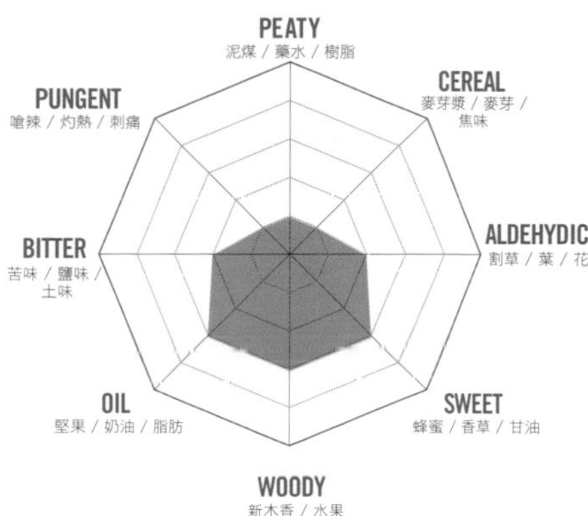

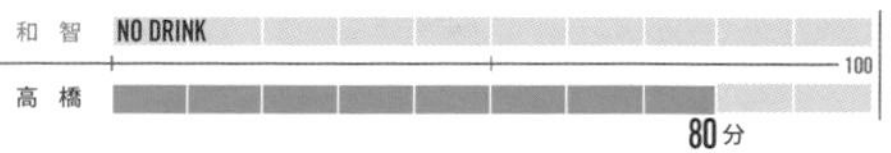

BOTTLE IMPRESSION

BALBLAIR 2003年。瓶身標籤上清楚寫出這款威士忌是於2003年蒸餾貯藏，並在2013年裝瓶，計算一下便可知道是熟成10年的酒款。採用透明酒瓶，威士忌本身的酒色也相當透明，看起來彷彿是頂級香檳般閃閃發亮。除了透明度高外，柑橘類的香氣表現，能感受到的煙燻味其實非常微弱，但若不加水直接一口往喉嚨深處倒下的話，可是會被46%的酒精濃度給嗆到。若慢慢含於口中，可以感受到無比甘甜，以及辛辣表現。接著還可感受到堅果、香草風味…。餘韻還是帶有微微煙燻感。酒體中等。由於色澤淡薄，因此會讓人看清，但卻也是款極為強勁的威士忌，沒有一絲的妥協。酒商定價7,500日圓，實際售價落在6,000日圓左右。看著標籤上印刷著大字體的數字便可知道，巴布萊爾每年都會推出熟成10年的單一麥芽威士忌。標示出蒸餾年份不僅意味著酒廠充滿自信，也象徵巴布萊爾希望透過品牌化行銷改走高檔路線。在高地區北部特有，那強烈的辛辣、麥芽表現帶動下，讓威士忌的水果、甘甜風味增加。巴布萊爾以跨出堅穩的腳步，要向更高水準的威士忌品牌邁進。

來自原桶的風味。

BALBLAIR 20年

[700ml 49.5%]

由高登麥克菲爾公司所推出「EXCLUSIVE」系列的巴布萊爾酒廠版本，於1993年蒸餾、2014年裝瓶的威士忌。Cask No.1966。由Japan Import System負責銷售。

百齡罈的原酒。

BALBLAIR 5年

[750ml 40%]

作為百齡罈的原酒，在市場上幾乎看不到巴布萊爾單一麥芽威士忌的1960年代於義大利銷售的酒款。在酒廠賣給了Inver House後，才比較有機會在市場上看見巴布萊爾的單一麥芽威士忌。

豐潤之酒。

BALBLAIR 15年

[750ml 40%]

1970年代的酒款。巴布萊爾是加拿大業者Hiram Walker & Sons集團在蘇格蘭所擁有的第6間酒廠。酒色有如番茄汁般，呈現紅褐色。是以優質的雪莉桶進行熟成。

主要調和威士忌 Dew of Ben Bevis, Glencoe（blended malt） 蒸餾器 2對 生產力 200萬公升

麥芽 未添加泥煤 貯藏桶 波本桶及雪莉桶 水源 Allt a Mhullin河（Ben Nevis山）

既是Nikka Whisky的起點，也是目標終點，代表著竹鶴政孝的夢想實現。

與蘇格蘭最高的Ben Nevis山（海拔高度1,343公尺）同名的班尼富酒廠讓人有種絕對落在深山之處的期待，但出乎意料地，班尼富其實佇立於高地區西部都市，靠近山邊的位置。班尼富酒廠是由名門之後麥當勞家族的John McDonald所建立。高個子身形讓John McDonald的名字受到青睞，甚至用來命名為調和威士忌品牌「Long Jonh」，但在1955年之際，班尼富酒廠被賣給了在加拿大釀造威士忌，於美國禁酒令時代透過走私致富的Joseph Hobbs。除了班尼富，布萊迪、費特凱恩、格蘭洛斯、本諾曼克及Lochside等酒廠都成了Joseph Hobbs集團所屬。Hobbs在1981年去世後，班尼富易主為英國Whitbread啤酒公司所有，該公司雖在投入了200萬英鎊的資金後重啟生產，但在5年過後便面臨了關廠命運。1989年改由日本朝日酒業（Asahi Breweries）集團旗下的Nikka Whisky接手經營，並於隔年開始生產麥芽威士忌。班尼富水源取擷來自Allt a Mhullin河，糖化槽為不鏽鋼製，更有8座不鏽鋼製及落葉松製發酵槽，以及2對巨大的蒸餾器，一年可生產200萬公升的蒸餾酒。熟成則同時使用波本桶及雪莉桶。班尼富在蓋爾語中有「山之水」的意思。

[參觀行程]

雖然事前已經有先寄E-mail，但對於我們突然的到訪，酒廠還是十分親切地接待。總之，那超大的蒸餾器實在讓人印象深刻。酒廠的標準行程費用為5英鎊，除聖誕節與新年期間，整年的營業時間為9:00～17:00（週一至週五）、10:00～16:00（週日）、7、8月週末的營業時間延長至18:00。

[交通指南]

從Fort William往東5公里。我們雖然是10月造訪，但酒廠後方的Ben Nevis山頂卻已被白雪覆蓋，這裡的工廠、商店和居民比我們想像得還要多，且最讓我們意外的是酒廠竟然就位在市中心。班尼富酒廠的位置就在A82號公路與A830號公路交界處。

班尼富酒廠目前仍採用碎麥芽從天花板落入超大型不鏽鋼製密閉式糖化槽的工法，這或許也是當年大量生產時所留下的痕跡吧。

建議與竹鶴17年比較試飲。

BEN NEVIS 10年
［700ml 43%］

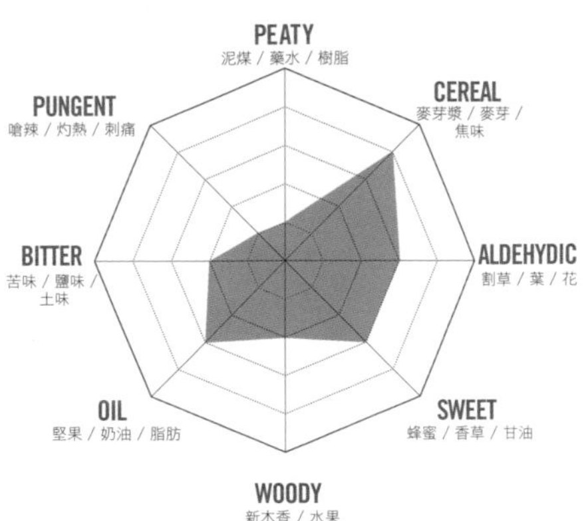

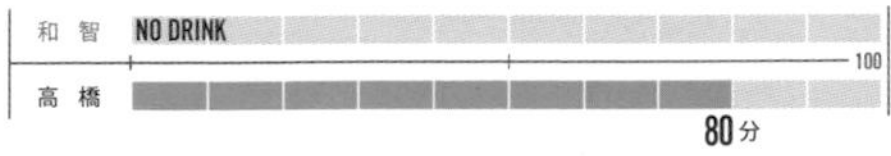

BOTTLE IMPRESSION

BEN NEVIS 10年，實際售價約為4,500日圓。散發著花香及芬芳。煙燻味非常淡，另也可以感受到辛香味。酒體飽滿，味道雖然強烈，但平衡表現出色。甜味、堅果、蜂蜜、香水、黑砂糖以及麥芽味明顯。餘韻中殘留有些許泥煤味。酒廠人員當場請我們試飲了7年威士忌，乾澀的甜香味直接衝擊舌尖和喉嚨。拿Nikka的竹鶴Pure Malt 17年（酒商定價7,000日圓，但或許是受到晨間日劇（註：日本NHK的《阿政（マッサン）》）的影響，售價竟然飆到8,000～13,000日圓！）及以班尼富原酒調和而成的人氣威士忌品牌Long Jonh一同試飲比較或許會相當有趣。仔細想想，竹鶴政孝真的勇氣十足，雖然不諳英語，在蘇格蘭也舉目無親，卻靠著對學習正統威士忌作法的那股熱情與求知慾，搭船遠渡至美國舊金山，先在加州的葡萄園研習如何釀造葡萄酒，據説當竹鶴從東海岸搭著火車抵達利物浦時，就已經能夠順暢地讀寫英語，完全歸功於驚人的專注力。據傳聞，竹鶴在格拉斯哥大學時，指導教授還跟他説「我已經沒有什麼能夠教你了」。今日也要再次感謝這位威士忌之父，乾杯！

必須仰頭才能看到的巨大設備！站在這2對佇立於神聖蒸餾室內的直立型蒸餾器前，感受到的是威勢十足的壓迫感。

以「起源」、「由來」為名的威士忌。

班尼富的原桶強度威士忌。

26年，陳年威士忌。

BEN NEVIS PROVENANCE 10年

[700ml 46%]

以含有「起源」、「由來」之意的PROVENANCE一字命名，冬季蒸餾的10年原廠單一麥芽威士忌。採非冷凝過濾、無染色方式生產。會特別強調自動裝瓶，或許是因為冷卻過濾、加工成焦糖色澤及手動裝瓶是威士忌產業相當理所當然的生產工法。

ACORN'S 15年

[700ml 57.7%]

ACORN公司的「Natural Malt Selection」系列，班尼富酒廠版本。酒桶編號No.1352。1998年蒸餾、2014年裝瓶。將選出的原桶威士忌以完全不加工的方式進行裝瓶。令人熟悉，平實不標新立異的橡果插圖讓人非常喜愛。

BEN NEVIS 26年

[700ml 54.3%]

班尼富酒廠所推出的原廠單一麥芽威士忌。酒桶編號No.605。1972年蒸餾、1998年裝瓶，因此容量為700ml。班尼富的低年份酒款表現雖然強勁，但我也不知道，在經過26年的熟成後，風味會有怎樣的變化？

CLYNELISH

Diageo plc／Clynelish Road, Brora, Sutherland／英國郵遞區號 **KW9 6LR**
Tel:01408 623000 E-mail:clynelish.distillery@diageo.com

主要單一麥芽威士忌 **Clynelish 14年, 酒廠版Clynelish** 主要調和威士忌 **Johnnie Walker** 蒸餾器 **3對**

生產力 **420萬公升** 麥芽 **未添加泥煤** 貯藏桶 **波本桶搭配些許雪莉桶**

水源 **Clynemilton河**

由11個男人所生產，上等且表現複雜的威士忌，更同時是令人刮目相看，絕對要品嚐的高地區酒款。

1819年，Stafford公爵為了要充分運用農場所生產的大麥，設立了克里尼利基酒廠。東Sutherland地區擁有非常厚的泥煤層、充足的煤炭以及豐沛水源，因此非常適合製造威士忌。1925年，克里尼利基轉手給其他酒廠，並曾經暫時關廠。1967年時，酒廠更名為布朗拉並重啟生產。由於克里尼利基的威士忌泥煤香非常強勁，因此又有「北方拉加維林」的稱號，以生產完成度相當高的威士忌聞名。然而，在1983年時，DCL集團認為酒廠的稼動率過低，因此做出關廠決定，將這間古老的石造建築酒廠改作為酒窖運用。

而目前，我們所看到的克里尼利基和卡爾里拉、克萊格拉奇、格蘭奧德等酒廠一樣，延續了DCL風格，蒸餾室採取整面玻璃牆設計，並繼續生產著蒸餾酒。

克里尼利基一改過去麥芽帶有泥煤香味的表現，企圖讓威士忌從艾雷風格轉變為斯佩賽風格。酒廠的水源取擷自Clynemilton河，以8座落葉松製和2座不銹鋼製發酵槽搭配各3座體積極為寬胖的鼓出型酒汁蒸餾器和烈酒蒸餾器，一年能夠生產420萬公升的蒸餾酒，並以波本桶搭配少量的雪莉桶進行熟成貯藏。克里尼利基酒廠生產的威士忌幾乎用來作為約翰走路調和用的原酒，因此單一麥芽威士忌的數量非常稀少。若有機會看到價格適中的克里尼利基威士忌，我可是會買瓶來品嚐。位處於距離東Sutherland海岸不遠處的荒野之地，布朗拉的古典風格與克里尼利基的現代風格充滿著強烈的對比。

[參觀行程]

標準行程費用為5英鎊。酒廠開放時間：4～10月10:00～17:00（週一至週五）、10:00～17:00（7～9月的週六）、10月10:00～16:00（週一至週五）、11～3月只接受預約參觀。對於我們這次的臨時造訪，酒廠人員仍友善地引領我們入內參觀，真是感激不盡。

[交通指南]

從Inverness沿A9號公路往北行駛80公里來到Brora，克里尼利基酒廠就在下一個鎮上。

對於我們突如其來的造訪，酒廠的11名員工仍給予熱烈接待深表感謝。能夠看到充滿特色的鼓出型蒸餾器就已是值回票價。

PEATY
泥煤／藥水／樹脂
CEREAL
麥芽漿／麥芽／焦味
ALDEHYDIC
割草／葉／花
SWEET
蜂蜜／香草／甘油
WOODY
新木香／水果
OIL
堅果／奶油／脂肪
BITTER
苦味／鹽味／土味
PUNGENT
嗆辣／灼熱／刺痛

	分數
和智	90分
高橋	90分

千萬別小看與克里尼利基。

BOTTLE IMPRESSION

CLYNELISH 14年，46%。最初聞到的是麥芽和辛香所帶來的刺激，再搭配上些許的燒焦味。酒液進入口中後，甘甜、花香、果味的平衡表現極佳。加水後更增添了牛奶般的甜味，突顯出風味深度的同時，卻絲毫不減刺激感。實際售價落在4,200日圓左右，不僅完成度相當高，更是我心中認為在日本應該更暢銷的威士忌。克里尼利基的原酒提供給約翰走路作為調和威士忌，另推出有14年與23年的克里尼利基單一麥芽威士忌。目前市面上仍可以購得過去以布朗拉之名上市的威士忌商品，除了有Brora 20年，還推出了1973年、1974年、1982年的單一年份威士忌。另一方面，還有機會看到位於斯佩賽埃爾金的高級食品行高登麥克菲爾與義大利Brescia的Samaroli這些獨立裝瓶業者所推出的單一年份酒。真心希望讀者們能夠品嚐完整瓶的克里尼利基，實際感受箇中美味，克里尼利基同樣是我心中最喜愛的威士忌品牌前十名。

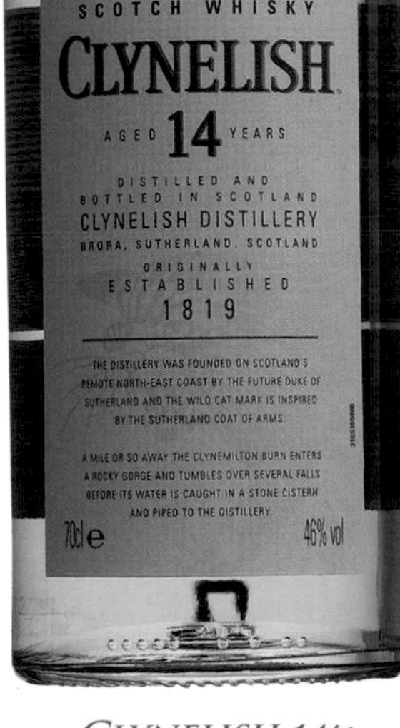

CLYNELISH 14年
[700ml 46%]

絲絨般風味的17年威士忌。

CLYNELISH 17年

[700ml 55%]

由Kingsbury公司以No.8817的酒桶生產而成的213瓶威士忌。在風味表現上，有如絲絨、金蠶絲、奶油糖般的滑順感受非常亮眼。

眾所皆知的Connoisseurs Choice系列。

CLYNELISH 16年

[700ml 46%]

1996年蒸餾、2013年裝瓶。高登麥克菲爾公司所生產，極獲好評的「Connoisseurs Choice」系列中，克里尼利基酒廠的單一麥芽威士忌。

ACORN公司推出的單桶原酒。

CLYNELISH 17年

[700ml 55.6%]

名為「Warehoues Collection」，讓人有如獲至寶的威士忌。酒桶編號No.8807，總生產瓶數為291瓶。由ACORN公司所推出，外觀散發著頂級氣息，是1996年蒸餾的威士忌。

跨越國境藩籬的克里尼利基。

OLD BOTTLE

CLYNELISH 12年

[700ml 43%]

1960年代於義大利銷售的威士忌。是蘇格蘭的Ainslie & Heilbron公司出給Whisky Acquative Di Cerrali公司於義大利販售。自1967年起，克里尼利基就變得較偏向調和威士忌用的輕盈風味。

將美酒引進到日本。

OLD BOTTLE

CLYNELISH 12年

[750ml 43%]

1980年代由阪急百貨所介紹的克里尼利基單一麥芽威士忌。在大戰之前，克里尼利基的美味便傳遍全球，使得威士忌供不應求，此為格拉斯哥的Ainslie & Heilbron公司推出的酒款。

極陳年的32年威士忌。

CLYNELISH 32年

［700ml 52.3%］

1972年蒸餾、2005年裝瓶，120瓶極為珍貴威士忌中的第一瓶。Three Rivers公司所推出的酒款風味受到高度肯定，因此相當受到歡迎。由於銷售瓶數本身就非常少量，往往在推出後便會即刻售罄。

Three Rivers公司精心挑選。

CLINELISH 26年

［700ml 50.5%］

1982年蒸餾、2009年裝瓶。263瓶中的第一瓶。標籤設計有趣，讓人一點也感覺不出是26年的威士忌，尚未確認風味。

蒸餾室採整面的玻璃牆設計。酒廠人員在鼓出型蒸餾器前讓我們拍攝，非常感謝他們帶領不認識的日本人入內參觀酒廠。

DALMORE

Whyte & Mackay Ltd ／ Alness, Ross-shire ／ 英國郵遞區號 **IV17 OUT**
Tel:01349 882362 E-mail:enquiries@thedalmore.com

主要單一麥芽威士忌 Dalmore 12年, Gran Reserva 15年, 18年, King Alexander III

主要調和威士忌 Whyte & Mackay Special　蒸餾器 4對　生產力 350萬公升

麥芽 添加非常微量的泥煤　貯藏桶 波本桶及雪莉桶　水源 Alness河

以象徵著蘇格蘭的公鹿為標誌，大摩威士忌渾厚、洶湧的強烈表現帶領著我們來到豐饒境界。

大摩酒廠是1839年由Alexander Matheson，同時也是Jardine Matheson貿易公司創辦人James Matheson的姪子所設立。酒廠於1886年賣給了Andrew Mackenzie。由於Mackenzie家族在亞歷山大三世遭受公鹿攻擊時曾出手相救，因此Mackenzie家族獲准能世代延續使用公鹿標誌。在第一次世界大戰期間，大摩酒廠被作為挖掘礦山時的設施使用，直到1922年才完全修復爆破礦山時所受到的損害，重啟酒廠營運。其後與懷特瑪凱公司合併，並在1966年，全球興起蘇格蘭威士忌熱潮之前增加了4座搭載冷卻裝置的燈籠型蒸餾器，並成功利用該款蒸餾器生產出厚實豐潤口感的威士忌。2007年，大摩成了United Breweries 集團的一員，之後則被經濟活動熱絡且消費趨勢增加的印度公司買走。水源取擷自Alness河，酒廠內的燈籠型蒸餾器倍增，讓數量達到8座，產能為350萬公升。大摩的威士忌帶著非常輕盈的泥煤香，使用波本桶和雪莉桶進行熟成。不同於艾雷島風格，大摩威士忌將高地區北部那渾厚、洶湧的強烈表現完整展現，是款能夠享受到採正面迎擊攻勢的威士忌。對於缺乏品嚐威士忌經驗的人而言，或許較難理解大摩這款不易讓人親近的威士忌究竟好在哪裡。

[參觀行程]

2004年，大摩酒廠開設了新的遊客中心。營業時間為3～10月11:00～16:00（週一至週五）以及7～9月（週六），11～2月11:00～15:00（週一至週五）。建議向酒廠確認詳細時間。

[交通指南]

從Inverness往北約45公里的距離，沿著A9號公路行駛接B817號公路，大摩酒廠就位在Alness鎮旁，前往時，會較不清楚原來必須過橋。大摩的眼前就是Cromarty灣，是間位處高地區北部大自然之中的酒廠。

從在英國亞伯丁（Aberdeen）機場免稅店所購得的18年威士忌便可感受到Richard Peterson（首席調酒師）的功力。總之，就是富含澀味的飽滿、華麗表現。我在2天內便一飲而盡。

會讓人上癮、非常具深度的威士忌。

DALMORE 12年
［700ml 40%］

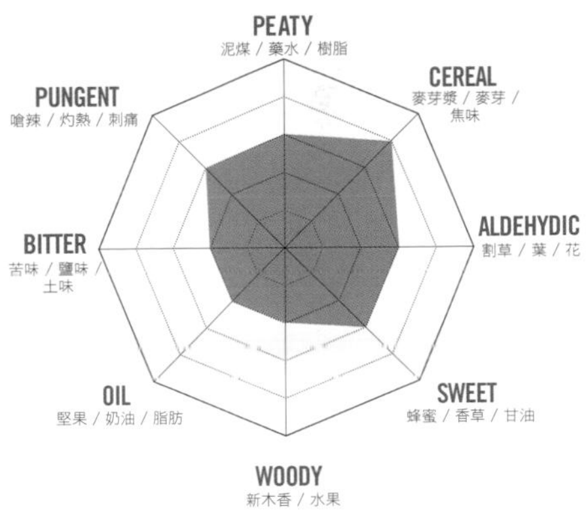

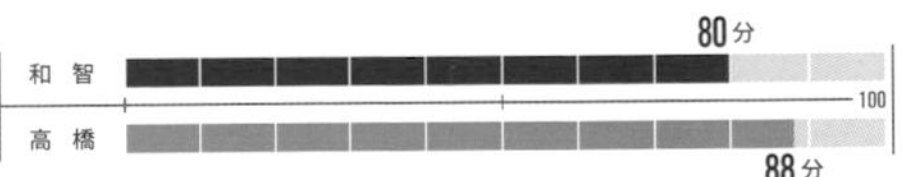

BOTTLE IMPRESSION

DALMORE 12年、40%。擁有強烈的飽滿酒體，帶有恰到好處的淡淡泥煤味，接著還可以感受到完全熟成的麥芽香、堅果味及果香。不僅能夠持續感覺到辛香味，入口之後還能感受到甜味、蜂蜜、煉乳、苦艾草合而為一地湧上來。不喜如此強勁風味之人或許會對大摩打退堂鼓，但當我不斷品嚐著加水也絲毫無損風味的大摩後，發現自己竟被大摩那舒心的狂野氣息深深吸引著。餘韻悠長，能夠享受到鹽味、煙燻與黑砂糖風味。大摩的表現剛開始或許讓人很難掌控，但卻是能夠長久陪伴於側，相當不可思議的威士忌。我僅花費2小時的時間就喝掉了半瓶買來的大摩威士忌，實際售價約5,000日幣。各位讀者們有沒有興趣買瓶來嘗試看看呢？大摩的原酒除了被拿來用在Whyte & Mackay Special調和威士忌外，酒廠另有推出Dalmore 12年、30年的單一麥芽威士忌，以及Gran Reserva 15年、18年，King Alexander III、單一年份酒與50年限量款等，更在全球的烈酒競賽中獲獎無數。若不懂大摩及富特尼這兩個品牌，那就無法談論高地區北部的威士忌。首先，就讓我們將一瓶大摩飲盡吧！

出給日本市場的17年威士忌。

DALMORE 17年

［700ml 54.8%］

道格拉斯．萊恩公司「Old Particular」系列的大摩酒廠威士忌。瓶身上更寫到，這支是為了日本威士忌饕客所推出的17年威士忌。酒桶編號No. DL15093。既然都寫了是為日本人推出的，怎有不喝的道理？

銷售至義大利的大摩。

DALMORE 25年

［750ml 43%］

懷特瑪凱公司於1985年銷售至義大利的限量酒款。1975年以前雖是由Chateau貿易公司負責日本進口總代理，但其後更換為Sony Trading，1988年之後則改由明治屋接掌代理業務。

威風雄獅，8年。

DALMORE 8年

［750ml 43%］

瓶身上寫有由懷特瑪凱公司旗下的Mackenzie Brothers公司所蒸餾、裝瓶。或許是1960年以前的酒款。1970年以後是由Sony Trading負責日本的進口業務。

高地區梟雄，20年大摩威士忌。

DALMORE 20年

［750ml 43%］

由Duncan Macbeth公司負責裝瓶銷售的20年單一麥芽威士忌。與蘇格蘭威士忌一樣強調使用高地區的大麥。時至今日仍維持著矮胖的瓶身設計。

格蘭傑

GLENMORANGIE

The Glenmorangie Co (Louis Vuitton Moet Hennessy) ／Tain, Ross-shire ／英國郵遞區號 IV19 1PZ
Tel:01862 892477 E-mail:tain-shop@glenmorangie.co.uk

主要單一麥芽威士忌 Glenmorangie Original（10年）, 18年, 25年, Lasanta, Quinta Ruban, Nectar D'or

主要調和威士忌 Bailie Nicol Jarvie, Highland Queen 蒸餾器 6對 生產力 600萬公升

麥芽 添加非常微量的泥煤 貯藏桶 波本桶 水源 Tarlogie的泉水

由19位的坦恩（Tain）人所生產的上等單一麥芽威士忌，在蘇格蘭國內及全球分別擁有第一、二名及第三名的銷量。

從Inverness往北高地的途中，格蘭傑因是能夠眺望多諾赫灣（Dornoch Firth）美景的最大酒廠而聞名遐邇。在酒廠成立前，這裡原本是間啤酒私釀廠，但William Matheson在1843年時，將其改建為威士忌酒廠，並於1849年開始生產營運。1887年，格蘭傑更領先蘇格蘭其他酒廠，成為首間利用蒸氣加熱蒸餾器的業者。1918年，Macdonald & Muir公司雖然擁有了格蘭傑的股權，但時經美國禁酒令及全球的不景氣，讓酒廠只好減量生產。

纖細、華麗並且散發辛香氣息的格蘭傑通常會以使用密蘇里州橡木製成，傑克丹尼的田納西威士忌酒桶等3種不同的酒桶進行熟成。此外，從很久以前便會採用將威士忌換至勃根地、馬德拉、波特及雪莉等酒桶，名為過桶（Wood Finsh）的方式讓威士忌增添口感。格蘭傑會在酒桶蓋上塗紅色代表第一個10年，塗黑色則代表第二個10年，一個酒桶最多只能使用20年。1979年，格蘭傑擁有4座相當具魅力特色的天鵝頸蒸餾器，並在1989年增加4座。2009年時更斥資450萬英鎊，讓產能提升至600萬公升。格蘭傑使用來自Tarlogie的硬質泉水，將帶有非常輕微泥煤香的麥芽進行糖化、發酵、蒸餾及熟成。

[參觀行程]

酒廠提供有日語解說傳單。這裡的遊客中心及博物館提供有DVD介紹影片及非常完善的設施。另還有資深的解說員親切地帶領我們參觀酒廠內部。標準行程費用為2.50英鎊。除聖誕節與新年期間，整年的營業時間為10:00～17:00（週一至週五）、10:00～16:00（6～8月的週六）、12:00～16:00（6～8月的週日）。

[交通指南]

從Inverness沿著A9號這條相當好走的公路往北行駛60公里。過了大摩酒廠，接著會經過巴布萊爾酒廠，再從人口約4,000人左右的港城坦恩繼續行駛3公里，格蘭傑酒廠就位在南北走向，上城區的道路右側，非常好找。

12年
［700ml 46%］

以雪莉桶進行為期6～12個月過桶處理的威士忌，推薦讀者品嚐看看。

18年
［700ml 43%］

酒色澄澈，散發出格蘭傑家族長子的風格。帶有甜美、水蜜桃及辛香味，餘韻悠長。

25年
［700ml 43%］

優雅且充滿複雜表現的口感。45,000日圓，是有著醇厚酒體，豐饒風味的威士忌。

BOTTLE IMPRESSION

GLENMORANGIE ORIGINAL 10年。40%。散發著非常柔和的花香、蜂蜜、甜美以及水果與嫩芽香氣，是支非常纖細，表現高雅的單一麥芽威士忌。麥芽味及泥煤味雖然隱身其中，但仍感受得到些許的辛香表現。這和我在25年前於蘇格蘭購買的格蘭傑味道完全一樣，相當佩服酒廠釀造美酒的實力。能躍上全球銷量排名第三的位置就是實力的展現吧！ORIGINAL 10年定價5,300日圓，實際售價落在3,000日圓前後。格蘭傑的原酒使用於Highland Queen調和威士忌。另有推出10年、15年、18年、30年的單一麥芽威士忌以及Malaga雪莉桶熟成30年等酒款。

GLENMORANGIE 10年
［700ml 40%］

GLENMORANGIE NECTAR D'OR 12年

[700ml 46%]

裝入法國貴腐酒所使用的蘇玳酒桶（Sauternes）熟成。帶有果香、茉莉花香。口感當然是充滿水果的甜美風味。餘韻帶有巧克力與香草元素，滑順易飲。

GLENMORANGIE 10年

[750ml 43%]

1970年代格蘭傑原廠所推出的10年單一麥芽威士忌。酒廠於1918年由Macdonald & Muir公司接手。當時負責日本進口業務的是野澤組，售價為10,000日圓，採螺旋瓶蓋設計而非軟木材質。瓶身標籤的圖片是俯瞰位於坦恩的酒廠景象。

GLENMORANGIE 36年

[750ml 43%]

木盒包裝，重量十足的1963年蒸餾威士忌。這款格蘭傑的顛峰之作，訂價要100,000日圓。由國分公司代理進口至日本。1991年時，Milroy商店的售價為25,000日圓。目前的價格想必昂貴到讓人無從問起，尚無品嚐經驗，但絕對是支驚人的威士忌。

帶有玩笑意涵的標籤，坦恩的15年。

UNTOUCHABLES 15年

［700ml 56.0%］

1997年蒸餾、2013年裝瓶的威士忌原酒是來自位於坦恩的業者，而該業者更是以不對其他公司出售酒桶聞名。能夠取得毫不外流原酒並裝瓶銷售的是東京都代田的信濃屋。瓶身標籤設計是以活躍於禁酒令時期的搜查官將艾爾・卡彭（Al Capone）緝捕歸案的電影《鐵面無私》（The Untouchables）內容為背景。

150週年紀念的陶瓷瓶威士忌。

GLENMORANGIE 21年

［700ml 43%］

1993年為了慶祝酒廠成立150週年所推出的21年威士忌（1843～1993年）。酒瓶採相當具收藏價值的陶瓷材質，就算不是格蘭傑的忠實酒迷也會想擁有，充滿魅力的頂級風味酒款。不過，若想知道這款威士忌的風味究竟如何，很抱歉，我也沒有品嚐過。

身為MHD集團旗下的一員，為了因應全球不斷增加的威士忌需求，酒廠增加了4座蒸餾器，藉以提升產能。格蘭傑同時是蘇格蘭境內銷量冠軍的威士忌品牌。

歐本

OBAN

Diageo plc／Stafford Street, Oban, Argyllshire／英國郵遞區號 **PA34 5NH**
Tel:01631 572004 E-mail:oban.distillery@diageo.com

主要單一麥芽威士忌 **Oban 14年, 酒廠版Oban** 主要調和威士忌 **N/A** 蒸餾器 **1對** 生產力 **73.5萬公升**

麥芽 **添加微量泥煤** 貯藏桶 **波本桶** 水源 **Gleann a' Bhearraidh湖**

出乎意料之外地身處都市中，蘇格蘭最古老的酒廠之一。

歐本酒廠是John和Hugh Stevenson於1794年成立，同時是蘇格蘭境內擁有最悠久歷史的酒廠之一。酒廠位處熱鬧的市中心，和一般酒廠給人的感覺不盡相同。對於已經習慣酒廠就是要在人煙稀少的深山或懸崖峭壁上的遊客來說，在市中心看到歐本酒廠一定都會大吃一驚。1883年，James Walter Higgin買下了酒廠，並重新整頓建物及設施，雖然在1890年開始生產，但不久過後便面臨關廠命運。1923年，後一任的酒廠主人Buchanan Dewar雖然重啟營運，但仍出師不利。終於在賣給了United Distillers公司後，以高地區單一麥芽威士忌打響名號。目前更以帝亞吉歐集團成員的身分，延續自1880年起的生產、出貨頂級麥芽威士忌系列（Classic Malt）的任務。

歐本的水源取擷來自Gleann a' Bhearraidh湖的湖水。使用帶有微量泥煤香的麥芽，使用1對體積較小的燈籠型蒸餾器進行蒸餾，一年可生產73.5萬公升的蒸餾酒。熟成時僅選用波本桶進行貯藏。

歐本在蓋爾語中有「小灣」的意思，酒廠面朝高地區西部的歐本港，因此也適合前去觀光。

[參觀行程]

歐本自2008年起開始供酒迷和專業人士們入內參觀的服務，在欣賞完介紹創廠歷史的影片後，還可透過試飲與聞香等行程，真正地了解歐本酒廠。知覺和氣味探索行程的費用為6英鎊。酒廠提供有日語解說手冊。

[交通指南]

歐本酒廠位在A85號公路和A816號公路交界處的市區中心，雖然停車場數量不多，但仍無損我們前往拜訪的興致。

纖細的飽滿酒體。

OBAN 14年
[700ml 43%]

酒體飽滿。雖然泥煤香非常明顯，但卻同時擁有纖細的一面，讓品嚐之人不知該如何具體表達其中的深奧。煙燻、水果、麥芽、泥煤合而為一的風味，究竟要形容為不夠刺激、或是美味，就取決於品嚐之人了。實際售價約5,000日圓。

以軟木塞封瓶的威士忌。

OBAN 12年
[700ml 40%]

在調和威士忌界頗負盛名的John Hopkins公司於1969～1972年期間重建了歐本酒廠，並在1980年推出了這款有如醒酒器造型的美麗酒款，當時售價為10,000日圓，是款由軟木業者負責生產，平常無法在市面上看到的珍稀麥芽威士忌，負責進口業務是Lieberman公司。酒瓶形狀似西洋梨。

集結精華，瓶身採鑽石切工設計的酒款。

OBAN 12年
[700ml 40%]

1970年代在義大利以Diamond Cut之名上市，相當精緻的威士忌。售價與頂級調和威士忌一樣驚人。1290年，愛德華一世當艾琳娜（Eleanor）王妃去世時，在運回遺體路上的每個驛站皆設有十字架，而歐本酒廠便是位在重建第12個十字架的高地區處。

富特尼
PULTENEY

Inver House Distillers Ltd (Thai Beverage plc) ／Huddart Street, Wick, Caithness ／英國郵遞區號 **KW1 5BA**
Tel:01955 602371 E-mail:enquiries@inverhouse.com

主要單一麥芽威士忌 **Old Pulteney 12年, 17年, 21年, 30年** 主要調和威士忌 **N/A** 蒸溜器 **1對**

生產力 **170萬公升** 麥芽 **未添加泥煤** 貯藏桶 **波本桶**

水源 **Hempriggs湖、Yarrows湖**

初期雖然只是自產自銷的當地威士忌品牌，但目前卻以艾雷島及斯佩賽地區皆找不到的特色風味於全球嶄露頭角。

位於蘇格蘭最北端，不列顛島威克鎮的富特尼酒廠是蒸餾酒商James Henderson於1826年所建立。1922～1939年期間受到禁酒令及經濟不景氣等因素影響，酒廠於1930年被迫關廠。1955年則賣給了Hiram Walker & Sons公司。富特尼港擁有北歐相當知名的鯡魚魚場，醋漬、煙燻鯡魚的加工產品更是遠近馳名，高達數百艘的帆船讓富特尼港好不熱鬧。富特尼的名稱其實是來自於當地的鯡魚富商Sir William Pulteney之名，同時是蘇格蘭唯一以人名命名的酒廠。目前由Inver House公司掌管營運。

如同酒瓶標籤上描繪著帆船般，威克鎮上粗曠的船員們在第二次世界大戰之前可是在地酒＝Old Pulteney的最主要消費者。若漁獲不斷豐收時，據說這個小鎮一天就可以喝掉2,000公升以上的威士忌。

富特尼的水源取擷自Hempriggs湖，使用不含泥煤的麥芽，以外形猶如雪人的特殊蒸餾器進行蒸餾。初餾及再餾設備僅各為1座，年產能為170萬公升，使用波本桶進行熟成。若想要理解富特尼的豐富個性，或大摩威士忌所蘊藏的風味，勢必要累積些許的飲酒經歷及人生辛酸歷練了。

[參觀行程]

富特尼目前並非真正的觀光酒廠。但由於生產出來的威士忌實在擄獲眾多酒迷的芳心，因此還是值得前往參觀。標準行程費用為4英鎊。

[交通指南]

從Inverness沿著A9號公路行駛並銜接A99號公路，接著朝蘇格蘭北端的威克鎮前進便可抵達富特尼酒廠。

先解決一瓶再說吧！

OLD PULTENEY 12年

［700ml 40%］

香草香。入口後，香蕉、蜂蜜及海水味隨之而來。酒體厚實，口感複雜。酒商定價4,000日圓，實際售價約為3,500日圓。

舒心的極樂口感。

OLD PULTENEY 21年

［700ml 46%］

21年是先以重複使用的波本桶進行長年熟成醞釀風味，接著再更換成自然乾燥的美國白橡木桶，藉以帶出香草及蜂蜜口感。酒商定價12,000日圓。

沒有「OLD」字樣的富特尼。

PULTENEY

［700ml 58%］

高登麥克菲爾公司推出的「RESERVE」系列。富特尼酒廠版本果然也是在瓶身列出詳細的生產履歷，是2014年完成裝瓶的逸品。

名為「高級」的豪氣酒款。

PULTENEY 21年

［700ml 56.1%］

1991年蒸餾、2013年裝瓶的「EXCLUSIVE」系列。瓶身還寫有「精選並引進高檔酒款」。酒桶編號No.3646。來自Caithness省威克鎮的優質威士忌。

湯馬丁

TOMATIN

Tomatin Distillery Company Ltd ／ Tomatin, Inverness-shire ／ 英國郵遞區號 **IV13 7YT**
Tel:01463 248144 E-mail:info@tomatin.co.uk

主要單一麥芽威士忌 Tomatin 12年, 15年, 18年, 25年

主要調和威士忌 Antiquary, Big T, The Talisman **蒸餾器** 6對

生產力 500萬公升 **麥芽** 未添加泥煤

貯藏桶 波本桶搭配些許雪莉桶 **水源** Alt-na Frith小河

日資企業所有，產能驚人的威士忌酒廠。

湯馬丁酒廠是Inverness的企業家於1897年所建立，產能達500萬公升，在蘇格蘭境內也算是頗具規模的酒廠之一。酒廠於1956年增加了2座蒸餾器，隨著調和用原酒需求量不斷攀升，1974年時，蒸餾器總數更高達23座。如此毫無規劃的擴增設備讓湯馬丁面臨倒閉的可能性隨之大增。到了1980年代，受到遽然的不景氣影響，酒廠難逃停產命運，在1985年終究還是由財務管理公司接手，其後日本的大倉商事與寶酒造共同買下酒廠，挽救了湯馬丁差點消失於威士忌業界的危機。

1998年，寶酒造、丸紅及國分分別持有湯馬丁81%、14%及5%的股權，並以6台酒汁蒸餾器、6台烈酒蒸餾器，合計12台的蒸餾設備進行生產。後來的三得利及Nikka雖然都入主蘇格蘭的酒廠，但湯馬丁才是第一間隸屬日本企業旗下的蘇格蘭威士忌酒廠。湯馬丁的水源取擷源自Monadhliath山群的伏流，Alt-na Frith小河。以波本桶熟成，僅搭配些許的雪莉桶。湯馬丁在蓋爾語有「茂盛的杜松之丘」的意思。

TOMATIN 10年
［750ml 43%］

1976年，高原單一麥芽威士忌10年由大倉商事以10,000日圓發售的陳年威士忌。750ml瓶裝的特級良品，現在改成700ml和1,000ml的規格。

［參觀行程］

湯馬丁的遊客中心環境優美，並榮獲蘇格蘭觀光局4顆星的肯定。觀賞完影片介紹，酒廠人員會接著帶領遊客參觀湯馬丁自家的製桶廠並解說整座酒廠設施，接著進入到聞香、試飲體驗。標準行程費用為3英鎊。附帶解說及試飲行程為30英鎊。除聖誕節與新年期間，營業時間為10:00～17:00（週一至週六），12:00～16:30（週日），另還提供有完整的日語解說手冊。

［交通指南］

位於海拔315公尺的湯馬丁是高度第三高的酒廠，它位在Findhor河上游，從Inverness往東南方25公里處。酒廠旁就是因出現水怪聲名大噪的尼斯湖。酒廠周圍盡是蘇格蘭獨特的風景，非常適合駕車兜風。

高地區的資優生。

TOMATIN

［700ml 43%］

名為LEGACY，熟成年份不明的威士忌，以波本桶與美國處女桶（Virgin Oak）進行熟成。

TOMATIN 5年

［700ml 43%］

2008年蒸餾、2013年裝瓶。酒桶編號No.2415、2416。Kingsbury公司以非冷凝過濾、無染色方式製成。

TOMATIN 12年

［700ml 53.7%］

1988年蒸餾、2014年裝瓶。酒桶編號No.14026。是263瓶中的第139瓶。

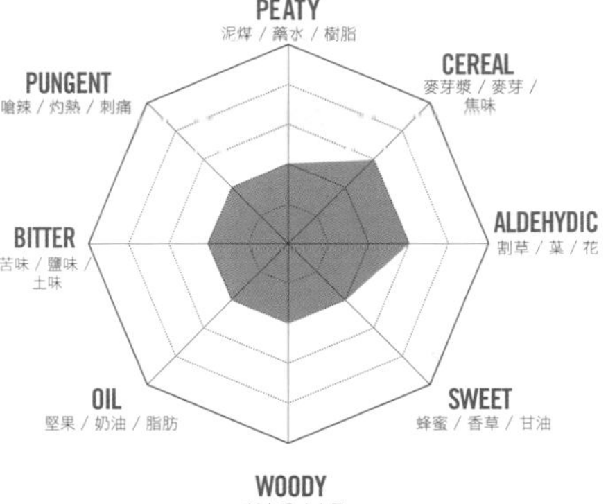

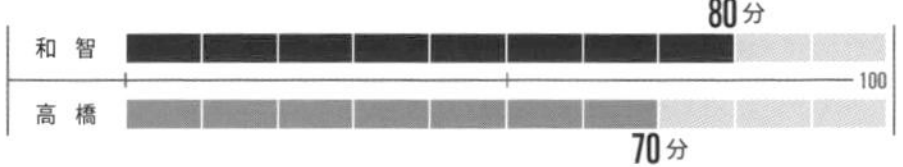

TOMATIN 12年

［700ml 43%］

BOTTLE IMPRESSION

TOMATIN 12年。43%。滑順的煙燻味雖然充滿整個口中，但基本表現仍是果香以及帶有花香的前味。辛香味、草本味、麥芽甜等所有元素完全不會讓人覺得突兀，在香氣表現上保持著絕佳的平衡，就高地區的麥芽威士忌來看，這支TOMATIN 12年可說是風味均衡的酒款。酒精表現雖然略為強勁，但到最後的餘韻則轉變為果香。湯馬丁的年產能達500萬公升，擁有可與格蘭菲迪相媲美的超大規模蒸餾設備。另有提供原酒給Antiquary、The Talisman等調和威士忌品牌。12年的實際售價落在3,500～4,500日圓。

提安尼涅克

TEANINICH

Diageo plc ／ Riverside Drive, Alness, Ross-shire ／ 英國郵遞區號 IV17 0XB
Tel:01349 885001 E-mail:—

主要單一麥芽威士忌 Teaninich 10年（Flora & Fauna系列） 主要調和威士忌 Johnnie Walker 蒸餾器 3對

生產力 400萬公升 麥芽 未添加泥煤 貯藏桶 波本桶 水源 Dairy Well的泉水

稀有的單一麥芽威士忌，提安尼涅克的本質，正因名氣不響亮，更突顯其耀眼的價值光輝。

1817年，知名地主Captain Hugh Munro在Ross省的Alness建立了提安尼涅克酒廠，其後並致力推動1823年的酒稅法修正案，在這個大幅刪減酒稅金額的法案通過後，也讓蘇格蘭私釀威士忌的時代得以落幕。1898年，Munro的兒子繼承了酒廠並擴大生產，接著將提安尼涅克賣給了一名埃爾金的業者，同時也是威士忌暨酒廠協會的會長。酒廠最終納入了DCL集團旗下。提安尼涅克在1962年時增加了2座蒸餾器，1970年更將設備全面更新，以6座蒸餾器生產威士忌。1980年，因全球不景氣導致生產過剩，提安尼涅克也只好停止運作，接著於1991年重啟生產，並在1999年時將舊有的蒸餾設備全數淘汰。2008年設置了不鏽鋼蒸氣發酵槽，讓年產量提升至400萬公升。

提安尼涅克水源取擷自Dairy Well的泉水，使用不含泥煤的麥芽，以3座蒸餾器進行蒸餾。特別值得一提的是，提安尼涅克深信，啤酒工廠所採行，利用糖化槽過濾裝置能縮短作業時間，因此成了蘇格蘭僅存，目前仍延續使用此工法的酒廠。提安尼涅克的知名度或許不高，但卻是擁有高地區在地的獨特元素，釀造著特殊風味的威士忌酒廠之一。對日本人而言不太好發音，提安尼涅克在蓋爾語中有「荒野之家」的意思。

[參觀行程]

無參觀行程及設施。

[交通指南]

沿著A9號公路到Alness後便可抵達提安尼涅克酒廠，它就位在大摩酒廠西側。

雖然名聲不夠響亮，卻是讓酒饕們想要一飲而盡的威士忌。濃郁之酒。

TEANINICH 28年

［700ml 51.1%］

酒桶編號No.7703。1987年蒸餾、2011年裝瓶的「Natural Malt Selection」系列。

TEANINICH 22年

［750ml 46%］

義大利Samaroli公司推出的「Top Quality」系列，300瓶中的第104瓶。標籤上的裝飾藝術風格花朵相當別緻。

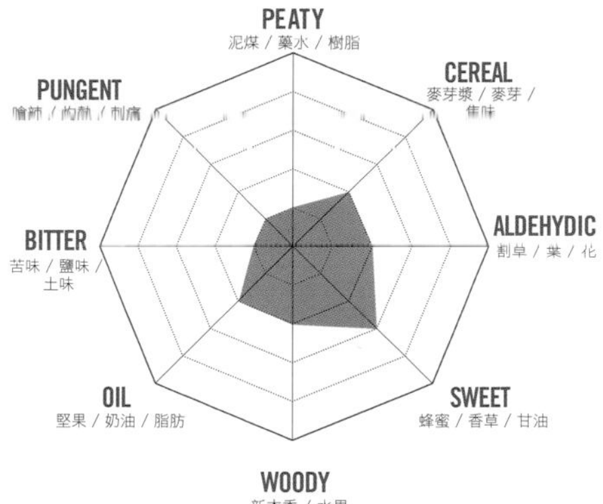

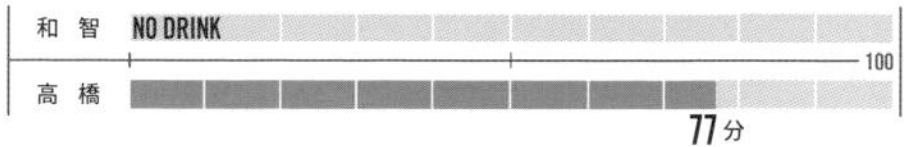

TEANINICH 10年

［700ml 43%］

BOTTLE IMPRESSION

TEANINICH 10年。帝亞吉歐集團這支10年威士忌（Flora & Fauna系列）表現濃郁，帶有辛香味及青草味。酒體中等。不知是因為母公司的名聲太過響亮，影響到這個品牌的銷量，還是原本產量就不多，TEANINICH 10年的實際售價落在6,500日圓前後，與其他品牌的10年威士忌相比似乎稍微昂貴些。然而，若想要徹底掌握蘇格蘭威士忌的精髓，那麼TEANINICH 10年還是會讓我抱著嘗試心態，想要品嚐看看的單一麥芽威士忌。這支酒擁有獨到風味，實在不能小覷。另提供原酒給約翰走路、Heig等品牌作為調和用威士忌。

SOUTHERN HIGHLAND & PERTHSHIRE

高地區南部 & 伯斯郡

高地區南部的風景變化萬千，高低起伏適中且寬闊的道路綿延不絕，非常適合駕車兜風。蘇格蘭第三大都市的亞伯丁、沉睡著繼承王位不可或缺的「命運之石」的伯斯、華勒斯紀念塔（National Wallace Monument），以及擁有蘇格蘭首屈一指知名城堡的Stirling周邊留有大量的遺跡及建築物，堪稱是蘇格蘭的歷史博物館。

與高地區北部及島嶼地區相比，高地區南部受惠大西洋暖流，擁有蘇格蘭境內肥沃的土地及溫暖氣候。使得高地區南部並沒有高地區那凜冽環境、貧脊土地上僅有的灌木山群所散發出孤寂抑鬱的氛圍。

此外，曾為「哈姆雷特」拍攝現場的北海邊城Dunnottar城堡；殘留有中世紀情懷，似乎隨時都有可能傾倒的石造廢墟Edzell城堡；曾拍攝「馬克白」的Glamis城堡；Huntly城堡；維多利亞女王避暑勝地，以皇家藍勛威士忌而聞名的Balmoral城堡；展現蘇格蘭文化風情，蘇格蘭傳統高地競賽「Highland Games」的舉辦地Braemar城堡；以及貴族之館Leith Hall，高地區南部有著為數眾多、引人入勝的城堡，除了相當適合「威士忌巡禮」之旅外，對歷史愛好者而言，更是「城堡巡禮」之旅不可忽略的重要區域。

在造訪酒廠途中順路隨興地欣賞古城也是相當具觀光價值。其中，在造訪冠有「皇家」之名，皇室御用威士忌—皇家藍勛酒廠旁的Balmoral城堡時，可以邊遙想著當年的創廠主人John Begg。保證讀者日後在品嚐之際，絕對能夠重新拿出來咀嚼回味。

FETTERCAIRN
BLAIR ATHOL
EDRADOUR
GLENCADAM
ABERFELDY
GLENGOYNE
TULLIBERDINE
DEANSTON
LOCH LOMOND
ENTURRET
Forfar
DUNDEE
PERTH
STIRLING
Kinardine
KIRKCALDY
EDINBURGH
GLASGOW
AISLEY
EAST KILBRIDE
A9
A924
A93
A937
A935
A90
A934
A932
A926
A928
A94
A92
A933
A827
A923
A984
A826
A930
A822
A85
A919
A914
A913
A824
A912
A91
A84
A823
A821
A81
A873
A977
A911
M90
A811
M9
A875
A985
M823
M80
M876
A809
A891
A803
A1
A902
A810
A73
M8
M73
A71
A68
A702
M77
A7
A723
M74
A726
A703

艾柏迪

ABERFELDY

Dewar's (Bacardi) ／ Aberfeldy, Perthshire ／ 英國郵遞區號 **PH15 2EB**
Tel:01887 822010 E-mail:bookings@dewarsworldofwhisky.com

主要單一麥芽威士忌 **Aberfeldy 12年, 21年**

主要調和威士忌 **Dewar's, White Label 12年, 18年及簽名款** 蒸餾器 **2對** 生產力 **350萬公升**

麥芽 **未添加泥煤** 貯藏桶 **波本桶及雪莉桶** 水源 **Pitilie河**

艾柏迪兄弟夢想的12年單一麥芽威士忌，能夠感受到果香、甘甜及乳脂的高尚風味。

1896年，John與Tommy這對Dewar兄弟檔在名為Pitilie，曾於1825～67年營運過的老酒廠旁新蓋了間酒廠，也就是艾柏迪。艾柏迪當初是被用來做為生產帝王白牌調和用威士忌的原酒。對於以美國為主要市場，相當受歡迎的調和威士忌品牌帝王而言，艾柏迪可是提供基酒不可或缺的重要酒廠。艾柏迪目前的所有者為John Dewar & Sons，該公司同時也是複合酒類企業百家得烈酒集團旗下掌管威士忌的部門。John Dewar & Sons公司所推出的威士忌商品大多為帝王與William Lawson's這兩個品牌，艾柏迪所推出的單一麥芽威士忌僅占整體銷售的1%。即便如此，艾柏迪仍隸屬主要的業務部門，會有這樣的佈局，不過就是想繼續保留Dewar兄弟所留下的夢想成果罷了。

風評極佳的艾柏迪水源取擷自Pitilie河，使用不含泥煤的麥芽，以2座酒汁蒸餾器與2座烈酒蒸餾器，生產年產量350萬公升的蒸餾酒。

艾柏迪的主力商品為12年與21年威士忌。

[參觀行程]

標準行程費用為6.50英鎊，豪華行程為12英鎊，鑑賞家行程則是30英鎊，所有的行程都需要事先預約。營業時間為4～10月10:00～18:00（週一至週五）、12:00～16:00（週日）、11～3月10:00～18:00。

[交通指南]

從伯斯沿A9號公路北駛35公里，在抵達Pitlochtry之前，於Balinluig左轉進A827號公路，接著再走15公里左右便可抵達目的地，艾柏迪酒廠位在艾柏迪村的郊區。

ABERFELDY 16年

［700ml 62.0%］

酒精度數62.0的原桶強度威士忌，酒桶編號為No.02596，更清楚寫出這是支限量威士忌。整體表現簡約，卻讓人相當喜愛。

ABERFELDY 15年

［750ml 43%］

容量750ml的陳年威士忌。艾柏迪以前或許曾添加過泥煤，因為這支ABERFELDY 15年的標籤上寫著帶有泥煤香。

ABERFELDY 15年

［700ml 43%］

這支15年為700ml，屬現代的容量設計。

美國銷售No.1，帝王威士忌的原酒。

ABERFELDY 12年

［700ml 40%］

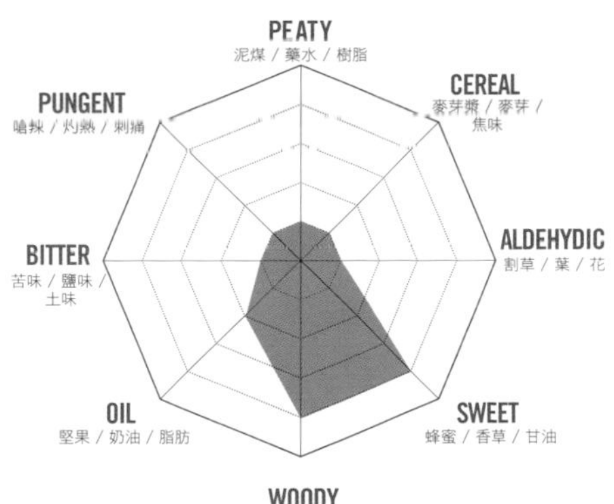

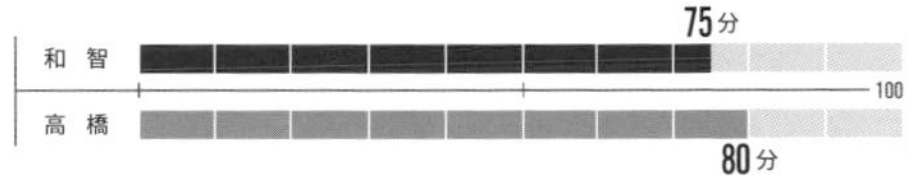

BOTTLE IMPRESSION

ABERFELDY 12年。如果是拿來作為帝王白牌（實際售價約1,100日圓）調和威士忌用的基酒，那應該不難想像ABERFELDY 12年的質地水準及美味程度。帝王在這次的調和威士忌評比中，算是表現相當優異的品牌。這支12年的口感柔和，有著如花朵、如水果般的高尚表現。當厭倦高酒精度數、濃烈泥煤味以及力道強勁的威士忌時，就更應該要藉由表現沉穩的酒款讓心靈得到平靜，如果能用親民的3,000日圓價格換來安穩睡眠的話…。說實在的，這支ABERFELDY 12年是我偶爾興起時，會買來品嚐的酒款。目前酒廠使用來自Pitilie河的硬水，廠內的地板式發芽作業則在1972年時便已停止。

生產力 300萬公升 麥芽 未添加泥煤 貯藏桶 波本桶及雪莉桶

水源 Allt Dour河（Otter小河）

辛辣、甜美、水果風味及高尚表現。夏目漱石也曾造訪的酒廠。

布雷爾酒廠距離愛丁堡不遠，位處於高地區伯斯郡，一個名為Pitlochry的鎮上，伯斯以北的35公里處，酒廠旁就是A9號公路。這裡是英國非常知名的療養地，除了昭和天皇還是皇太子的時候曾居住於此外，飽受憂鬱之苦的夏目漱石也曾前往此地散心透氣。1798年，John Stewart和Robert Robertson建立的布雷爾酒廠，到了1932年時，Arthur Bell & Sons公司將布雷爾買下，並成立了Downtown Glenlivet蒸餾酒公司。布雷爾酒廠雖然從1932年到1949年歷經了相當漫長的休廠，但在進入1970年代後，隨著調和威士忌的龐大消費需求得以再度興盛，酒廠的所有權則轉移到Guinness公司，以及其後的UD公司手上，目前則為帝亞吉歐集團所有。

布雷爾的水源取擷自Allt Dour河，將不含泥煤的麥芽，以4台不銹鋼和2台落葉松製發酵槽進行發酵，並利用2對直立型蒸餾器，創造出一年300萬公升的產能。貯藏則同時使用波本桶與雪莉桶進行熟成。Otter河在蓋爾語中有「海獺河」的意思。

[參觀行程]

標準行程的費用為5英鎊、動植物（Flora & Fauna）行程為10英鎊、豪華行程則是22英鎊。除了標準行程外，其他的行程都需事先預約。營業時間如下：復活節～10月期間為9:30～17:00（週一至週六）、10:00～17:00（僅7～8月的週日）、11月～復活節為10:00～16:00（週一至週五）

[交通指南]

布雷爾酒廠在Pitlochry鎮上，位在伯斯以北35公里處，旁邊有A9號公路經過並面向著A924號公路。

可以充分感受到雪莉桶的熟成風味。

BLAIR ATHOL 12年

[700ml 43%]

BLAIR ATHOL

[700ml 46%]

這是高登麥克菲爾公司的「Connoisseurs Choice」系列威士忌。

BLAIR ATHOL 12年

[750ml 40%]

威士忌特級時代的12年酒款。瓶身設計粗糙卻風味十足，標籤上印有貝爾威士忌的獅子圖樣。

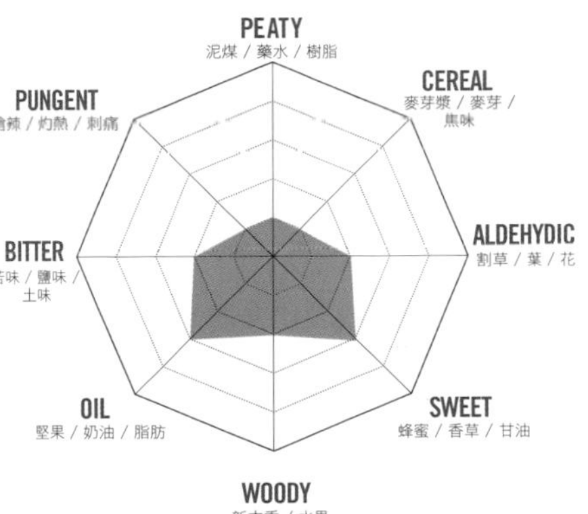

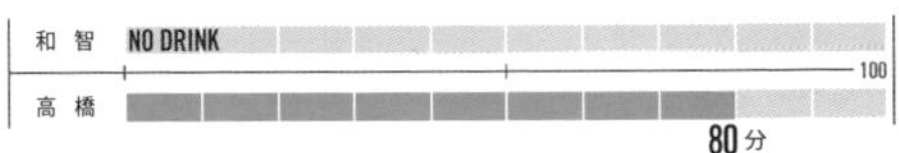

BOTTLE IMPRESSION

BLAIR ATHOL 12年，43%。帶有高尚的香氣。入口後，可以感受到香草、堅果、奶油、麥芽及辛香所帶來的甘甜及果味，餘韻則帶有蜂蜜味，堪稱是絕佳平衡所展現的蘇格蘭威士忌熟成風味。雪莉桶所蘊藏的藝術表現值得用心品味。酒體飽滿、餘韻悠長，暖暖的感覺持久不散。實際售價約6,000日圓，是否有其價值就見仁見智了。布雷爾是間非常有魅力的酒廠，能夠品嚐在如此美麗的環境中所生產的威士忌，實在無比幸福。布雷爾的原酒大多供貝爾作為調和威士忌。

艾德多爾

EDRADOUR

Signatory Vintage Scotch Whisky Co Ltd ／ Pitlochry, Perthshire ／ 英國郵遞區號 **PH16 5JP**
Tel:01796 472095 E-mail:tours@edrarour.com

主要單一麥芽威士忌 Edradour 10年, 'Straight from the Cask' 系列酒款, Ballenchin（重泥煤）, Caledonia 12年

主要調和威士忌 N/A **蒸餾器** 1對 **生產力** 9.6萬公升 **麥芽** 未添加泥煤

貯藏桶 Edradour使用雪莉桶、Ballenchin使用波本桶 **水源** Mhoulin Moor的泉水

蘇格蘭規模最小的酒廠，卻擁有每年吸引10萬遊客造訪的魅力。關鍵不在生產規模，而是酒廠本身的獨特性。

以遵循古法及蘇格蘭規模最小酒廠為賣點，非常具特色的艾德多爾酒廠。負責蒸餾的員工只有3名，一次只能糖化1噸的麥芽，這樣的糖化份量只有格蘭花格的16分之1，一年僅能生產9萬多公升的蒸餾酒。拿年產量1,000萬公升的格蘭菲迪相比的話，就不難想像艾德多爾的規模到底有多小。即便如此，每年還是有10萬名的威士忌迷會造訪艾德多爾酒廠的遊客中心，因此若要同時考量產量及遊客數的話，艾德多爾在蘇格蘭受歡迎的程度及吸引觀光客的功力可說是無人能及。

艾德多爾矗立於Ben Vrackie山麓的田園坡地上，由數間帶有農舍風格小屋相連而成，小屋外牆都刷上水性白漆，因此帶給人乾淨清爽的感覺。跟小平房差不多大的木屋群佇立於流經酒廠中央的小河兩側，帶給人脫俗的感覺，艾德多爾就是在如此雅致的環境中生產威士忌。酒廠前身是伯斯郡出身的農民們於1825年所創立，並共同經營的Glenforres酒廠。一次糖化1噸的麥芽，利用2座奧勒岡松製發酵槽進行發酵後，再以容量2,000公升、裝有淨化器的蒸餾器進行蒸餾。

[參觀行程]

標準行程的費用為5英鎊，營業時間為5～10月9:30～17:00（週一至週六。酒廠除了5月及10月外，10:00開始營業）、12:00～17:00（週六）、11～4月10:00～16:00（週一至週六、12:00～16:00（1月、2月以外的週日）。艾德多爾每年訪客可達10萬人次的前三大酒廠之一。

[交通指南]

從伯斯出發沿A9號公路往北行駛40公里，接著銜接A924號公路，從Pitlochry朝東南方前進。

獨立裝瓶業者所有，最迷你酒廠所生產的威士忌。

EDRADOUR 10年
[700ml 40%]

1980年代於英國上市，非常稀有的陶瓷提把壺設計，會讓人想將酒瓶拿來插花裝飾。

TAKAHASHI RECOMMEND BOTTLE

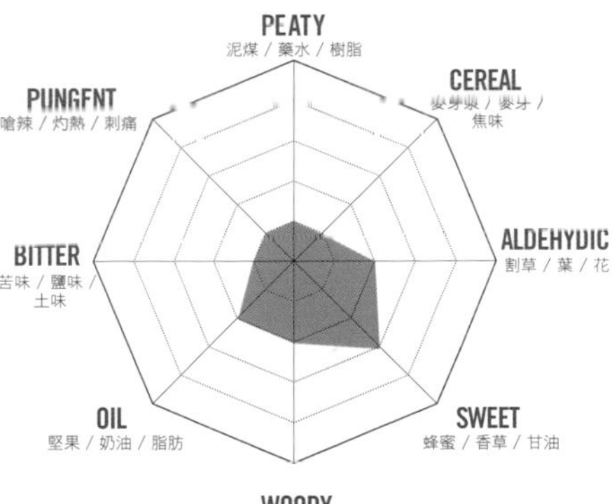

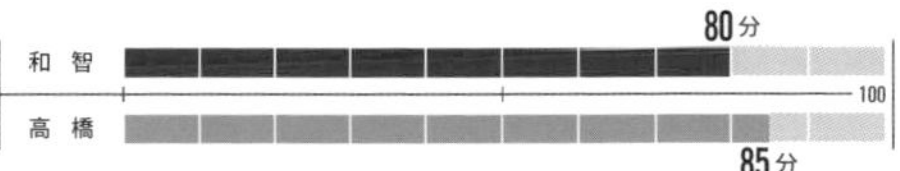

BOTTLE IMPRESSION

EDRADOUR 10年。40%，酒體中等。香氣中雖然帶有非常些微的煙燻味，但散發出的是蜂蜜、甜美及堅果香。入口後，可以感受到麥芽香、花香及乳脂味。餘韻則是殘留有雪莉酒及辛香料的味道。這款威士忌讓我想起在品嚐朗摩16年及格蘭蓋瑞12年時一樣的感動，更展現出艾雷島完全沒有的特質。EDRADOUR 10年定價7,300日圓，實際售價約4,500日圓，是支非常吸引人的10年威士忌。主要的單一麥芽威士忌為EDRADOUR 12年，另還有1983年單一年份酒以及Decanter Vintage 1993年可以選擇。當聽到艾德多爾一年的產量不超過10萬公升後，就知道必須好好珍惜這支威士忌，可不能隨便以添加蘇打水之類的方式品嚐。

EDRADOUR 10年
[700ml 40%]

格蘭卡登

GLENCADAM

Angus Dundee plc ／ Park Road, Brechin, Angus ／ 英國郵遞區號 **DD9 7PA**
Tel:01356 622217 E-mail:dfitchett@glencadamdistillery.co.uk

主要單一麥芽威士忌 Glencadam 10年, 15年, 30年 **主要調和威士忌** Dundee, Parker's **蒸餾器** 1對

生產力 150萬公升 **麥芽** 未添加泥煤 **貯藏桶** 波本桶 **水源** Unthank Hills的泉水、Lee湖

蘇格蘭高地區東部僅存的格蘭卡登酒廠，單一麥芽威士忌有著「綿密大麥（Cream of the Barley）」的美稱。

高地區東部的Tayside地區在1980年代中期以前存在有5間酒廠，他們更以Tayside麥芽威士忌之名，在蘇格蘭擁有相當勢力。目前除格蘭卡登外，其餘的酒廠均已解散、轉型或關廠，讓昔日的Tayside威士忌光輝不再。而格蘭卡登自1825年創立以來，光是19世紀期間就易主5次，可說是命運極為坎坷。酒廠從2000年起更進入了休廠狀態，眼見格蘭卡登就要面臨和其餘4間酒廠一樣的遭遇時，現任經營者Angus Dundee在2003年買下了酒廠，讓僅存的Tayside威士忌得以延續。格蘭卡登將不含泥煤的麥芽以1980年開始使用至今的鑄鐵製糖化槽進行9小時的糖化作業，接著再將糖化完成的麥芽糊送至4座木製、2座附蓋不鏽鋼製，總計6座的發酵槽中。而酒廠的蒸餾器只有1對，酒汁蒸餾器的容量為17,130公升，外掛有1950年生產的熱轉換器。目前格蘭卡登生產處於滿載狀態，1週運作7天，進行19次的糖化作業，一年可生產150萬公升的蒸餾酒。格蘭卡登擁有2棟從1825年沿用至今的鋪地式酒窖，以及1950年建造的1棟層架式及3座鋪地式，共計6棟酒窖。在這些酒窖中貯藏有正在熟成的23,000桶波本酒桶。

[參觀行程]

格蘭卡登雖然沒有遊客中心及特別的參觀行程，但廠方表示，只要事前預約，還是很歡迎遊客前來參觀。

[交通指南]

格蘭卡登離其他酒廠有段距離，從Dundee出發沿A90號公路朝東北行駛，銜接A935號公路繼續前進，酒廠就位在Angus地區的Brechin鎮附近。

GLENCADAM 22年
[700ml 60%]

1991年蒸餾，「FRIENDS of OAK」系列，裝瓶數120瓶中的第1瓶。標籤上描繪的是羽翼尚未完全長出，初春之際的雷鳥。

GLENCADAM 22年
[700ml 56.0%]

Natural Malt Selection系列的格蘭卡登22年單一麥芽威士忌。酒桶編號No.4754。

充滿奶油及果香的威士忌。

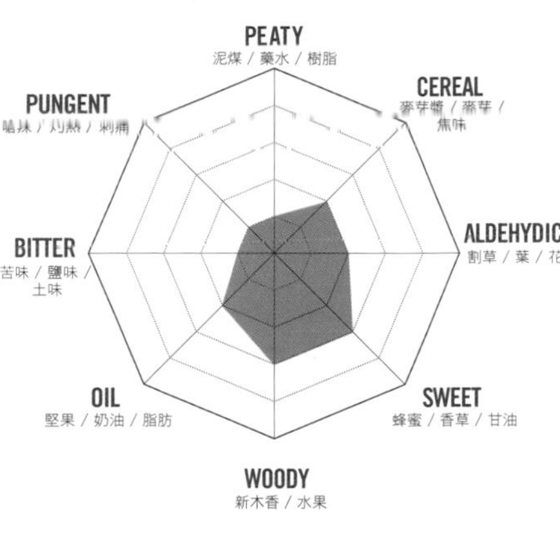

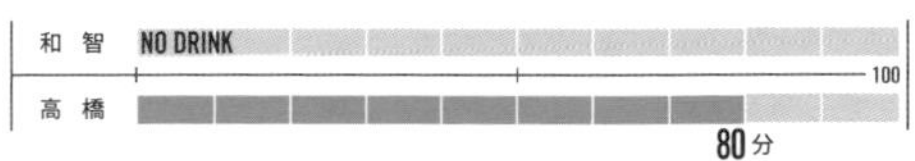

BOTTLE IMPRESSION

GLENCADAM 10年。46%。除了帶有如花朵的纖細香氣外，還可以感受到楓糖燉梨般的香味。在柑橘類果香及麥芽香甜的表現中夾雜著焦糖焦味，不僅濃郁、複雜，還帶有苦味。餘韻則是能感受到相對悠長持久的清爽果味。在參觀酒廠時所試飲的新酒實在美味無比。這支10年威士忌（堅持採非冷凝過濾、無染色工法）的實際價格落在4,500日圓左右。格蘭卡登提供原酒給百齡罈等品牌作為調和威士忌，自己推出有Glencadam 10年、15年、Special Malt 15年酒款外，還有高登麥克菲爾公司的Connoisseurs Choice系列。

GLENCADAM 10年
[700ml 46%]

格蘭哥尼

GLENGOYNE

Ian Macleod Distillers Ltd ／Dumgoyne, Near Killearn ／英國郵遞區號 **G63 9LB**
Tel:01360 550254 E-mail:reception@glengoyne.com

主要單一麥芽威士忌 Glengoyne 10年, 12年, 17年, 21年 **主要調和威士忌** Cutty Sark, Famous Grouse, Lang's Superme

蒸餾器 1座酒汁蒸餾器、2座烈酒蒸餾器 **生產力** 110萬公升 **麥芽** 未添加泥煤

貯藏桶 波本桶及雪莉桶 **水源** Carron湖

於高地區蒸餾、低地區熟成，格蘭哥尼是最適合拿來了解威士忌生產過程的拍攝設施。

1833年，Lang Brothers公司的Burnfoot酒廠被更名為格蘭哥尼，並在1965年將酒廠賣給了愛丁頓集團旗下的Robertson & Baxter公司。2003年之際，Ian Macleod公司買下了格蘭哥尼，不僅將產能提高1倍，並推出限定版威士忌。

格蘭哥尼水源取擷自Carron湖，這裡的湖水是流經酒廠上方，長滿柔軟闊葉樹林的Dumgoyne山丘過濾而來。格蘭哥尼過去雖然使用傳統的黃金大麥，但目前已改用Optic種大麥麥芽，並將蒸餾完成的新酒裝入雪莉桶貯藏，釀造出擁有複雜且細緻香氣的威士忌。格蘭哥尼的糖化槽為不鏽鋼製，另有6座奧勒岡松製發酵槽以及2座鼓出型烈酒蒸餾器。格蘭哥尼在井然有序的黑白色調外牆的建築物中完成蒸餾後，再將酒桶拿至道路對面，地理位置較下方的酒窖熟成。格蘭哥尼以提供各式各樣的參觀行程聞名，除了每年能夠吸引4萬名遊客造訪外，更是許多愛酒同好們相當推崇的酒廠。

[參觀行程]

酒廠的遊客中心一年能夠吸引4萬名遊客造訪，其受歡迎程度可見一般。導覽手冊雖然沒有日語版，但為了能讓酒迷們能夠充分體驗調配威士忌的樂趣，酒廠提供有調酒課程。除了能夠品嚐到17年的酒款外，還可以親手調製100ml的威士忌，讓遊客們享受到許多其他酒廠所沒有的參訪內容。標準行程的費用為6.50英鎊、小酌行程為8.50英鎊、品嚐行程為15英鎊、原桶烈酒行程為70英鎊、頂級調和行程為30英鎊、大師級行程則為100英鎊，上述行程皆可事先預約。

[交通指南]

從格拉斯哥出發沿A81號公路往北行駛20公里，酒廠就位在羅夢湖（Loch Lomond）的東南方，整體的環境設施水準非常高。

麥芽風味酒。

GLENGOYNE 12年
[700ml 40%]

表現華麗，且充滿黑胡椒的辛香味，接著帶出香草香的雪莉桶熟成威士忌。

GLENGOYNE 21年
[700ml 43%]

以歐洲橡木製成的雪莉桶熟成。帶有可可、皮手套及香草香氣。酒色呈現紅木色。

GLENGOYNE 8年
[750ml 43%]

威士忌特級時代下，格蘭哥尼所推出的原廠單一麥芽威士忌。

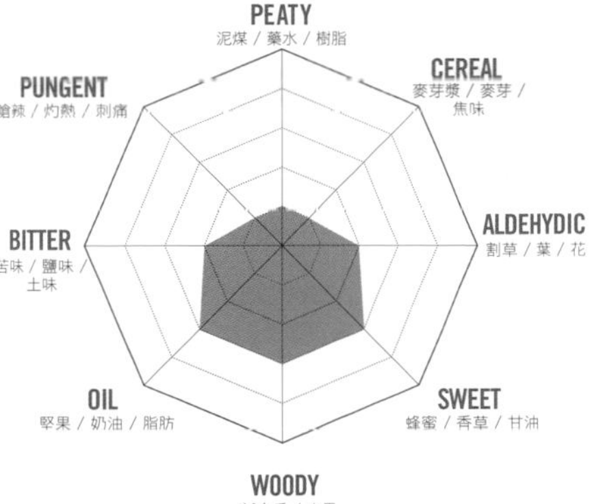

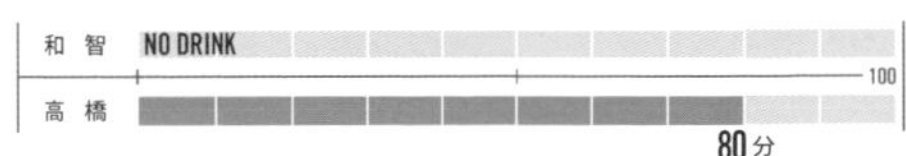

BOTTLE IMPRESSION

GLENGOYNE 10年。最初散發出來的是麥芽香及雪莉酒香氣，接著是複雜的樹木氣息。含入口中後，會感受到水果及蜂蜜香，其中完全不帶泥煤味，可以享受到相當輕盈且甘甜的果香。餘韻悠長，帶有華麗的水果表現，酒體中等輕盈。定價9,300日圓，實際售價約3,500日圓，相當划算，因此推薦讀者務必品嚐看看。

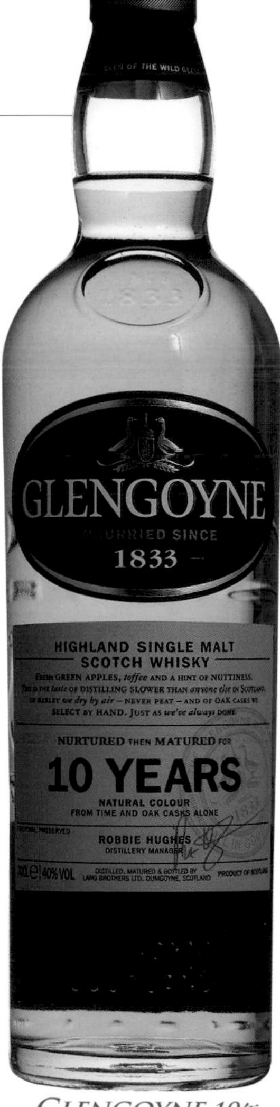

GLENGOYNE 10年
[700ml 40%]

格蘭塔瑞

GLENTURRET

The Edrington Group／The Hosh, Crieff, Perthshire／英國郵遞區號 **PH7 4HA**
Tel:01764 656565 E-mail:—

主要單一麥芽威士忌 The Glenturret 10年　主要調和威士忌 The Famous Grouse　蒸餾器 1對

生產力 340萬公升　麥芽 添加些許泥煤　貯藏桶 波本桶及雪莉桶　水源 Turret河

在有著知名威雀與貓咪Towser的酒廠所誕生，無需多做解釋的威士忌——格蘭塔瑞。

格蘭塔瑞是John Drummond在1775年於高地南部伯斯郡的Crief郊區設立的酒廠。根據記載，格蘭塔瑞於1717年便開始蒸餾，因此是蘇格蘭最古老的酒廠，然而，沒有任何一間酒廠留有私釀時代的正式記載文獻，因此只能說看誰先出聲先贏了。1921～59年期間，格蘭塔瑞受經濟不景氣影響而關廠並被作為農用倉庫使用，之後在James Fairlie的手上重啟營運。

1981年，格蘭塔瑞納入Rémy Cointreau集團旗下，接著在1990年時，更在接受愛丁頓集團的援助下持續營運至今。目前的格蘭塔瑞負責生產供威雀調和威士忌用的原酒。此外，酒廠中庭擺有一座名為Towser的偉大貓咪銅像，Towser在24年間於酒廠內抓到了共計28,899隻的老鼠，功績輝煌到被列入金氏世界紀錄。許多酒廠為了避免麥芽原料的大麥遭鳥類侵食或鼠輩肆虐，過去都習慣飼養貓咪，不過今日已不復見。格蘭塔瑞雖然隱身在威雀威士忌耀眼光芒身後，扮演著稱職的幕後角色，卻也是我極力希望各位不可錯過的酒廠。

[參觀行程]

在名為「The famous grouse experience」的體驗型遊客中心完工後，格蘭塔瑞每年吸引高達10萬名的遊客造訪。遊客中心更設有商店及餐廳，在中午時段還能盡情地享用蘇格蘭特有的傳統料理。營業時間為3月～12月9:00～18:00（週一至週日）、1月～2月10:00～16:30（週一至週日）。標準行程的費用為6.95英鎊、體驗行程為8.50英鎊、麥芽威士忌行程為10.95英鎊、蒸餾師行程為18.50英鎊，第9酒窖行程為40英鎊，以上行程皆需事先預約。

[交通指南]

從愛丁堡出發沿M90號公路北駛30公里來到伯斯，接著沿A85號公路向左往Crief方向繼續前進約1小時，便可抵達位在市郊的格蘭塔瑞酒廠。如果是從格拉斯哥出發，則需走M80號公路北上，接著在Stirling進入A9號公路後，銜接A822號公路北上便可抵達Crief，大約需要1小時的車程。

平衡表現極佳的輕盈風味威士忌。

GLENTURRET 10年
[700ml 40%]

GLENTURRET 15年
[750ml 50%]

消光黑的瓶身設計。1967年完成蒸餾，是1980年代推出的陳年威士忌。

GLENTURRET 8年
[750ml 40%]

熟成8年的透明瓶身。與15年相比，雖然欠缺厚實感，但仍標註「THE」字樣。

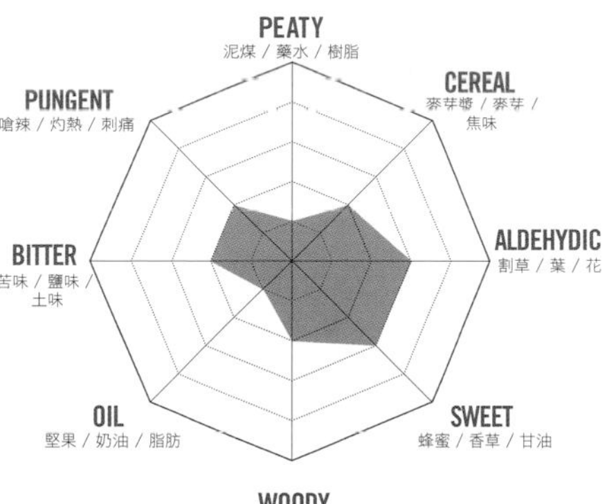

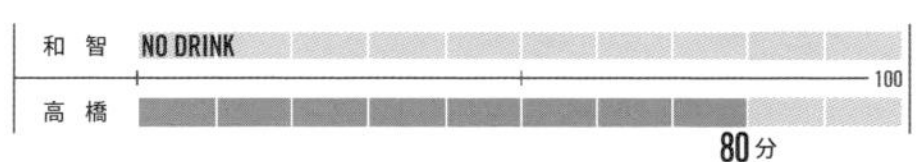

BOTTLE IMPRESSION

GLENTURRET 10年。酒色為有如香檳金般的淡黃色。酒體中等輕盈，帶有麥芽香、麥芽糊及些許煙燻味。入口後可以感受到明顯的香草香及蜂蜜甜。辛香味淡薄。乙醚氣味撲鼻而來。可以添加些許水品嚐。此酒屬於整體表現平衡極佳，輕盈類型的威士忌，會讓人不自覺地一口接著一口。餘韻帶有令人愉悅的蜂蜜香，是支相當好的威士忌。定價5,500日圓，實際售價則為4,000日圓左右，不至於昂貴到令人下不了手，因此推薦各位買瓶來品嚐看看。

督伯汀
TULLIBARDINE

Tullibardine Distillery Ltd ／ Stirling Street, Blackford, Perthshire ／ 英國郵遞區號 **PH4 1QG**
Tel:01764 661809 E-mail:shop.admin@tullibardine.com

主要單一麥芽威士忌 Tullibardine Aged Oak 1993年, 1992年, 1988年, 1960年代酒款，再加上餘韻充滿木質風味的酒款

主要調和威士忌 N/A **蒸餾器** 2對 **生產力** 270萬公升 **麥芽** 未添加泥煤

貯藏桶 波本桶及雪莉桶 **水源** Danny河

附設有大型購物中心，風味截然不同的酒廠，目前隸屬於三得利集團旗下。

督伯汀成立於戰後景氣終於稍稍復甦的1949年，它同時是由知名酒廠設計師William Delmé-Evans興建而成，位於高地區南部，伯斯郡的Blackford，這個位置更是當年為了呈貢詹姆士四世（King of James Ⅳ），村民們共同經營的淡啤酒廠舊址。督伯汀面積雖然不大，在設計上卻兼具效率及功能性，酒廠除了在隸屬於Invergordon公司旗下的1973～74年期間進行擴建外，其後便不曾對建物進行大規模整修。督伯汀和其他酒廠一樣，歷經了多次的經營權易主，在2003年時由當地的合資企業買下，酒廠旁更蓋了座在蘇格蘭境內也非常少見的大型購物中心。

2014年，在三得利集團買下了Jim Beam Brands公司後，督伯汀也順理成章地成了三得利旗下的一員。在蒸餾設備部分，督伯汀擁有1座附蓋的不鏽鋼製糖化槽，以及9座同為不鏽鋼製的發酵槽、2座直立型與2座燈籠型的酒汁蒸餾器，一年可生產270萬公升的蒸餾酒。酒窖則採行舖地式熟成貯藏。

督伯汀之前所推出的酒款都是以易主前便釀好的原酒進行裝瓶銷售，但自2013年起，也開始推出新酒商品。

[參觀行程]

標準行程費用為5英鎊、試飲行程為7.50英鎊、保稅倉庫行程為15英鎊、鑑定家行程為25英鎊。除聖誕節與新年期間，酒廠營業時間為10:00～17:00（週一至周六）

[交通指南]

從伯斯出發沿A9號公路往西南方行駛約30公里會與A823號公路銜接，接著再繼續往前數公里後，酒廠就位在名為Blackford的城鎮。

TULLIBARDINE
8年
[750ml 40%]

1980年代於英國推出的原廠陳年威士忌酒款。

TULLIBARDINE
20年
[700ml 43%]

督伯汀目前所推出的旗艦酒款，售價為10,771日圓。

TULLIBARDINE
17年
[700ml 46%]

Connoisseurs Choice系列的17年單一麥芽威士忌。

TULLIBARDINE
33年
[700ml 48.3%]

酒桶編號No.14023。146瓶中的第131瓶。1980年蒸餾，極度熟成的33年威士忌。

位於礦泉水知名品牌「高原之泉」產地的威士忌。

TULLIBARDINE SOVEREIGN
[700ml 40%]

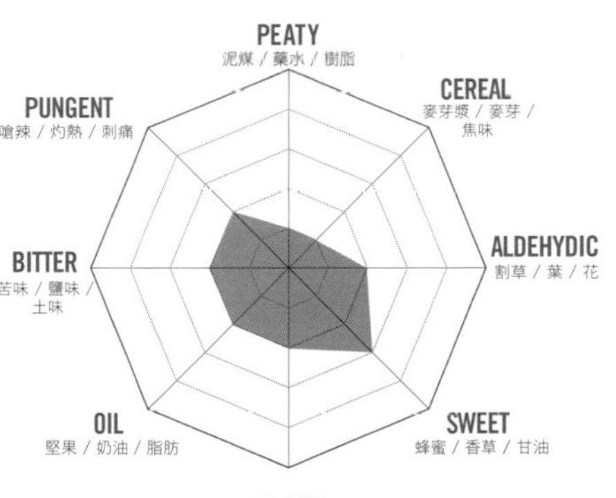

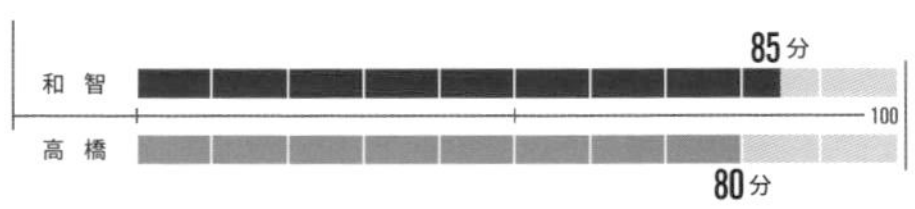

BOTTLE IMPRESSION

TULLIBARDINE SOVEREIGN。酒色為黃褐色，酒體輕盈中等，香氣中帶有焦掉的香草味、乳脂味、甜味及果香。口感滑順芳醇，其中帶有些許苦味及嗆辣。不帶煙燻味及泥煤味。雖然可以添加非常少量的水，但不建議加水，是支可以純飲享受的威士忌。酒廠附近不僅是知名礦泉水品牌「高原冷泉（Highland Spring）」的產地，督伯汀的現址旁更設有大型購物中心，是過去督伯汀啤酒廠的舊址。目前無年份的SOVEREIGN售價約4,000日圓，20年威士忌則為10,000～12,000日圓。

DAFTMILL
AUCHENTOSHAN
GLENKINCHIE
PERTH
STIRLING
Kinardine
KIRKCALDY
EDINBURGH
PAISLEY
GLASGOW
EAST KILBRIDE
MARNOCK
Peebles
Galashiels

LOWLAND

低地區

介於Dundee至Greenock以南的地區被稱為低地區南部，與低地區北部相比，氣候較為暖和，土壤也相對肥沃。該地區更擁有蘇格蘭政治中心的愛丁堡、商業大城格拉斯哥、歷史之都史特靈（Stirling）。低地區不僅人口眾多，更堪稱是影響蘇格蘭經濟及文化發展的重要區域。

自瓦特於1769年發明了蒸氣機後，高地區及愛爾蘭就出現了產業革命，從過去以勞力為主的經濟發展區域搖身一變，成為鐵路、自動紡織機及造船業興盛之地。隨著重工業時代邁入尾聲，格拉斯哥轉型發展商業，目前更是相當繁榮的商業之都。

在威士忌產業部分，低地區中有歐肯特軒、格蘭昆奇及布萊德納克（Bladnoch）等酒廠生產威士忌。本書這次則選出有著低地區風格威士忌之名，目前隸屬於三得利集團旗下的歐肯特軒酒廠予以介紹。歐肯特軒位處從格拉斯哥往北行駛約15公里，A82號公路上的Clyde河流域，擁有3座蒸餾器，更是為人所知，採行三次蒸餾的酒廠始祖。該工法不僅能縮短熟成時間，更能生產出平衡表現極佳的輕盈口感麥芽威士忌，因此相當受到歡迎。

此外，低地區更是聚集有大量生產穀物威士忌的工廠、調和威士忌業者、裝瓶業者等，消費規模極大的區域，在出口至英國、歐洲及其他海外國家的物流事業上，可說擁有非常關鍵的存在。

歐肯特軒

AUCHENTOSHAN

Morrison Bowmore Distillers Ltd (Suntory Ltd) / Dalmuir, Clydebank, Dunbartonshire / 英國郵遞區號 **G81 4SJ**
Tel:01389 878561 E-mail:info@morrison bowmore.co.uk

主要單一麥芽威士忌 Auchentoshan Class 12年, 18年, Three Wood

主要調和威士忌 Rob Roy, Islay Legend 蒸餾器 初餾、中餾、終餾各1座

生產力 180萬公升 麥芽 未添加泥煤 貯藏桶 波本桶及雪莉桶 水源 Kartine湖

堅守低地區傳統，保留三次蒸餾工法，口感纖細，充滿花朵及柑橘風味的威士忌。

在為數稀少的低地區威士忌酒廠中，歐肯特軒是唯一一間到現在仍保有傳統三次蒸餾工法的酒廠。讀者多半以為三次蒸餾是源自於威士忌發祥地的愛爾蘭，但其實過去在蘇格蘭的低地區也多半採行該工法。順帶一提，蘇格蘭威士忌雖然只使用大麥麥芽，但愛爾蘭威士忌有個很大的特色在於添加大麥麥芽外，還會混入未發酵的大麥進行三次蒸餾。除了原料組合不同外，其餘的部分皆與低地區所說的三次蒸餾相同。所謂的三次蒸餾是依照初餾、中餾、終餾，其中的中餾程序是與2次蒸餾法相異的部分。透過多一道的蒸餾關卡，能除去大部分的雜味，讓蒸餾液更接近純淨的酒精，使得風味輕盈且乾淨。但換個角度來看，卻也有人認為這樣的作法會破壞蘇格蘭威士忌應有的複雜多元口感，缺乏個性呈現。無論如何，透過酒桶的熟成，讓威士忌呈現出淡雅、纖細且更易於品嚐的低地區麥芽威士忌風格樣貌可說是非常不可思議的事。歐肯特軒酒廠內排列有3座蒸餾器，酒窖則採舖地式進行熟成。

[參觀行程]

標準行程費用為5英鎊、體驗行程為23英鎊、終極體驗行程為45英鎊，需事前預約。除聖誕節與新年期間，酒廠營業時間為9:30～17:00（週一至週日）。

[交通指南]

從格拉斯哥往西行駛15公里。在到了Clydebank之後，光以郵遞區號要靠導航找到酒廠其實不太容易，因此歐肯特軒是必須參考地圖才有辦法順利抵達的酒廠之一。該酒廠的水源是經後冰河時期所堆積的砂石過濾而來的泉水，屬於硬水。

三次蒸餾下的滑順口感。

AMERICAN OAK

［700ml 40%］

以首次填充的波本桶進行熟成，百分之百的「美國橡木」原酒威士忌。實際售價約3,200日圓。

THREE WOOD

［700ml 43%］

以3種不同類型的酒桶熟成，極度講究口感的一款威士忌，能夠讓人情緒整個開朗起來。實際售價3,500日圓～。

AUCHENTOSHAN 12年

［700ml 40%］

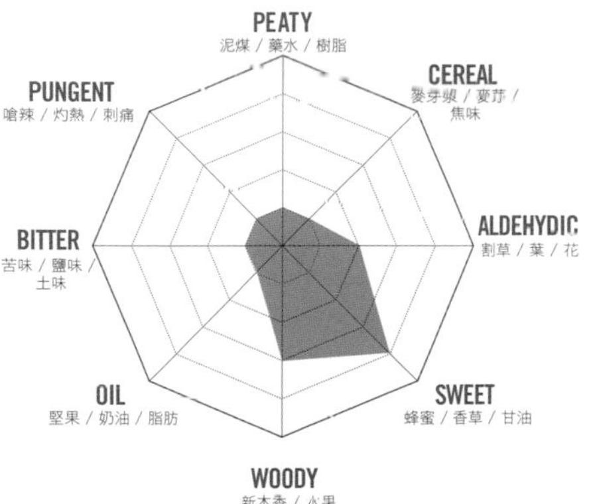

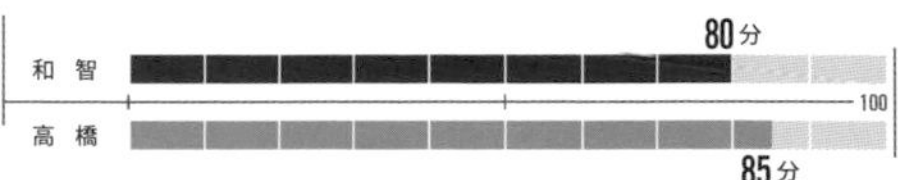

BOTTLE IMPRESSION

AUCHENTOSHAN 12年。在柑橘果香中帶有濃厚的初夏森林氣息，香氣中的果香表現愈顯強烈，尤其是柳橙風味特別突出。雖然芳醇表現增加，但有如杏仁般的堅果味也相繼登場。品嚐起來除了有股12年所沒有的滑順外，又能夠感受到清新的爽快感。在帶有堅果風味的餘韻即將結束之際，焦糖味卻持續不斷。酒體表現輕盈。定價3,600日圓，實際售價約3,200日圓。

妖豔的20年。

AUCHENTOSHAN
20年
［700ml 47.8%］

歐肯特軒酒廠的20年威士忌。於1992年蒸餾、2013年裝瓶，熟成年份相當高的酒款。是Three Rivers公司推出的「The Dance」系列中，迪斯可舞設計的酒款。Three Rivers公司可是秉持著只進口美味威士忌的經營理念。

驚人的29年。

AUCHENTOSHAN
29年
［700ml 55,5%］

歐肯特軒酒廠的29年威士忌。以「The Perfume」為名的系列，明明是使用非常夢幻的字體，但仔細看了內容後，才發現熟成年份已經是接近極度陳年的酒款，實在驚人。

三次蒸餾的陳年威士忌。

AUCHENTOSHAN
10年
［750ml 43%］

強調三次蒸餾的瓶身標籤設計。堪稱是當時表現出強烈低地區特色的一支威士忌。1983年時由Stanley Morison公司推出，日本國永公司進口，售價為10,000日圓。雖然富含油脂，卻仍帶有輕盈風味，口感相當爽颯的威士忌。

1966年蒸餾的酒款。

AUCHENTOSHAN VINTAGE
［750ml 43%］

是在1984年被Stanley Morison公司收購前所蒸餾的威士忌。1979年由日本全國酒有連公司進口，售價12,000日圓的單一麥芽威士忌。該酒款標籤上並未標註採三次蒸餾。

蘇格蘭的飲食

蘇格蘭的餐點分量比英國來的少，相當適合日本人。自產自銷的山味海產更是在極為新鮮的狀態下直接端上桌，搭配蘇格蘭威士忌一同享用。還有什麼是比這來的更奢華的享受呢…？呵呵…

蘇格蘭的餐點
絕對比英國來的美味。

在英國除了有將一種名為Dover sole（Dover海峽的鞋底）的比目魚以油鍋做成法式嫩煎魚排料理、以連續使用多年，毫不新鮮的油所炸成的冷凍鱈魚料理、以及在馬鈴薯上淋有酸度強烈的西洋醋料理等知名餐點，但這些卻都是腸胃不強的日本人在吃下肚後10小時就會感到後悔的料理。若真要一言以蔽之，只能說英國人對料理真是毫無品味可言。

最近，英國人似乎也開始體認到自己國家的餐點水準在全球看來偏低的情況，雖然引進了過去曾為殖民地的印度、中國餐廳外，更開設了不少義大利、日本及法國餐廳，讓這些異國料理店在英國的比例不斷增加，但餐點的表現風味還是低於正常水平。在希斯洛（Heathrow）機場裡，一間名為「WAGAMAMA」日本餐廳的烏龍麵料理可真是讓人無言。據說，像是英國及美國這些戰爭戰勝國對於餐飲的要求是量重於質，絲毫不在意食物美味與否。或許是擔心在講究美味與否的同時，就會被敵人攻陷吧！反觀，非常在意義大利麵是否美味有嚼勁的國家在戰爭上的表現就可說是極弱無比。

但在蘇格蘭的餐桌上，盡是大西洋鮭、牡蠣、鯡魚、比目魚等，既新鮮又美味的餐點。前往島嶼時，請務必品嚐看看以海鮮為主的晚餐佳餚，絕對能讓讀者心服口服，大感滿足。品嚐生牡蠣時，別忘了適量加入幾滴充滿泥煤及麥芽風味的威士忌再吸吮入口。幸福的感受可是會隨著牡蠣一同滑落胃中。聽到「蘇格蘭的料理搭配蘇格蘭威士忌一同享用最美味」時，只能同意到點頭如搗蒜。

在蘇格蘭的移動方式

若在日本有超過5年以上的駕車經驗，那麼我會非常建議租車來移動。由於酒廠多半位於人煙稀少的地點，若要以巴士、電車銜接前往，會非常沒有效率且浪費時間。

本書中寫有各酒廠7碼的英國郵遞區號，只要將此號碼輸入導航，基本上都能正確地帶領讀者前往目的地。若再搭配上蘇格蘭最新版的詳細地圖，那麼就是所向無敵了。

在海外駕車時，需要出示護照及國際駕照。此外，租借車輛時，若沒有信用卡將會較為不便。加入租車公司會員後，不僅在日本就能事先預約，前至當地時，申辦手續也會更加簡易。

蘇格蘭的道路

蘇格蘭的道路非常好行駛，讓人在駕車時相當愉快，雖然與英國相同，都屬於狹窄蜿蜒的道路，但高速公路的最高時速為135公里、一般道路為95公里、施工中的道路則為48公里，需依照道路上的限速行駛（40、30、20公里）。蘇格蘭的面積等同北海道，人口稀少，僅有500萬人，車輛數也相對不多，幾乎不會遇到塞車。蘇格蘭和日本同屬左駕，因此日本人能夠駕輕就熟。比較擔心的頂多是借到未曾駕駛過的車款。因此建議平常在日本時，可借別人的汽車（若是進口車更好）來行駛些許距離，避免出現不習慣駕駛陌生車輛的情況。只要記住最新車款的引擎啟動方式、如何放掉手剎車、爆胎時的處理方式，就不用擔心在當地駕車時有突發狀況發生。掌握了上述內容，便能輕鬆上手自駕。

租借汽車

在蘇格蘭，若想要有效率地多逛逛幾間酒廠的話，最方便的就是駕車移動了。蘇格蘭的巴士並沒有非常普及，鐵路也僅限於大都市，因此建議選擇租車自　。只要是飛有國際線的大型機場，基本上都會設置　櫃台。與其他國家的機場一樣，HARTS、AIVIS、　NAL RENT-A-CAR等全球知名的租車公司都以自　務內容等待客人上門。曾在美國大都市有租車自駕經驗的人，可把蘇格蘭想像成非常迷你的美國。從愛丁堡機場可以步行前至租車停車場，無需搭乘巴士便可輕鬆地前往租車。在歐美，租車是件非常簡單的事，與日本國內情況不同，因此在蘇格蘭可以透過自駕方式享受旅程。當確定預訂機票的班機資訊後，便可以郵件或電話方式向租車中心預約車輛。與日本一樣，租車價格會因車輛大小有所不同，價格的設定大約同日本租車時的費用。若多人一同前往時，建議承租後車廂較大的車款，避免在大都市遭遇偷竊，若是獨自一人旅行，那麼選擇小車即可。建議選擇包含搭乘者全體人員的保險費、對車、對人、對物及竊盜險的「FULL INSURANCE」方案較為安心。在當地租借時，也只需說「FULL」即可。即便向租車公司提出指定的汽車品牌或車款，租車公司也不會確認是否符合租戶的要求，因此就別太在意。不過，有很多款車型能夠預約倒是真的…。此外，日本車輛多半是自排車，但在歐洲卻仍以排氣量較小的渦輪引擎手排車為主流，不會駕駛手排車的讀者需向租車公司提出自排車的需求。AIVIS與HARTS等業者在日本皆有代理店，因此可透過電話或網路進行預約。建議出發10天前就要完成預約動作。那麼，就請小心駕駛上路！

要搭飛機還是郵輪？

除了搭乘英國航空、維京航空、日本航空、全日空等，直飛倫敦班機的其他選擇。郵輪不僅能與蘇格蘭的民眾有更多接觸，還可以做為自駕行程中的休息時間，是令人相當意外的歡樂時光。

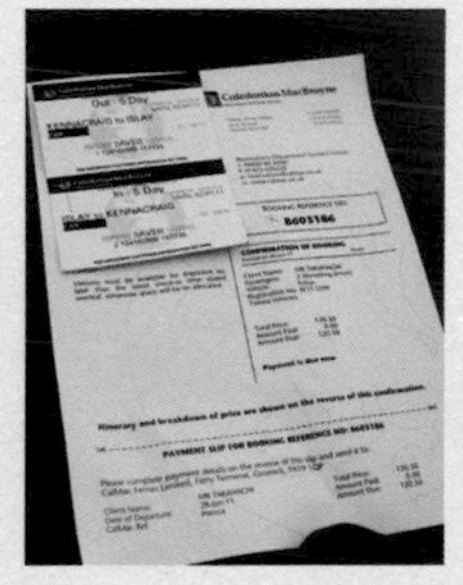

從金泰爾半島肯納奎格（Kenna-craig）到艾雷島阿斯凱克港（Port Askaig）的船票。若是要在6～8月的觀光旺季自駕前往的話，建議先於網路訂票較為保險，我這次是出發前一天於現場購票，購票時有被要求出示護照等證明文件。

郵輪與飛機

日本並無直飛蘇格蘭的航班，大多數的人會改從英國倫敦的希斯洛（Heathrow）機場進出，但這機場的機場稅可是全世界出了名的昂貴。不僅如此，若是在第五航廈要轉乘國際航班，至少需要2小時以上的時間。若是在倫敦沒有安排行程的人，還可選擇荷蘭皇家航空、德國漢莎航空、北歐航空、法國航空等航空公司的航班銜接前往愛丁堡、艾伯丁及格拉斯哥，建議可同時評估票價、出發及轉乘等時間安排。我曾遇過因日本起飛的航班延遲，再加上轉機時間長達2小時以上，導致來不及搭上飛往艾伯丁班機的經驗。因此需全方位考量行程安排、金額費用後做出決定。

搭乘郵輪前往艾雷島、吉拉島、艾倫島、歐克尼群島非常便利。飛機在飛行時的狀態不僅易受氣候影響，航班數量也不多。在抵達島嶼後，馬上能夠進入行程的租車就顯得更為便利。到了夏天的旅遊旺季（6～8月）時，無論是郵輪、飛機或住宿可是相當搶手，因此建議在出發前便預定好所有需求。郵輪則是會因季節及日期不同，班數有所增減。順帶一提，若要前往歐克尼群島的斯特羅姆內斯，週六僅有上午9點及下午4點45分的航班，需特別注意。另一方面，冬季也會因海況不佳出現航班取消的情況。若要從蘇格蘭本島前往歐克尼群島的斯特羅姆內斯，1名大人加上租車費用需要51英鎊，且必須在出航前30分鐘完成登船手續。搭乘大型郵輪時，有時還會被要求需出示護照等身分證明文件。

從金泰爾半島（Mull of Kintyre）的Kennacraig前往艾雷島的阿斯凱克港（Port Askaig）航程需要約2小時。從艾倫島的Lochranza前往金泰爾半島1天有6～7個航班，只需約90分鐘便可抵達目的地，但週日航班數會減少。從艾雷島Port Arran到吉拉島的郵輪規模雖然較小，但1天有4個航班，週日則縮減為2個航班，船票於上船時購買即可。感覺就像是「渡輪」般，不用多久的時間便可抵達目的地，但下船後卻不見有人在碼頭邊。路況簡單，只有一條前往酒廠的道路。

與日本的郵輪相比，蘇格蘭的郵輪上附有商店、酒吧、遊戲室、休憩室、餐廳、2樓的戶外座位、寵物活動區等等，設備完善，讓乘客一點都不會感到乏味。Caledonian MacBrayne郵輪公司可說是網羅了蘇格蘭西北島嶼的航行版圖，並橫跨北愛爾蘭馬恩島（Isle of Man）等西部主要島嶼，讓海上交通網十分完備。

郵輪對於巡訪威士忌酒廠之旅可說是不可或缺的交通工具，為有效率地造訪目的地，請務必充分運用。可於下述連結網址確認詳細的航班時間、預約方式、信用卡支付等最新訊息。那麼，就敬祝各位有個愉快的航海之旅！

Caledonian MacBrayne. Hebridean & Ferries
www.calmac.co.uk
Northlinkferries
www.northlinkferries.co.jp

蘇格蘭的風土

要從日本前往蘇格蘭的話，若身上不是穿著氣溫5～10度C的服裝，將會吃足苦頭。由於蘇格蘭經常都會下著小雨，因此防水夾克及帽子是必備品。可以將蘇格蘭聯想成是要前往北海道道東地區旅行。

第一次前往蘇爾蘭時，我在尼斯湖買了張風景明信片。被分割成四格的明信片其標題為「蘇格蘭羊的四季」。「春季」描繪著佇立於雨雪交會中的羊、「夏季」描繪著被雨淋濕整身的羊、「秋季」描繪著伴隨著雷電交加的霧中，不知東西南北方向的羊、「冬季」描繪著四肢埋入雪中的羊。羊兒不管在怎樣的氣候下，都擺出一張嚴肅不已的表情。總之，和暖和的英格蘭相比，蘇格蘭較為寒冷，不僅體感溫度大約會低個5～8度，還非常容易下雨。蘇格蘭最高峰Ben Nevis山的海拔高度僅有1,343公尺，這塊土地的海拔高度明明差異不大，卻有著說變就變的氣候。一大清早下雨，中午變成豪雨，看到太陽現身，正想著接著可以看到彩虹時，竟又是既雨又霧的天氣。山區更是雪、風、雨交加。天候不佳時，更有那種一整個禮拜幾乎都在下雨的情況。當遇到這樣的情況時，就會讓那段時間拍攝出來的照片昏暗無光，但也無計可施，只能說運氣實在不怎麼好。

第一次騎乘摩托車在蘇格蘭旅行時，即便太陽露臉，仍是無比寒冷，冷到我整身穿著皮衣外，還套上防雨裝備。如果再下個雨的話，真的無法想像那寒冷的程度。明明就是6月下半月，卻是令人難以接受的寒冷。

貧瘠的土壤就彷彿緊緊地、稀薄地覆蓋於山上，這和肥沃的土壤可說是天壤之別。就算樹木能在這樣的土壤中長出，但卻無法長成深根紮實的大樹。山面幾乎都是末蓋著綠色青苔及灌木的石南。在青苔下有著泥炭層（泥煤），但卻無法拿來作為栽培植物的肥料。當然，在這樣的土地上也非常難種穀物或作物，總之，蘇格蘭的土壤可說是無與倫比地貧瘠。

蘇格蘭東邊的艾伯丁雖然能夠種植大麥，但除了拿來放羊外，就難以發展其他產業。在工業革命以前，若生活在這片土地上，喝著威士忌卻仍無法讓鬱悶的心情舒展開來的話，那麼在這樣嚴苛的環境下討生活可是相當不容易。在這兒可是相當難見到晴朗天氣。

蘇格蘭的人們

蘇格蘭人個性溫和，努力地在這片寒冷的土地上生活。有釣大西洋鮭、狩鹿、高爾夫等活動。總之，這個國家不只有威士忌，還盛行著多種男人最愛的嗜好。

蘇格蘭的人們和藹可親，相當友善，和倫敦人的冷淡相比可說是天壤之別。不管是哪裡，只要是都市似乎都是這樣子，但換個角度看，正因蘇格蘭屬於鄉下，才能有如此濃烈的人情味。在抵達艾雷島時，雖然深受島上的獨特風情著迷，卻發現忘了預定飯店，四處前往飯店詢問，卻都沒有空房。某間房間客滿的飯店女性櫃台人員看到我們那已經放棄的表情深感同情，為我們聯絡15～16間左右的飯店。在大都市可沒有這樣的特殊待遇，黃昏時，終於找到了還有空房的飯店，得以在島上順利住宿，心中充滿無限感激。

從波特艾倫（Port Allen）前往波摩酒廠，行駛於狹窄的道路上時，在地居民會非常自然而然地停下來等待我們的會車，所有人都會笑臉揮手，彷彿在迎接著認識已久的知己般，吉拉島上的居民們也是這樣地等待我們的會車。島嶼的居民都讓人感到溫暖，這樣的感覺…沒錯！和我過去搭船抵達葡萄牙里斯本時的情境非常相似。明明是初次造訪的土地，卻讓你有種似曾相似的情懷。不像某些曾經擁有稱霸世界經驗的大國，無法擺脫過去自己就是老大的觀念，對極東島國的黃種人們不知不覺地出現看輕的眼神。然而，在葡萄牙及蘇格蘭卻沒有這樣的情況，對這些國家的人民而言，戰敗時的辛酸與對他人親切或許存在著相同意義。

我本身出身岩手縣，因此走在北國的蘇格蘭旅程時，總是尋找著與岩手的相似處。首先，一樣同屬寒冷之地、自然環境嚴苛、土壤稱不上肥沃。冬天既長又冷，只能靠飲酒來打發時間。自古以來與中央國家的戰爭多次戰敗，辛酸只能往肚裡吞。也因此不會對來訪的旅人自吹自擂，總是敞開雙臂迎接訪客。酒和魚實在美味！還有我最愛的狗兒。

和愛犬形影不離的生活。
毛小孩同為家族成員之一。

TITLE

蘇格蘭威士忌的奇幻迷宮

STAFF

出版　三悅文化圖書事業有限公司
作者　和智英樹　高橋矩彥
譯者　蔡婷朱

總編輯　郭湘齡
責任編輯　黃美玉
文字編輯　徐承義　蔣詩綺
美術編輯　陳靜治
排版　二次方數位設計
製版　大亞彩色印刷製版股份有限公司
印刷　桂林彩色印刷股份有限公司

法律顧問　經兆國際法律事務所　黃沛聲律師

代理發行　瑞昇文化事業股份有限公司
地址　新北市中和區景平路464巷2弄1-4號
電話　(02)2945-3191
傳真　(02)2945-3190
網址　www.rising-books.com.tw
e-Mail　resing@ms34.hinet.net

劃撥帳號　19598343
戶名　瑞昇文化事業股份有限公司

初版日期　2017年8月
定價　600元

ORIGINAL JAPANESE EDITION STAFF

撮影　和智秀樹Hideki Wachi、関根統Osamu Sekin

スコッチウィスキー参考文献

《スコッチウィスキー参考文献》
双神酔水「スコッチ・ウィスキー雑学ノート」ダイヤモンド社
宮崎正勝「知っておきたい酒の世界史」角川ソフィア文庫
枝川公一「バーのある人生」中公新書
開高健「地球はグラスのふちを回る」新潮文庫
マイケル・ジャクソン「ウィスキー・エンサイクロペディア」小学館
土屋守著「スコッチウィスキー紀行」東京書籍
土屋守著「シングルモルト・ウィスキー大全」小学館
土屋守著「ブレンデッド・スコッチ大全」小学館
古賀邦正著「ウィスキーの科学」講談社
橋口孝司著「ウィスキーの教科書」新星出版社
旅名人ブックス「スコッチウィスキー紀行」日経BP
旅名人ブックス「スコットランド」日経BP
オキ・シロー著「ヘミングウェイの酒」河出書房新社
盛岡スコッチハウス編「スコッチ・オデッセイ」盛岡文庫
中森保貴「旅するバーテンダー」双風舎
山田健「シングルモルト紀行」たる出版
平澤正夫「スコッチへの旅」新潮選書
太田和彦「今宵もウイスキー」新潮文庫
ゆめディア「Whisky World」全巻
スチュアート・リヴァンス「ウィスキー・ドリーム」白水社
Dominic Roskrow「1001 WHISKIES」You must try before you die.
Ian Buxton 101 Legendary Whiskies
Gavin D Smith & Graeme Wallance「Discovering Scotland's Distillies」
Charles MacLean「Malt Whisky The Complete Guide」Mitchell Beazley
David Wishart「Whisky Classified」Pavilion
On The Whisky Trail「Discover The Fascinating Story Behind
The WATER STORY」Delta
「MAP OF BRITAIN」COLLINS
「ROAD ATLAS BRITAIN & IRELAND」COLLINS
「Elgin & Dufftoun」Buckie & Keith

國家圖書館出版品預行編目資料

蘇格蘭威士忌的奇幻迷宮 / 和智英樹, 高橋矩彥作 ;
蔡婷朱譯. -- 新北市 : 三悅文化圖書, 2017.07
384　面 ; 14.8 X 21　公分
ISBN 978-986-94885-1-8(平裝)

1.威士忌酒 2.品酒

463.834　106008546